# AI가 빚어내는
# 도시재생사업 혁신 알고리즘

원제무

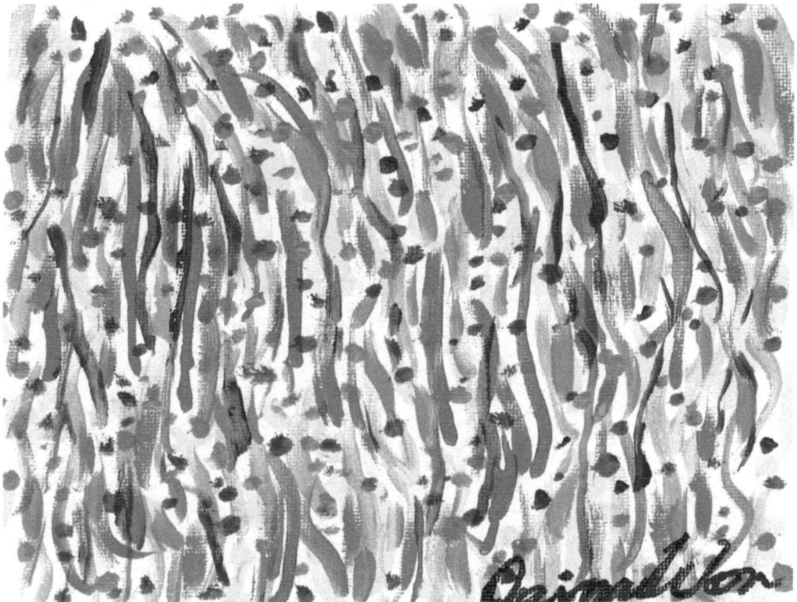

pnc
publishing and culture
피앤씨미디어

# 머리말

한국의 많은 도시들이 급속한 산업화와 도시화 과정에서 생겨난 노후화, 인구 감소, 산업 공동화 등의 문제에 직면하고 있다. 이로 인해 우리 도시들은 낡음과 침체라는 문제에 직면해 왔다. 이에 대한 대응책으로 등장한 도시재생은 단순한 물리적 정비 사업을 넘어, 지역의 역사와 문화, 공동체와 산업, 환경과 생활을 아우르는 종합적 전략으로 발전해 왔다

이제 우리는 인공지능이라는 혁신적 도구를 만났다. 인공지능은 단순히 SF영화 속 상상이 아니라, 이미 우리 일상 깊숙이 스며든 현실이 되었다. 스마트폰의 음성인식, 온라인 쇼핑의 상품 추천, 자율주행 자동차까지, AI는 우리의 삶을 편리하게 하고 있다. 그렇다면 이러한 AI 기술을 도시재생에 접목한다면 어떤 놀라운 변화가 일어날까? 이 책은 바로 그 질문에서 출발한다. 이제 도시재생은 또 한 번의 전환기를 맞이하고 있다. 바로 인공지능(AI)이라는 혁신적 도구와의 만남이다.

전통적인 도시재생은 주로 전문가의 경험과 직감에 의존해왔다. 하지만 AI 알고리즘은 방대한 데이터를 분석하여 인간이 놓칠 수 있는 패턴을 발견하고, 최적의 해결책을 제시할 수 있다. 예를 들어, 머신러닝은 상권 분석을 통해 어떤 지역에 어떤 업종이 들어서야 성공할

확률이 높은 지 예측할 수 있고, 딥 러닝은 위성 이미지를 분석하여 도시의 변화 양상을 실시간으로 모니터링할 수 있다. 생성형 AI는 주민들의 의견을 종합하여 그들이 원하는 이상적인 동네의 모습을 시각화해 보여줄 수도 있다.

AI는 단순한 기술을 넘어 도시재생의 사고방식 자체를 바꾸고 있다. 과거에는 전문가의 경험과 제한된 데이터에 의존해 계획을 수립했다면, 이제는 방대한 데이터를 수집하고 학습하여 미래를 예측하고 최적의 대안을 도출할 수 있는 시대가 되었다. 머신 러닝은 산업단지의 입지를 재배치하고, 딥 러닝은 교통과 물류의 흐름을 예측하며, 생성형 AI는 상권 디자인과 주거환경 설계를 새로운 차원으로 끌어올린다. AI 알고리즘은 도시재생의 각 단계에서 숨은 패턴을 찾아내고, 다양한 이해관계자의 요구를 균형 있게 반영하는 의사결정을 가능하게 한다. 이는 기존의 도시계획이 풀어내지 못했던 복잡한 문제들을 새로운 방식으로 해결하게 해줄 것이다.

이 책은 그러한 변화의 최전선을 탐험하기 위해 쓰였다. 각 장마다 제시되는 가상사례들은 단순한 이론적 설명을 넘어서, 독자들이 실제로 AI 기술이 도시재생 현장에서 어떻게 작동하는지 생생하게 체험할 수 있도록 구성되었다. 복잡해 보이는 알고리즘과 데이터 분석 기법들도 누구나 이해할 수 있는 쉬운 언어로 풀어내어, 도시계획 전공 학생 뿐만 아니라 일반 시민들도 흥미롭게 읽을 수 있도록 하였다.

제1부에서는 AI와 한국 도시재생의 만남을 통해 전통적 도시재생 방식과 AI 기반 도시재생 접근방법의 차이를 비교하고, 이론적 토대를 구축한다.

제2부에서는 경제기반형 도시재생을 다루며, 산업단지와 역세권, 항만 지역을 AI로 어떻게 되살릴 수 있는지를 보여준다.

제3부에서는 중심시가지형 도시재생을 조명하며, 상권과 문화, 거버넌스의 혁신을 AI로 어떻게 구현할 수 있는지를 제시한다.

제4부에서는 근린재생형 도시재생을 다루며, 생활과 주거, 공동체의 회복을 위한 AI 기반 해법을 탐구한다. 각 장은 데이터와 알고리즘, 그리고 가상사례를 결합하여, 독자가 실제로 '미래 도시재생의 현장'을 체험할 수 있도록 구성하였다.

이 책이 제시하는 AI 기반 도시재생은 먼 미래의 이야기가 아니다. 이미 전 세계 여러 도시에서 도시재생 프로젝트가 실험과 집행되고 있으면서, 한국에서도 그 가능성을 확인하고 있다. 하지만 AI기술만으로는 도시재생이 완성되지 않는다. 주민들의 참여와 관심, 전문가들의 창의적 사고, 그리고 정책 결정자들의 의지가 함께해야 비로소 AI가 빚어내는 도시재생의 혁신이 현실이 될 수 있다.

이 책은 도시계획, 도시설계, 도시공학, 부동산, 지역개발, 도시행정을 전공하는 대학생들에게는 미래 도시를 설계하는 새로운 학문적 지도가 될 것이다. 또한 도시와 부동산, 공동체의 변화를 체감하는 일반 독자들에게는 AI가 만들어낼 도시재생의 가능성을 상상하는 매혹적 안내서가 될 것이다. 학문적 이론과 기술적 분석은 물론, 도시라는 거대한 무대에서 살아가는 사람들의 도시재생에 관한 이야기를 담아내고자 했다. 독자들은 이 책을 통해 도시재생이 단순히 낡은 건물을 고치는 일이 아니라, AI와 함께 새로운 도시의 새로운 문명을 창조하는 일임을 느낄 수 있을 것이다.

앞으로의 도시재생은 더 이상 과거의 답습이 아니다. AI 알고리즘이 열어가는 미래 속에서, 도시재생은 혁신과 상상의 무대가 될 것이다. 그리고 그 무대 위에서 우리는, 인간과 기술이 함께 만들어가는 또 다른 인간중심도시의 이야기를 쓰게 될 것이다.

독자 여러분이 이 책을 통해 AI와 도시재생의 만남이 가져올 무한한 가능성을 발견하고, 우리가 살고 있는 도시를 더 나은 곳으로 만들어가는 여정에 동참하게 되기를 바란다. 데이터와 알고리즘이 만들어내는 새로운 도시의 모습을 상상하며, 함께 미래 도시의 설계자가 되어보자. 이것이 바로 이 책이 독자들에게 전하고자 하는 메시지이다.

# 차 례

## 제1부

## AI와 한국 도시재생의 만남

### 제1장 도시재생의 새로운 패러다임: AI 알고리즘의 도입



### 제2장 AI 기반 도시재생의 이론적 토대

## 제2부

# 경제기반형 도시재생: AI로 그리는 산업·교통 허브의 미래

### 제3장 경제기반형 도시재생을 위한 AI 데이터 수집과 데이터베이스구축



### 제4장 산업단지형 도시재생의 머신 러닝 적용 전략



### 제5장 항만 및 역세권형 도시재생의 딥러닝 모델 개발

## 제4부

# 근린재생형 도시재생: 생활·주거·공동체의 회복

# 제 1 부

# AI와 한국 도시재생의 만남

제1장

# 도시재생의 새로운 패러다임: AI 알고리즘의 도입

## 1. 한국 도시재생정책과 도시재생 관련법의 역사적 고찰

### 1.1. 도시재생 담론의 형성

눈부신 경제 성장의 역사를 써 내려온 대한민국, 그 중심에는 언제나 '도시'가 있었다. 전쟁의 폐허 위에서 한강의 기적을 일구어 낸 압축 성장기, 도시는 국가 발전의 심장이자 삶의 터전이었다. 그러나 숨 가쁘게 달려온 시간의 뒤편에는 낡고 쇠락해가는 도시의 그늘 또한 짙게 드리워져 있었다. 성장과 효율을 최우선으로 삼았던 과거의 도시 정책은 이제 '사람'과 '공동체', 그리고 '지속가능성'이라는 새로운 가치를 향한 거대한 전환을 맞이하고 있다.

이 절에서는 잿더미 위에서 새로운 도시를 건설했던 물리적 재건의 시대를 지나, 기존 도시의 잠재력을 재발견하고 새로운 활력을 불어넣는 '도시재생'의 시대로 나아온 한국 도시정책과 관련 법제의 파란만장한 여정을 되짚어보고자 한다. 이는 단순히 낡은 건물을 부수고 새로 짓는 방식에서 벗어나, 도시의 역사, 문화, 그리고 사람들의 삶을 존중하며 새로운 미래를 그려 나가는 패러다임의 대전환 과정이다.

한국의 도시재생은 단순히 노후 건축물을 정비하는 차원을 넘어, 경제·사회·문화·환경 전반을 포괄하는 종합적 도시혁신 전략으로 발전해 왔다. 특히 2000년대 이후 인구 감소, 산업구조 변화, 주거환경 노후화가 심화되면서 "재개발·재건축 중심의 도시정비사업"에서 "삶의 질을 제고하는 도시재생사업"으로 정책 패러다임이 전환되었다. 이러한 변화는 정책적·법적 제도의 마련과 함께 이루어졌으며, 한국 도시재생정책의 역사적 맥락을 이해하는 것은 AI 알고리즘을 접목한 새로운 재생모델을 논의하는 데 중요한 토대가 된다.

## 1.2. 도시재생정책의 역사적 전개

한국 도시재생정책은 시기별로 뚜렷한 전환기를 거쳐 왔다. 초기에는 주거환경 개선을 위한 물리적 정비 중심의 정책이 주류였으며, 이후 지역경제와 공동체 회복을 강조하는 종합적 도시재생 정책으로 확장되었다.

### 1.2.1. '건설'과 '개발'의 시대: 재개발 중심의 도시정책 (1960년대 ~ 2000년대 초반)

1960년대부터 시작된 산업화와 도시화는 서울을 비롯한 대도시로의 급격한 인구 집중을 불러왔다. 부족한 주택과 비위생적인 환경, 무질서한 시가지 확산은 시급히 해결해야 할 국가적 과제였다. 이 시기 도시 정책의 핵심은 '철거'와 '신축'으로 요약되는 '재개발'이었다. 낡고 불량한 주거지를 전면 철거하고 그 자리에 아파트 단지와 같은 현대적 주거 공간과 기반 시설을 대량으로 공급하는 방식이 도시 문제 해결의 유일한 해법처럼 여겨졌다.

이러한 정책 기조는 관련 법률의 제정과 변천을 통해 더욱 공고해졌다. "1962년 제정된 『도시계획법』"은 현대적 도시계획의 기틀을 마련했으나, 실질적인 도시 정비는 주로 민간 주도의 개발 사업에 의존하는 방식으로 이루어졌다. 특히 "1976년에 제정된 『도시재개발법』"은 합동재개발 방식을 도입하여 민간 건설자본이 사업 시행의 주도권을 쥐고 개발 이익을 추구할 수 있는 길을 열었다. 이 방식은 신속한 주택 공급에는 기여했으나, 사업 과정에서 원주민의 재정착률이 현저히 낮고, 개발 이익을 둘러싼 사회적 갈등이 첨예하게 발생하는 부작용을 낳았다.

1980년대에 들어서도 대규모 택지개발과 신도시 건설이 주를 이루었으며, 도심의 노후·불량 주거지에 대한 정비 수요 역시 끊이지 않았다. 이에 정부는 "1989년, 『도시저소득주민의 주거환경개선을 위한 임시조치법』"을 제정하여 공공의 역할을 일부 강화하고자 했다. 그러나 여전히 민간 주도의 전면철거형 재개발 사업이 도시 정비의 주류를 이루는 흐름을 바꾸지는 못했다.

2000년대에 들어서면서 기존의 재개발·재건축 관련 법규들을 통합한 『도시 및 주거환경정비법』(이하 도정법)이 2003년부터 시행되었다. 이는 도시정비사업을 주거환경개선사업, 주택재개발사업, 주택재건축사업 등으로 유형화하고 절차를 체계화했다는 점에서 의의가 있었다. 하지만 『도정법』 역시 물리적 환경 개선에 치중한 사업 방식을 기본으로 하고 있어, 지역 고유의 정체성 상실, 공동체 해체, 젠트리피케이션 심화 등 재개발 사업이 가진 근본적인 한계를 극복하지는 못했다. '개발'과 '효율'이라는 시대적 요구 속에서 도시는 양적으로 팽창했지만, 그 안의 삶의 질과 공동체의 가치는 점차 빛을 잃어가고 있었던 것이다.

### 1.2.2. 2003년에 제정된 「도시 및 주거환경정비법」은 한국 도시정비사업의 큰 전환점을 마련

2003년에 제정된 「도시 및 주거환경정비법」은 한국 도시정비사업의 큰 전환점이었다. 그러나 이 법은 주로 재개발·재건축 중심의 공급 확대에 초점을 두었으며, 결과적으로 원주민의 이주와 젠트리피케이션(gentrification)을 심화 시키는 부작용을 낳았다. 따라서 이 법은 물리적 환경 개선에는 기여하였으나, 지역 공동체의 지속가능성을 확보하는 데에는 한계를 드러냈다. 이는 향후 도시재생 정책이 '하드웨어 중심'에서 '소프트웨어 중심'으로 전환되는 배경이 된다.

#### 1.2.3. 패러다임의 대전환: '재생'의 씨앗을 틔우다 (2000년대 중반 ~ 2013년)

고도성장기가 막을 내리고 사회가 성숙기에 접어들면서, 도시에 대한 사람들의 인식에도 변화의 바람이 불기 시작했다. 무분별한 전면 철거에 대한 비판과 함께, 도시가 품고 있는 역사·문화적 자산을 보존하고, 주민들의 참여를 통해 지역 공동체를 회복해야 한다는 목소리가 높아졌다. '개발'의 시대가 저물고 '재생'의 시대가 다가오고 있음을 알리는 신호였다.

이러한 변화는 2000년대 중반부터 본격화된 '뉴타운 사업'의 명과 암 속에서 더욱 뚜렷해 졌다. 뉴타운 사업은 기존의 개별 단지 중심 재개발에서 벗어나, 여러 개의 정비구역을 묶어 광역적인 생활권을 조성하려는 시도였다. 계획 초기에는 낙후된 지역의 주거 환경을 획기적으로 개선할 것이라는 기대를 모았으나, 부동산 시장 과열, 사업성 저하로 인한 장기 표류, 원주민 축출 심화 등 과거 재개발 사업의 문제점을 고스란히 재현하며 심각한 사회적 갈등을 유발했다.

뉴타운 사업의 실패는 더 이상 물리적 개발 방식만으로는 현대 도시가 마주한 복합적인 문제를 해결할 수 없다는 값비싼 교훈을 남겼다. 이에 대한 반성과 대안 모색 과정에서 '도시재생'이라는 새로운 패러다임이 본격적으로 대두되었다. 도시재생은 기존의 전면 철거 방식과 달리, 지역의 물리적 환경 뿐만 아니라 사회·경제·문화적 측면을 종합적으로 고려하여 쇠퇴한 도시에 새로운 활력을 불어넣는 통합적 접근 방식을 의미한다.

### 1.2.4. 2013년 12월, 『도시재생 활성화 및 지원에 관한 특별법』(이하 도시재생특별법)이 제정

이러한 시대적 요구에 부응하여, 마침내 2013년 12월, 『도시재생 활성화 및 지원에 관한 특별법』(이하 도시재생특별법)이 제정되었다. 이는 한국 도시정책 역사에 한 획을 긋는 기념비적인 사건이었다.

이 법은 도시재생을 '인구의 감소, 산업구조의 변화, 도시의 무분별한 확장, 주거환경의 노후화 등으로 쇠퇴하는 도시를 지역역량의 강화, 새로운 기능의 도입·창출 및 지역자원의 활용을 통하여 경제적·사회적·물리적·환경적으로 활성화시키는 것'으로 정의하며, 과거의 개발 중심 정책과의 완전한 결별을 선언했다. 주민과 지자체가 주도하고 중앙정부는 지원하는 상향식(Bottom-up) 사업 추진 체계를 명시하고, 다양한 부처의 사업을 연계·통합하여 지원하는 종합적인 정책의 기틀을 마련한 것이다.

### 1.2.5. 도시재생의 본격화: '도시재생 뉴딜'과 그 이후 (2014년 ~ 현재)

『도시재생특별법』 제정 이후, 한국의 도시재생은 새로운 국면을 맞이했다. 법적 기반 위에서 소규모 시범사업들이 추진되었고, 2017년부터는 '도시재생 뉴딜사업'이라는 이름으로 국가 핵심 정책과제로 격상되어 전국적으로 확대되었다.

도시재생 뉴딜사업은 사업 유형을 우리동네살리기, 주거지지원형, 일반근린형, 중심시가지형, 경제기반형 등 5가지로 세분화하여 지역의 특성과 쇠퇴 수준에 맞는 맞춤형 전략을 추진했다. 노후 주거지 정비, 생활 SOC 확충, 지역 상권 활성화, 일자리 창출, 공동체 회복 등 다양한 목표를 설정하고 매년 100여 곳의 사업지를 선정하여 막대한 공적 자원을 투입했다. 주민들이 직접 사업을 제안하고 참여하는 '주민참여'를 핵심 가치로 내세웠으며, 지역의 문제를 해결하기 위한 현장지원센터를 설치·운영하는 등 중간지원조직의 역할도 강조되었다.

그러나 단기간에 걸친 급격한 사업 확대는 몇 가지 과제를 남기기도 했다. 일부 사업에서 주민들의 체감도가 낮거나, 도시재생 사업으로 조성된 시설이 지속적으로 운영되지 못하는 문제가 발생했다. 또한, 물리적 개선 효과가 더딘 것에 대한 비판과 함께, 보다 신속하고 가시적인 성과를 요구하는 목소리도 커졌다.

이에 최근 도시재생 정책은 속도와 실효성을 높이는 방향으로 진화하고 있다. 민간 자본의 참여를 유도하여 사업의 재원을 다각화하고, 쇠퇴한 도심에 산업·상업·주거 기능이 융복합된 혁신지구를 조성하는 등 경제적 파급효과가 큰 거점 사업을 추진하는 데에도 힘을 쏟고 있다. 이는 초기 도시재생이 공동체 활성화와 점진적 환경 개선에 무게를 두었다면, 이제는 경제적 활력 제고와 물리적 환경 개선의 균형을 맞추려는 시도로 해석된다.

AI와 빅데이터 기술이 발전하면서, 도시재생의 방식 또한 더욱 과학적이고 정교해질 준비를 하고 있다. AI 알고리즘은 쇠퇴 지역을 정확히 진단하고, 각 지역에 가장 필요한 사업 유형을 추천하며, 사업의 효과를 시뮬레이션 하여 최적의 정책 결정을 지원하는 강력한 도구가 될 것이다.

### 1.2.6. 시대별 도시정책 및 법률 변천 요약

한국의 도시정책과 관련 법률의 역사는 '개발'에서 '재생'으로, '물리'에서 '사람'으로, 그리고 '공급자' 중심에서 '주민' 중심으로 그 무게중심을 옮겨온 여정이었다. 다음 표는 이러한 패러다임의 변화를 시대별로 요약한 것이다.

### 1) 태동기(1960~1970년대)

| 정책 패러다임 | 물리적 재건 및 개발 |
|---|---|
| 주요 정책 및 사업 | 불량주택개량사업<br>시민아파트 건설<br>합동재개발 |
| 관련 주요 법률 | 『도시계획법』(1962)<br>『도시재개발법』(1976) |
| 특징 및 한계 | 전면철거 및 신축 중심<br>주택 대량 공급에 기여<br>원주민 재정착 문제, 사회적 갈등 발생 |

### 2) 확산기(1980~2000년대 초)

| 정책 패러다임 | 민간 주도 개발 심화 |
|---|---|
| 주요 정책 및 사업 | 주택 200만호 건설<br>신도시 개발<br>재개발/재건축 활성화 |
| 관련 주요 법률 | 『도시저소득주민의 주거환경개선을 위한 임시조치법』(1989)<br>『도시 및 주거환경정비법』(2003) |
| 특징 및 한계 | 대규모 아파트 단지 위주 개발<br>도시정비사업 체계화<br>공동체 해체, 젠트리피케이션 심화 |

### 3) 전환기(2000년대 중~2013년)

| 정책 패러다임 | 개발에서 재생으로 |
|---|---|
| 주요 정책 및 사업 | 뉴타운 사업<br>도시재생 R&D |
| 관련 주요 법률 | 『도시재정비 촉진을 위한 특별법』(2006)<br>『도시재생 활성화 및 지원에 관한 특별법』(2013) |
| 특징 및 한계 | 광역적 개발 시도의 한계<br>도시재생 개념의 법제화<br>종합적·상향식 정책으로의 전환 기반 마련 |

#### 4) 성숙기(2014년~현재)

| 정책 패러다임 | 주민참여형 통합재생 |
|---|---|
| 주요 정책 및 사업 | 도시재생 선도사업<br>도시재생 뉴딜사업<br>혁신지구·총괄사업관리자 제도 |
| 관련 주요 법률 | 『도시재생특별법』 개정<br>『빈집 및 소규모주택 정비에 관한 특례법』(2017) |
| 특징 및 한계 | 전국적 도시재생 사업 확산<br>주민참여 및 공동체 회복 강조<br>사업 실효성 및 지속가능성 확보 과제 |

### 1.3. 「도시재생 활성화 및 지원에 관한 특별법」의 제정과 의의

2013년에 제정된 「도시재생 활성화 및 지원에 관한 특별법」은 한국 도시재생정책의 새로운 전기를 마련하였다. 이 법은 단순한 정비사업을 넘어 경제기반형, 중심시가지형, 근린재생형이라는 유형별 도시재생 모델을 제시하였으며, 지역 맞춤형 재생사업을 제도적으로 가능하게 하였다.

| 유형 | 정의 | 주요 적용 대상 |
|---|---|---|
| 경제기반형 | 산업·교통·항만 등<br>대규모 기반시설을 활용한 재생 | 산업단지, 항만·역세권 |
| 중심시가지형 | 상업·문화 기능 회복을 통한 도심 활성화 | 구도심, 상권 중심지 |
| 근린재생형 | 주민생활권 중심의 소규모 재생 | 일반근린, 주거지, 동네 단위 |

이 법의 가장 큰 의의는 도시재생을 단순한 건축물 정비가 아니라 사회·경제·문화적 차원을 포괄하는 포용적 정책으로 전환시켰다는 점이다.

### 1.4. 2017년부터 추진된 도시재생 뉴딜정책과 디지털 전환

2017년부터 본격적으로 추진된 도시재생 뉴딜정책은 '주민 체감형 생활 SOC 공급'과 '지역경제 활성화'를 강조하였다. 그러나 최근에는 단순한 물리적 기반 정비를 넘어서, 스마트시티 기술과 AI 알고리즘을 접목하는 새로운 국면을 맞이하고 있다.

예를 들어, 빅데이터를 활용한 상권분석, 딥러닝 기반의 교통수요 예측, 생성형 AI를 통한 가상재생 시뮬레이션 등이 정책 기획에 활용되는 추세이다. 이러한 흐름은 향후 도시재생 관련법이 데이터 거버넌스와 디지털 자산 관리까지 확장될 필요성을 시사한다.

### 1.5. 결론: 역사적 고찰의 의의

한국 도시재생정책과 관련법의 역사를 살펴보면, 초기의 물리적 정비에서 시작하여 현재의 데이터·AI 기반 도시재생으로 진화하는 과정을 확인할 수 있다. 이러한 역사적 맥락은 향후 도시재생 정책이 나아갈 방향성을 규정하는 중요한 단서가 된다. 특히 AI 알고리즘은 과거의 정책적 한계를 보완하고, 주민참여·경제활성화·환경지속성까지 포괄하는 미래형 도시재생 모델을 구현하는 데 핵심적 역할을 할 것이다.

## 2. 도시재생사업의 유형 및 유형별 목표, 역할, 장단점, 효과, 평가, 적용사례

### 2.1. 도시의 특성에 맞는 '맞춤형 처방전'을 제시하다

도시라는 유기체는 살아 숨 쉰다. 태어나고 성장하며, 때로는 병들고 쇠락하기도 한다. 그렇기에 도시를 되살리는 '도시재생'에는 단 하나의 정답이 존재할 수 없다. 사람마다 생김새와 체질이 다르듯, 도시마다 역사, 문화, 사회경제적 여건이 모두 다르기 때문이다. 감기에 걸린 환자에게 수술을 권할 수 없듯, 도시의 쇠퇴 원인과 특성을 정밀하게 진단하고 그에 맞는 최적의 처방을 내리는 것이 무엇보다 중요하다.

이러한 배경에서 한국의 도시재생 정책은 쇠퇴의 유형과 지역의 규모에 따라 사업을 여러 가지 유형으로 세분화하여 맞춤형 전략을 구사하고 있다. 이는 과거의 획일적인 재개발 방식에서 벗어나, 도시의 다양성을 존중하고 각 지역이 가진 고유한 잠재력을 극대화하려는 중요한 정책적 진보다.

소규모 동네의 생활 환경을 개선하는 작은 사업부터 쇠락한 산업단지를 되살려 지역 경제의 심장으로 만드는 거대 프로젝트에 이르기까지, 다양한 스펙트럼의 도시재생 사업들은 각기 다른 목표와 전략을 가지고 도시의 세포 하나하나에 새로운 활력을 불어넣고 있다.

## 2.2. 2017년부터 본격적으로 추진된 도시재생 뉴딜사업의 5가지 유형: 현미경에서 망원경까지

『도시재생 활성화 및 지원에 관한 특별법』에 근거한 도시재생 사업은 그 규모와 성격에 따라 크게 5가지 유형으로 구분된다. 이는 2017년부터 본격적으로 추진된 '도시재생 뉴딜사업'의 핵심적인 분류 체계이다. 마치 의사가 환자의 상태에 따라 다른 처방을 내리듯, 도시의 쇠퇴 수준과 잠재력에 따라 가장 적합한 사업 모델을 적용하는 것이다. 각 유형은 사업의 면적, 투입되는 예산의 규모, 그리고 주민들의 생활에 미치는 영향의 범위에서 차이를 보인다.

■ 『도시재생 활성화 및 지원에 관한 특별법』에 근거한 5가지 유형의 도시재생 사업 별 사업규모, 목표, 사업내용, 역할, 기대효과

| 구분 | 우리동네<br>살리기 | 주거지<br>지원형 | 일반근린형 | 중심시<br>가지형 | 경제기반형 |
|---|---|---|---|---|---|
| 사업<br>규모 | 소규모<br>(5만㎡ 미만) | 중·소규모<br>(5~10만㎡) | 중규모<br>(10~15만㎡) | 중·대규모<br>(20만㎡ 내외) | 대규모<br>(50만㎡ 내외) |
| 핵심<br>목표 | 기초 생활환<br>경 개선<br>공동체 활<br>성화 | 노후 주거지<br>정비<br>생활 인프라<br>개선 | 골목상권<br>활력<br>지역 공동체<br>회복 | 도심 기능<br>회복<br>상업·문화<br>중심지 육성 | 신성장 동력<br>창출<br>경제기반<br>혁신 |
| 주요<br>사업<br>내용 | 쌈지공원, 마<br>을쉼터<br>CCTV, 보안<br>등 설치 | 노후주택 개<br>량 지원<br>마을주차장,<br>가로정비 | 특화거리, 청<br>년창업<br>주민 커뮤니<br>티 시설 | 복합 앵커시<br>설 건립<br>공공기관 이<br>전, 창업허브 | 산업단지<br>재구조화<br>복합환승센<br>터, R&D센터 |
| 주요<br>역할 | 주민 생활의<br>질 향상 | 주거 안정성<br>강화 | 지역 경제 자<br>생력 강화 | 도시 중심성<br>강화 | 도시 경쟁력<br>강화 |
| 기대<br>효과 | 사회적 효과<br>중심 | 사회·물리적<br>효과 | 사회·경제적<br>효과 | 경제·물리적<br>효과 | 경제적 효과<br>중심 |

### 2.2.1. 우리동네살리기: 가장 작은 공동체를 위한 세심한 처방

(1) **목표 및 역할:** 쇠퇴한 소규모 주거지역(5만㎡ 미만)을 대상으로 주민들의 생활과 밀접한 기초적인 생활 인프라를 확충하고, 주민 공동체를 활성화하는 것을 최우선 목표로 한다. 낡은 골목길을 정비하고, 작은 쉼터나 마을 주차장을 만들며, 아이들을 위한 놀이터나 어르신들을 위한 경로당 시설을 개선하는 등 주민들이 일상에서 체감할 수 있는 변화를 만드는 데 집중한다.

(2) **장단점:**

- 장점: 사업 규모가 작아 신속한 추진이 가능하고, 주민들의 요구사항을 세밀하게 반영할 수 있다. 주민 참여를 통해 공동체 의식을 높이고 마을에 대한 애착을 키우는 데 매우 효과적이다.

• 단점: 소규모 사업이다 보니 지역 전체의 쇠퇴를 막거나 경제적 활력을 창출하는 데에는 한계가 있다. 물리적 환경 개선에 치중될 경우, 지속적인 공동체 활동으로 이어지지 못할 가능성도 존재한다.

(3) **효과 및 평가**: 주로 주민 만족도, 생활 편의시설 개선도, 공동체 활성화 정도(마을 행사 참여율, 주민 협의체 활동 등)를 통해 사업의 성과를 평가한다.

(4) **적용 사례**: 부산 서구 아미동 '까치고개 행복마을' 부산의 대표적인 산복도로 마을인 아미동은 급경사와 좁은 골목, 노후 주택 밀집으로 주거 환경이 매우 열악했다. '우리동네살리기' 사업을 통해 마을 주차장, 무인 택배함, 공동 화장실 등 생활 편의시설을 확충하고, 마을 사랑방과 텃밭을 조성하여 주민들의 교류 공간을 마련했다. 주민들이 직접 마을 해설사로 참여하는 프로그램을 운영하며 소소한 일자리를 창출하고 공동체를 활성화한 대표적인 성공 사례로 꼽힌다.

부산 서구 아미동 답사 까치고개: 네이버 블로그

### 2.2.2. 주거지지원형: 노후 주거지의 체질을 개선하다

(1) **목표 및 역할:** 단독주택 또는 다세대주택이 밀집된 저층 주거지역(5만㎡~10만㎡)의 생활 환경을 종합적으로 개선하는 것을 목표로 한다. 단순한 시설 개선을 넘어 노후주택의 개량 및 정비를 지원하고, 골목길 정비, 생활 가로 조성, 마을 주차장 및 공동이용시설 확충 등 주거지의 전반적인 인프라 수준을 한 단계 끌어올리는 역할을 수행한다.

(2) **장단점:**

- 장점: '우리동네살리기'보다 넓은 지역을 대상으로 하여 주거 환경 개선의 체감 효과가 크다. 주민 주도의 주택 개량을 지원함으로써 자발적인 환경 개선을 유도할 수 있다.
- 단점: 개별 주택의 수리 및 개량에 대한 지원은 한정적이어서 전면적인 주거지 개선에는 한계가 있다. 사업 범위가 넓어지면서 다양한 이해관계자들의 의견을 조율하는 데 어려움을 겪을 수 있다.

(3) **효과 및 평가:** 노후 주택 수, 공·폐가 수 감소율, 생활 SOC 공급률, 주민 만족도 등을 통해 사업 효과를 평가한다.

(4) **적용 사례:** 대전 동구 대동 '하늘을 담은 행복 예술촌' 과거 대전의 대표적인 달동네였던 대동은 '주거지지원형' 사업을 통해 새로운 활력을 찾았다. 좁고 가파른 골목길을 안전하게 정비하고, 빈집을 리모델링하여 청년 예술가들을 위한 창작 공간 및 게스트하우스로 활용했다. 또한, 대동하늘공원이라는 지역 명소와 연계하여 벽화와 조형물을 설치하고, 주민들이 직접 운영하는 카페를 조성하는 등 문화와 예술을 접목하여 마을의 가치를 높인 사례이다.

대전 동구 대동하늘공원 '야간관광 100선' 선정 [https://www.jbnews.com]

### 2.2.3. 일반근린형: 동네 상권과 커뮤니티에 활력을 불어넣다

(1) **목표 및 역할:** 주거지와 골목상권이 혼재된 지역(10만㎡~15만㎡)의 쇠퇴한 상권을 활성화하고 지역 공동체를 회복하는 것이 주된 목표이다. 동네 가게의 간판을 정비하고 특화 거리를 조성하며, 지역의 문화 자원을 활용한 프로그램을 개발하는 등 상권에 활력을 불어넣는 사업과 함께, 주민 커뮤니티 시설을 확충하는 역할을 동시에 수행한다.

(2) **장단점:**

- 장점: 주거 환경 개선과 지역 경제 활성화를 동시에 추구하여 종합적인 재생 효과를 기대할 수 있다. 지역 상인과 주민이 함께 사업을 추진하며 시너지를 창출할 수 있다.
- 단점: 상권 활성화 전략이 성공하지 못할 경우, 지속적인 동력을 얻기 어렵다. 외부 방문객 증가로 인한 젠트리피케이션(둥지 내몰림) 현상이 발생할 우려가 있다.

(3) **효과 및 평가:** 지역 내 상가 공실률 변화, 유동인구 및 신용카드 매출액 증감, 신규 창업자 수 등을 통해 경제적 효과를 평가하고, 주민 공동체 활동 지표를 병행하여 측정한다.

(4) **적용 사례:** 공주시 중학동 '역사문화와 함께하는 감영길' 공주 원도심에 위치한 중학동은 과거 충청감영이 있던 역사적인 장소이지만, 신도심 개발로 인해 쇠퇴를 겪고 있었다. '일반근린형' 사업을 통해 지역의 역사 자원인 감영길을 중심으로 보행 환경을 개선하고, 빈 점포를 활용해 청년 상인들의 창업 공간과 지역 특산품 판매장을 조성했다. 주민과 상인들이 함께 '감영길 축제'를 개최하는 등 역사와 문화를 매개로 상권과 공동체를 함께 살려낸 사례로 평가받는다.

공주시, '충청 감영길 역사문화가로 조성사업' 선정 [https://www.sjsori.com]

### 2.2.4. 중심시가지형: 쇠락한 도심을 지역의 중심으로 다시 세우다

(1) **목표 및 역할:** 과거 도시의 중심이었으나 쇠퇴한 상업지역 또는 역사·문화·관광 특화지역(20만㎡ 내외)을 대상으로, 지역의 경제·문화·행정 중심지로서의 기능을 회복시키는 것을 목표로 한다. 공공기능을 이전하거나 복합 앵커시설(핵심 유인시설)을 건립하여 유동인구를 창출하고, 쇠퇴한 상권을 혁신하며, 지역의 정체성을 강화하는 거점 역할을 수행한다.

(2) **장단점:**

- 장점: 파급 효과가 큰 앵커시설을 통해 지역 전체에 활력을 불어

넣을 수 있다. 공공과 민간의 협력 사업을 통해 대규모 투자를 유치하기 용이하다.

- 단점: 대규모 예산과 장기간의 사업 기간이 소요된다. 앵커시설의 운영 및 관리 주체를 확보하지 못하면 애물단지로 전락할 위험이 있다. 사업 추진 과정에서 부동산 가격 상승 등 부작용이 발생할 수 있다.

(3) **효과 및 평가**: 중심 상업지역의 유동인구 변화, 신규 고용 창출 효과, 상업·업무시설의 공실률 변화, 방문객 만족도 등 복합적인 지표를 통해 평가한다.

(4) **적용 사례**: 청주시 중앙동 '연초제조창 문화·산업 허브' 1946년에 지어져 지역 경제의 심장이었으나 2004년 폐쇄된 후 10년 넘게 방치되었던 청주의 옛 연초제조창은 '중심시가지형' 도시재생을 통해 화려하게 부활했다. 거대한 공장 건물을 리모델링하여 국립현대미술관 청주관, 공예 클러스터, 공연장, 민간 상업시설 등이 어우러진 복합 문화 공간으로 재 탄생시켰다. 이를 통해 청주 원도심에 새로운 문화적 활력을 불어넣고 수많은 방문객을 유치하며 도시의 랜드마크이자 경제 거점으로 자리매김했다.

청주 옛 연초제조창, 3년뒤 '창조경제 문화타운' 변신 | 동아일보
[https://www.donga.com]

### 2.2.5. 경제기반형: 도시의 성장 동력을 재점화하다

(1) **목표 및 역할:** 쇠퇴한 산업단지, 항만, 역세권 등 도시의 경제 기반 시설(50만㎡ 내외)을 대상으로, 새로운 산업 기능을 도입하고 융복합을 통해 신성장 동력을 창출하는 가장 규모가 큰 사업 유형이다. 단순한 환경 개선을 넘어, 첨단 산업단지, R&D 허브, 복합 환승센터 등으로 기능을 전환하고 대규모 일자리를 창출하여 도시 전체의 경제 구조를 혁신하는 것을 목표로 한다.

(2) **장단점:**

- 장점: 성공 시 도시 전체의 경제 지도를 바꿀 만큼 강력한 파급 효과를 가진다. 대규모 민간 투자 유치와 양질의 일자리 창출에 매우 효과적이다.
- 단점: 천문학적인 사업비와 고도의 전문성이 요구되어 사업 추진이 매우 어렵고 리스크가 크다. 장기간이 소요되며, 사업 성공 여부가 외부 경제 환경 변화에 큰 영향을 받는다.

(3) **효과 및 평가:** 신규 기업 유치 실적, 일자리 창출 수, GRDP(지역내 총생산) 기여도, 토지이용의 고도화 수준 등 거시적인 경제 지표를 통해 성과를 평가한다.

(4) **적용 사례:** 부산 영도구 봉래동 '해양산업 혁신 클러스터' 과거 조선업의 중심지였으나 산업 침체로 쇠퇴한 부산 영도구 대평동 일원은 '경제기반형' 도시재생을 통해 해양 신산업의 메카로 변모하고 있다. 방치된 조선소 부지와 폐창고를 활용하여 해양 분야 스타트업과 R&D 기관을 유치하고, 선박 수리·개조 산업을 고부가가치 산업으로 전환하는 클러스터를 조성하고 있다. 이는 과거의 산업 유산

을 바탕으로 새로운 시대에 맞는 성장 동력을 찾아 도시의 경제 체질을 바꾸는 혁신적인 시도이다.

BPA, '부산항 해양산업클러스터' 운영방안 확정 [https://www.klnews.co.kr/news]

## 2.2.6. 도시재생사업 유형별 목표, 역할, 장단점, 효과, 평가, 적용사례

| 구분 | 우리동네살리기 |
|---|---|
| 목표 및 역할 | 소규모 쇠퇴 주거지역의 생활 인프라 확충 및 공동체 활성화 |
| 장점 | - 신속한 사업 추진 가능<br>- 주민 요구의 세밀한 반영<br>- 공동체 의식 강화에 효과적 |
| 단점 | - 경제 활력 창출에 한계<br>- 지속적인 공동체 활동으로 연결되기 어려울 수 있음 |
| 효과 및 평가 | - 주민 만족도<br>- 생활 편의시설 개선도<br>- 공동체 활성화 정도 |
| 적용 사례 | 부산 서구 아미동'까치고개 행복마을'<br>(생활편의시설 확충 및 주민참여 프로그램) |

| 구분 | 주거지지원형 |
|---|---|
| 목표 및 역할 | 저층 주거지역의 생활 환경 종합 개선 및 노후주택 정비 지원 |
| 장점 | - 주거 환경 개선 체감 효과 큼<br>- 주민 주도 자발적 환경 개선 유도 |
| 단점 | - 전면적 주거지 개선에 한계<br>- 다양한 이해관계자 의견 조율의 어려움 |

| | |
|---|---|
| 효과 및 평가 | - 노후·공폐가 수 감소율<br>- 생활 SOC 공급률<br>- 주민 만족도 |
| 적용 사례 | 대전 동구 대동'하늘을 담은 행복 예술촌'<br>(빈집 활용 예술가 창작공간 및 문화마을 조성) |

| 구분 | 일반근린형 |
|---|---|
| 목표 및 역할 | 주거지와 골목상권이 혼재된 지역의 상권 활성화 및 공동체 회복 |
| 장점 | - 주거 환경과 지역 경제 활성화 동시 추구<br>- 상인과 주민의 시너지 창출 가능 |
| 단점 | - 상권 활성화 전략 실패 시 동력 상실 우려<br>- 젠트리피케이션 발생 가능성 |
| 효과 및 평가 | - 상가 공실률 변화<br>- 유동인구 및 매출액 증감<br>- 신규 창업자 수 |
| 적용 사례 | 공주시 중학동'역사문화와 함께하는 감영길'<br>(역사자원 활용 보행환경 개선 및 청년 창업 지원) |

| 구분 | 중심시가지형 |
|---|---|
| 목표 및 역할 | 쇠퇴한 중심 상업지역의 경제·문화·행정 중심 기능 회복 |
| 장점 | - 앵커시설을 통한 강력한 파급 효과<br>- 대규모 공공·민간 투자 유치 용이 |
| 단점 | - 대규모 예산 및 장기간 소요<br>- 앵커시설 운영 실패 리스크<br>- 부동산 가격 상승 부작용 |
| 효과 및 평가 | - 유동인구 변화<br>- 신규 고용 창출 효과<br>- 상업·업무시설 공실률 변화 |
| 적용 사례 | 청주시 중앙동'연초제조창 문화·산업 허브'<br>(폐산업시설을 복합 문화 공간으로 재탄생) |

| 구분 | 경제기반형 |
|---|---|
| 목표 및 역할 | 쇠퇴한 산업·경제 기반 시설에 신성장 동력을 창출하여 경제구조 혁신 |
| 장점 | - 도시 전체 경제에 미치는 강력한 파급효과<br>- 대규모 민간 투자 및 양질의 일자리 창출 |

| | |
|---|---|
| 단점 | - 막대한 사업비와 높은 사업 리스크<br>- 장기간 소요 및 외부 경제 환경에 민감 |
| 효과 및 평가 | - 신규 기업 유치 실적<br>- 일자리 창출 수<br>- GRDP 기여도 |
| 적용 사례 | 부산 영도구 봉래동<br>'해양산업 혁신 클러스터'<br>(노후 조선소 부지를 해양 신산업 R&D 거점으로 전환) |

## 2.3. 맺음말: AI, 최적의 도시재생 처방전을 설계하다

지금까지 살펴본 바와 같이, 한국의 도시재생 사업은 도시의 규모와 쇠퇴 특성에 따라 세분화된 유형을 통해 '맞춤형 재생'을 추구하고 있다. 이는 도시를 하나의 유기체로 보고, 그 특성에 맞는 정교한 처방을 내리고자 하는 중요한 정책적 진화이다.

이러한 맞춤형 접근은 AI 기술과 만났을 때 그 잠재력이 폭발적으로 증가할 것이다. AI 알고리즘은 방대한 도시 데이터를 분석하여, 특정 지역의 쇠퇴 원인을 과거의 어떤 진단 도구보다도 정확하게 규명할 수 있다. 인구 구조, 산업 변화, 교통 데이터, 상권 매출, 노후 건축물 분포 등 수많은 변수를 종합적으로 분석하여, 해당 지역에 가장 적합한 사업 유형이 '주거지지원형'인지, 아니면 '중심시가지형'인지를 과학적 근거에 기반하여 추천해 줄 것이다.

더 나아가, AI는 각 유형별 사업의 성공 확률을 예측하고, 다양한 시나리오에 따른 파급 효과를 시뮬레이션하여 가장 효율적인 예산 배분과 사업 계획 수립을 도울 수 있다. 어떤 앵커시설을 유치했을 때 유동인구가 가장 많이 늘어날지, 어떤 방식으로 상권을 지원해야 실질적인 매출 증대로 이어질지를 미리 예측하고 최적의 해법을 제시하는 것이다.

# 3. 전통적 도시재생 기법과 AI 기반 도시재생 기법의 차이 분석과 가상사례

## 3.1. 전통적 도시재생 기법과 AI 기반 도시재생 기법의 비교

| 구분 | 전통적 도시재생 기법 | AI 기반 도시재생 기법 |
|---|---|---|
| 목표 | 물리적 환경 개선과 기능적 회복에 중점을 둔다.<br>(예: 도로 확충, 노후 건물 정비) | 데이터 기반의 정밀한 진단을 통해 도시의 사회·경제·환경적 문제를 종합적으로 해결하고, 주민 삶의 질을 극대화하는 것을 목표로 한다. |
| 분석방법 및 기술 | 현장조사, 설문조사, 통계자료(인구, 사업체 등) 분석 등 주로 정형화된 과거 데이터를 활용한다. | IoT 센서, 위성 이미지, 유동인구 데이터, 소셜미디어 등 실시간 비정형 빅데이터를 수집하고, 머신 러닝·딥러닝 알고리즘으로 복합적인 인과관계를 분석한다. |
| 역할 | 계획가는 경험과 직관에 의존하여 문제점을 진단하고, 유사 사례를 참고하여 해결책을 수립하는 역할을 수행한다. | 계획가는 'AI 협업 파트너'로서, AI가 분석한 데이터와 예측 모델을 기반으로 다양한 시나리오를 검토하고 최적의 의사결정을 내리는 역할을 수행한다. |
| 장점 | - 주민 의견을 직접 청취할 수 있다.<br>- 특정 지역의 가시적인 변화를 빠르게 유도할 수 있다. | - 숨겨진 도시 문제를 과학적으로 발견하고 원인을 규명할 수 있다.<br>- 정책 효과를 사전에 시뮬레이션 하여 실패 비용을 최소화한다.<br>- 실시간 모니터링을 통해 유연한 계획 수정이 가능하다. |
| 단점 | - 분석에 많은 시간과 비용이 소요된다.<br>- 계획가의 주관이 개입될 여지가 크다.<br>- 급변하는 도시 현상을 반영하기 어렵다. | - 데이터 편향(Bias)으로 인한 잘못된 분석의 위험이 존재한다.<br>- 초기 시스템 구축 비용이 높고, 고도의 전문 인력이 필요하다.<br>- 데이터 프라이버시 침해 문제가 발생할 수 있다. |
| AI 분석 도구 | 해당 없음 | - 머신러닝: 쇠퇴지역 예측 모델링 (Random Forest, XGBoost)<br>- 딥러닝: 위성/항공 이미지 분석을 통한 노후 건축물 식별 (CNN)<br>- 자연어 처리: 민원/SNS 분석을 통한 주민 요구사항 파악 (BERT, GPT)<br>- 디지털 트윈: 도시 시뮬레이션을 통한 정책 효과 예측 |

| 도시재생 활용 예시 | 노후 주거지의 인구 통계와 건물 대장을 분석하여 공원 및 주차장 부지를 선정한다. | 도시 전역의 유동인구, 상권 매출, 교통량 데이터를 실시간 분석하여 최적의 상권 활성화 정책(예: 특정 시간대 보행 전용 거리 지정)을 도출한다. |
|---|---|---|

## 3.2. 가상사례: 쇠락한 공업도시 '은성시'의 AI 기반 스마트 재생 프로젝트

### 3.2.1. 배경: 회색 빛 도시, 희망의 빛을 찾다

1970년대 대한민국 산업화를 이끌었던 공업도시 '은성시(市)'는 한때 '검은 진주'라 불리며 번영을 누렸다. 그러나 주력 산업이었던 섬유 산업이 쇠퇴의 길을 걸으며 도시는 활력을 잃어갔다. 청년들은 일자리를 찾아 대도시로 떠났고, 남겨진 자리에는 텅 빈 공장과 낡은 주택, 그리고 깊은 침체감만이 감돌았다. 인구는 20년 만에 반 토막이 났으며, 도심 곳곳은 범죄와 환경오염에 노출된 '도시 공동화'의 상징이 되었다. 은성시는 더 이상 과거의 방식으로는 회생이 불가능하다는 절박함 속에서, 도시의 운명을 바꿀 혁신적인 도전을 시작하기로 결심한다. 그것은 바로 AI 알고리즘을 도시의 두뇌로 삼는 전례 없는 스마트 도시재생 프로젝트였다.

### 3.2.2. 문제 정의 및 전통적 접근의 한계: 도시의 병증, 그 근원을 찾아서

은성시의 문제는 복합적이었다. 인구 유출, 산업 기반 붕괴, 주거 환경 악화, 상권 붕괴, 교통망 비효율 등 수많은 문제가 실타래처럼 얽혀 있었다. 기존의 방식대로라면, 시청 공무원들은 몇 년에 걸쳐 현장 조사를 하고, 수천 명의 시민에게 설문지를 돌려 의견을 물었을 것이다. 하지만 이런 방식은 도시의 동적인 변화를 따라잡지 못하는 '과거의 사진'에 불과했다.

상권이 어디서부터 어떻게 무너지고 있는지, 시민들이 실제로 필요로 하는 공공 서비스는 무엇인지, 한정된 예산을 어디에 투입해야 가장 큰 효과를 낼 수 있는지, 그 누구도 명확한 답을 내놓지 못하는 상황이었다. 전통적 도시계획 기법은 복잡한 현대 도시의 문제를 해결하기에는 너무나 많은 한계를 가지고 있었던 것이다.

### 3.2.3. AI 알고리즘의 적용: 도시의 숨겨진 맥을 짚는 디지털 청진기

디지털 트윈(Digital Twin) 통해 가상세계에서 도시를 세운다
[https://www.casenews.co.kr]

은성시는 도시 전체를 살아있는 유기체로 보고, AI를 통해 그 맥박과 혈류를 실시간으로 분석하는 '디지털 트윈(Digital Twin)' 플랫폼을 구축하는 것부터 시작했다.

1) 1단계: 도시 데이터의 통합 (AI의 눈과 귀) 도시 곳곳에 설치된 IoT 센서는 미세먼지 농도, 소음, 교통량을 24시간 수집했다. 통신사의 기지국 데이터는 시간대별 유동인구의 흐름을 보여주었고, 위성 이미지는 건물의 노후도와 녹지 면적의 변화를 정밀하게 추적했다. 여기에 행정 데이터(전입/전출, 사업체 인허가)와 소셜미디어의 민원 데이터까지 하나의 플랫폼으로 통합되었다. 분절되어 있던 수많은 데이터가 비로소 은성시라는 하나의 유기체를 이해하는 언어가 된 것이다.

2) **2단계**: 머신 러닝 기반 쇠퇴 원인 진단 (AI의 진단) AI 머신 러닝 알고리즘은 통합된 빅데이터를 분석하여, 도시 쇠퇴에 가장 큰 영향을 미치는 핵심 요인들을 찾아냈다. 예를 들어, AI는 '특정 지역의 상권 붕괴가 단순히 유동인구 감소 때문이 아니라, 대중교통 노선의 비효율성과 주차 공간 부족, 그리고 주변 지역의 신규 상권 형성이 복합적으로 작용한 결과'라는 사실을 과학적으로 규명했다. 이는 마치 CT나 MRI가 사람의 눈으로 볼 수 없는 질병의 원인을 찾아내는 것과 같았다. 계획가들은 더 이상 직감에 의존하지 않고, 데이터가 말해주는 도시의 진짜 아픔에 집중할 수 있게 되었다.

3) **3단계**: 강화학습 기반 정책 시뮬레이션 (AI의 처방) 진단이 끝나자, AI는 최적의 처방전을 찾기 위한 수만 번의 시뮬레이션을 시작했다. 예를 들어, 'A 구역에 스마트 스타트업 밸리를 조성하는 시나리오'와 'B 구역에 대규모 스마트 공원을 조성하는 시나리오'를 가상으로 실행했다. AI는 각 시나리오가 향후 10년간 은성시의 인구 변화, 고용률, 부동산 가치, 주민 행복도에 미칠 영향을 다각도로 예측했다. 시뮬레이션 결과, 스타트업 밸리 조성은 단기적인 경제 효과는 크지만 청년층만 유입되는 불균형을 초래할 수 있고, 스마트 공원 조성은 전 연령층의 삶의 질을 높여 장기적으로 도시의 가치를 높이는 데 더 효과적이라는 결론을 도출했다. 은성시는 이 결과를 바탕으로 한정된 예산을 가장 효율적으로 사용할 수 있는 정책 조합을 선택했다.

4) **결과 및 기대효과**: 데이터로 깨어나는 도시, 은성시의 부활 AI 기반 도시재생 프로젝트가 시작된 후, 은성시는 놀라운 변화를 맞이하

고 있다. 과거 인적이 끊겼던 구도심의 빈 상가들은 AI가 분석한 최적의 업종(청년 창업 카페, 공유 오피스, 로컬 문화 상점)으로 채워지기 시작했다. 실시간 교통 데이터에 따라 신호 체계가 바뀌고, 수요응답형 버스가 운행되면서 시민들의 이동은 한결 편리해 졌다. AI 챗봇은 24시간 시민들의 민원을 접수하고 해결하며 행정의 신뢰를 높였다.

은성시의 사례는 AI가 단순히 기술적 도구를 넘어, 도시의 문제를 해결하고 시민의 삶을 바꾸는 핵심적인 '운영체제(OS)'가 될 수 있음을 보여주는 것이다. 데이터에 기반한 과학적 진단과 예측은 도시재생 사업의 불확실성을 줄이고, 시민의 세금이 단 한 푼도 낭비되지 않도록 하는 가장 강력한 수단이 된다. AI 알고리즘이 빚어내는 혁신은 쇠락하던 회색빛 공업도시를 지속가능한 스마트 도시로 재 탄생시키는 기적의 씨앗이 될 것이다.

## 4. 도시재생에 적용가능한 머신 러닝·딥러닝·생성형 AI의 알고리즘과 가상사례

### 4.1. 도시재생 적용 AI 알고리즘 유형별 비교

| 구분 | 머신 러닝 | 딥러닝 | 생성형 AI |
|---|---|---|---|
| 알고리즘별 목표 | 정형화된 데이터를 학습하여 특정 패턴을 발견하고, 이를 기반으로 미래를 예측하거나 데이터를 분류하는 것을 목표로 한다. | 인간의 신경망을 모방한 심층신경망을 통해, 비정형 데이터(이미지, 텍스트 등)의 복잡하고 추상적인 특징을 스스로 학습하고 인식하는 것을 목표로 한다. | 기존 데이터를 학습하여, 세상에 없던 새로운 데이터(텍스트, 이미지, 디자인 시안 등)를 창의적으로 생성해내는 것을 목표로 한다. |

| 분석방법 및 기술 | 지도학습(회귀, 분류), 비지도학습(군집화, 차원축소) 등의 기법을 활용한다. (예: 의사결정트리, 서포트 벡터 머신) | 심층신경망(DNN), 합성곱신경망(CNN), 순환신경망(RNN) 등 다층적 인공신경망 구조를 통해 대규모 데이터를 학습한다. | 생성적 적대 신경망(GAN), 변분 오토인코더(VAE), 트랜스포머(Transformer) 기반의 거대 언어 모델(LLM) 등을 활용한다. |
|---|---|---|---|
| 역할 | '예측가' 또는 '분류가'의 역할을 한다. 도시 쇠퇴 가능성을 예측하고, 재생사업이 시급한 지역을 등급별로 분류한다. | '인식가' 또는 '판독가'의 역할을 한다. 위성사진 속 노후 건물을 판독하거나, SNS 여론을 분석하여 주민들의 숨은 요구를 인식한다. | '창조가' 또는 '아이디어 조력자'의 역할을 한다. 주민의 요구에 맞춰 도시 공간 디자인 시안을 즉각 생성하거나, 사업계획서 초안을 작성한다. |
| 장점 | 계산 효율성이 높고, 결과에 대한 해석이 비교적 용이하다. | 이미지, 음성 등 비정형 데이터 인식에 매우 높은 정확도를 보인다. | 인간의 창의성을 증강시켜 아이디어 구상 시간을 획기적으로 단축한다. |
| 단점 | 복잡한 비정형 데이터 처리에는 한계가 있다. | 방대한 데이터와 고사양 컴퓨팅 자원이 필요하며, 의사결정 과정을 설명하기 어렵다(블랙박스 문제). | 결과물의 사실관계나 품질을 보장하기 어려우며(환각 현상), 저작권 등 윤리적 이슈가 존재한다. |
| AI 분석 도구 | Scikit-learn, XGBoost, LightGBM 등 | TensorFlow, PyTorch, Keras 등 | GPT-4, DALL-E 3, Midjourney, Stable Diffusion 등 |
| 도시재생 활용 예시 | 부동산 가격, 공실률, 인구이동 데이터를 학습시켜 3년 후 특정 지역의 쇠퇴 위험도를 예측한다. | 드론으로 촬영한 이미지를 분석하여 균열, 누수 등 건물 노후도를 자동으로 진단하고 위험 등급을 매긴다. | "10대들을 위한 휴식 공간과 작은 무대가 있는 골목 공원"이라는 텍스트를 입력하면, 해당 공간의 디자인 조감도를 수 초 만에 여러 버전으로 생성한다. |

## 4.2. 가상사례: AI 오케스트라가 지휘하는 미래형 도시재생, '프로젝트: 내일의 동네'

### 4.2.1. 배경: 시간이 멈춘 동네, 상록구 이야기

서울의 오래된 주거지 '상록구'는 30년 전만 해도 활기가 넘쳤지만, 이제는 도시의 성장판이 멈춘 동네가 되었다. 아이들의 웃음소리는 줄고, 청년들이 떠난 골목상권은 하나 둘 불이 꺼져갔다. 낡은 주택과 부족한 주차 공간, 마땅한 주민 쉼터 하나 없는 현실은 '도시재생'이라는 숙제를 안겨주었다. 구청은 여러 차례 주민 설명회를 열었지만, "우리 동네엔 공원이 필요하다", "상권을 살려야 한다"는 원론적인 이야기만 오갈 뿐, 구체적인 청사진을 그리는 데는 어려움을 겪고 있었다. 주민들의 흩어진 꿈을 하나로 모아낼 지휘자가 필요했다.

### 4.2.2. AI 삼중주(Trio)의 시작: 진단, 예측, 그리고 창조

상록구는 전통적인 방식을 과감히 버리고, 머신러닝, 딥러닝, 생성형 AI를 하나의 오케스트라처럼 활용하는 '프로젝트: 내일의 동네'를 시작했다. 이는 도시의 문제를 진단하고(1악장), 숨겨진 패턴을 읽어내며(2악장), 미래의 모습을 창조하는(3악장) 혁신적인 협주곡이었다.

#### 1) 제1악장: 머신 러닝, 도시의 건강검진을 시작하다 (진단과 예측)

먼저, 머신 러닝이라는 '예측의 마에스트로'가 지휘봉을 잡았다. 지난 10년간 상록구의 모든 공공 데이터(건축물대장, 수도·전기 사용량, 상가 공실률, 범죄 발생률, 유동인구 등)를 학습한 머신 러닝 모델은 동네를 세포 단위로 분석하기 시작했다. 그 결과, 상록구 전체를 '안정 성장', '정체', '쇠퇴 초기', '쇠퇴 가속'의 4단계로 구분한 정밀한 '도시 쇠퇴 지도'가 완성되었다.

놀라운 점은, 눈으로 보기엔 비슷해 보이는 두 골목이 데이터상으로는 전혀 다른 미래를 향하고 있음을 보여준 것이다. A 골목은 '쇠퇴 가속' 단계로, 2년 내 상가 공실률이 50%를 넘을 것으로 예측되었고, B 골목은 '정체' 단계지만 소규모 공방 창업이 늘고 있어 성장 잠재력이 큰 것으로 나타났다. 이로써 상록구는 한정된 예산을 어디에 가장 먼저 투입해야 할지 명확한 우선순위를 확보하게 되었다.

2) 제2악장: 딥러닝, 도시의 숨결을 깊이 읽다 (인식과 판독)

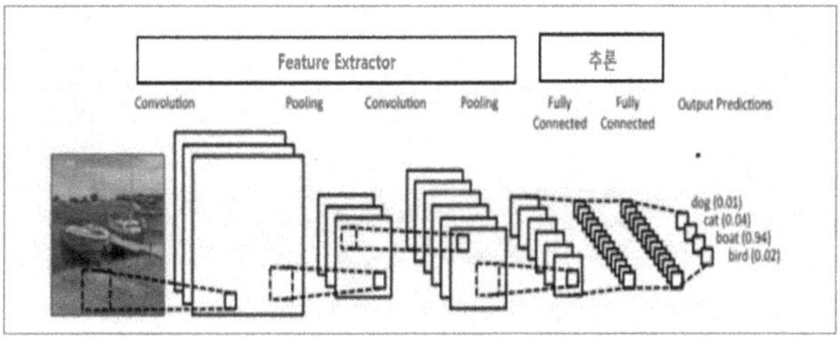


CNN-합성곱 신경망 (Convolutional Neural Network) [https://velog.io]

다음으로, 딥 러닝이라는 '인식의 비르투오소'가 무대에 올랐다. 합성곱신경망(CNN) 기반의 딥러닝 모델은 수만 장의 위성사진과 거리 뷰 이미지를 학습했다. 이 AI는 사람이 일일이 확인하기 힘든 동네 구석구석을 샅샅이 훑으며, 옥상 방수가 터지거나 외벽에 균열이 생긴 노후 주택, 쓰레기가 상습적으로 방치되는 공터, 조도가 낮아 야간 보행이 위험한 골목길 등을 99%의 정확도로 찾아내 지도 위에 붉은 점으로 표시했다.

동시에, 순환신경망(RNN) 모델은 지역 온라인 커뮤니티와 SNS의 게시글을 분석하여 '유모차 끌기 힘들어요', '밤에 너무 어두워요', '반려견과 산책할 곳이 없어요'와 같은 주민들의 구체적인 불만과 요구사항을 핵심 키워드로 추출해냈다. 데이터는 차가웠지만, 그 안에는 주민들의 삶의 온도가 고스란히 담겨 있었다.

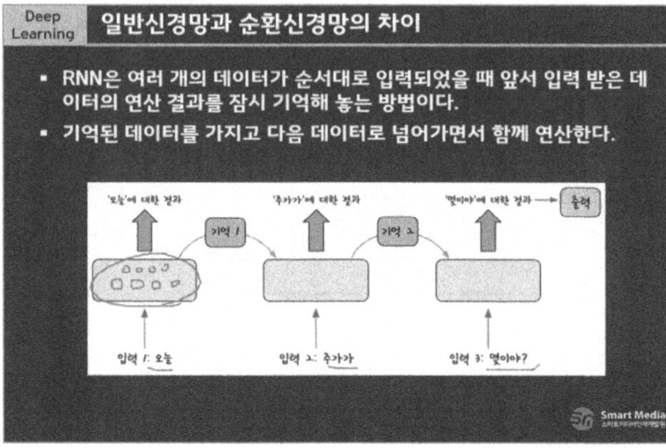


순환신경망(RNN, Recurrent Neural Networks) : 네이버 블로그 [https://blog.naver.com]

### 3) 제3악장: 생성형 AI, 주민의 꿈을 눈앞에 그리다 (창조와 시각화)

마지막 클라이맥스는 생성형 AI라는 '창조의 아티스트'가 장식했다. 구청은 딥 러닝이 찾아낸 '쓰레기 상습 투기 공터'를 재생 대상으로 정하고, 'AI 주민 디자인 공모전'을 열었다. 주민들은 전문가가 아니어도 괜찮았다. "어르신들이 앉아서 쉴 수 있는 벤치와 예쁜 꽃들이 있는 작은 정원", "아이들이 안전하게 공을 찰 수 있고 바닥은 푹신한 소재로 된 놀이터" 와 같이, 원하는 공간의 모습을 텍스트로 입력하기만 하면 되었다.

생성형 AI는 이 문장을 이해하고 단 30초 만에 다채로운 스타일의 디자인 조감도를 눈앞에 그려냈다. 주민들은 자신의 아이디어가 즉시 시각 화되는 환상적인 경험을 하며 더 적극적으로 의견을 제시했고, 투표를 통해 최종 디자인을 직접 결정했다. 이것은 더 이상 행정이 일방적으로 공급하는 공간이 아닌, 주민 모두가 함께 만들어가는 '우리의 공간'이 되는 순간이었다.

#### 4.2.3. AI 오케스트라의 하모니가 만든 미래

'프로젝트: 내일의 동네'는 성공적이었다. 머신 러닝의 예측 덕분에 가장 시급한 곳에 자원을 집중할 수 있었고, 딥 러닝의 통찰 덕분에 주민들이 가장 필요로 하는 변화를 이끌어낼 수 있었다. 그리고 생성형 AI의 창조력 덕분에, 주민들은 도시재생의 수동적인 객체가 아닌, 능동적인 주체로 거듭났다.

상록구의 사례는 AI가 도시를 되살리는 차가운 기술이 아니라, 주민들의 다양한 목소리를 조화롭게 엮어내고, 막연한 꿈을 현실의 청사진으로 바꾸는 따뜻한 지휘자가 될 수 있음을 증명하는 것이다. AI 알고리즘이라는 첨단 기술의 현 위에서, 도시의 미래는 더욱 정교하고, 민주적이며, 환상적인 하모니를 연주하기 시작한 것이다.

## 5. 도시재생에서 데이터 기반 의사결정 방법과 가상사례

### 5.1 데이터의 유형

데이터 분석의 출발점은 내가 가진 데이터의 형태와 특징을 이해하는 것이다. 정보를 가지고 있는 것은 모두 데이터라고 할 수 있다. 하지만 컴퓨터가 데이터를 이해하고 사용할 수 있게 하기 위해서는 데이터를 특정한 형태의 숫자로 변환해야 한다. 이렇게 데이터는 숫자로 저장되는 방식에 따라서 정형, 반정형, 비정형으로 구분된다.

빅데이터 분석에 사용되는 데이터는 전통적인 정형 데이터부터, 사진, 영상, 음성과 같은 비정형 데이터까지 그 종류가 다양하다. 빅데이터 분석은 정형 데이터에만 의존했던 기존의 데이터분석과 다르게 반정형, 비정형 데이터를 분석하거나, 모든 형태의 데이터를 융합(mash-up)해서 분석한다.

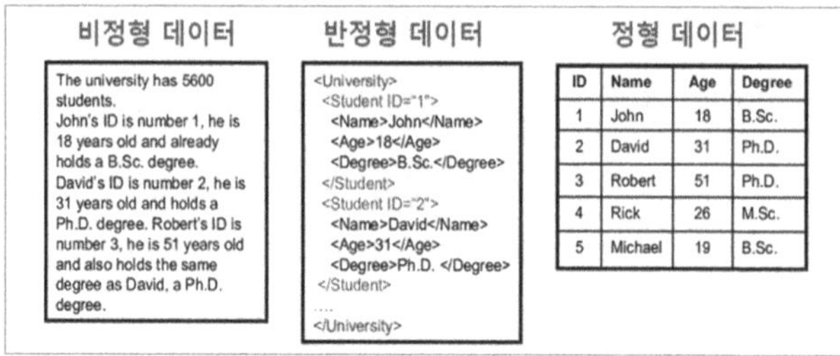


출처: Semantic web technologies and ebusiness, Idea Group

### 5.1.1. 정형 데이터 반정형 데이터 비정형 데이터의 특징

| 종류 | 설명 |
|---|---|
| 정형 | - 고정된 필드에 저장된 데이터<br>- 예로서 관계형 데이터베이스, 스프레드시트 |
| 반정형 | - 고정된 필드에 저장되어 있지는 않지만, 메타데이터나 스키마 등을 포함하는 데이터<br>- 예로서 XML, HTML 텍스트 |
| 비정형 | - 고정된 필드에 저장되어 있지 않은 데이터<br>- 예로서 텍스트 분석이 가능한 텍스트 문서, 이미지·동영상·음성 데이터 |

### 5.1.2. 정형데이터와 비정형 데이터의 비교

| 특징 | 정형데이터 | 비정형데이터 |
|---|---|---|
| 데이터특성 | 양적 데이터 | 질적 데이터 |
| 데이터모델 | 사전에 정의됨. 모델이 정의되고 일부 데이터가 저장된 후에는 모델을 변경하기 힘듦. | 비정형 데이터에는 특정 스키마가 포함되지 않음. 데이터 모델은 매우 유연함. |
| 데이터 포맷 | 제한된 수의 데이터 포맷을 사용할 수 있음. | 비정형 데이터에는 매우 다양한 데이터 포맷을 사용할 수 있음. |
| 데이터베이스 | SQL 기반 관계형 데이터베이스가 사용됨. | 특정 스키마가 없는 NoSQL 데이터베이스가 사용됨. |
| 검색 | 데이터베이스 또는 데이터 세트 내에서 데이터를 검색하고 찾기가 매우 쉬움. | 비정형 특성으로 인해 특정 데이터 검색이 매우 힘듦. |
| 분석 | 데이터의 양적 특성으로 인해 분석이 매우 쉬움. | 기존 소프트웨어 도구로도 분석이 매우 어렵려움. |

| 저장방법 | 정형 데이터에는 데이터 웨어하우스가 사용됨. | 비정형 데이터를 저장하는 데에는 데이터 레이크가 사용됨. |
|---|---|---|

자료 출처: 정형데이터와 비정형데이터 PURESTORAGE, 초보자를 위한 빅데이터 가이드

## 5.2. 도시재생의 데이터 기반 의사결정 방법론 비교

| 구분 | 기술적 분석 | 진단적 분석 | 예측적 분석 | 처방적 분석 |
|---|---|---|---|---|
| 목표 | "무슨 일이 일어났는가?"를 파악하는 것을 목표로 한다. 도시의 현재 상태와 과거 데이터를 시각 화하여 객관적 현황을 이해한다. | "왜 그런 일이 일어났는가?"를 규명하는 것을 목표로 한다. 현상의 이면에 있는 근본적인 원인과 변수 간의 인과관계를 파악한다. | "무슨 일이 일어날 것인가?"를 전망하는 것을 목표로 한다. 과거 데이터 패턴을 학습하여 미래의 특정 사건이나 경향을 예측한다. | "무엇을 해야 하는가?"에 대한 최적의 답을 찾는 것을 목표로 한다. 예측된 미래를 바탕으로, 목표 달성을 위한 최상의 행동과 전략을 도출한다. |
| 분석방법 및 기술 | 데이터 집계, 통계 분석, 데이터 시각화 (대시보드, 리포트, GIS 매핑) | 데이터 마이닝, 드릴다운(Drill-down) 분석, 상관관계 분석, 회귀분석 | 머신 러닝(시계열 예측, 분류, 회귀), 통계적 모델링, 시뮬레이션 | 최적화(Optimization) 알고리즘, 강화학습, 시뮬레이션, 디지털 트윈 |
| 역할 | '현황 기록가'의 역할을 한다. 도시의 인구, 사업체, 노후 건물 현황을 있는 그대로 보여주는 거울이 된다. | '원인 탐정가'의 역할을 한다. 특정 지역의 상권이 쇠퇴한 이유를 다양한 데이터를 통해 추적하고 밝혀낸다. | '미래 예측가'의 역할을 한다. 현재 추세가 지속될 경우, 5년 후 도시의 공실률이나 인구 변화를 예측한다. | '최적 전략가'의 역할을 한다. 한정된 예산으로 최대의 도시재생 효과를 낼 수 있는 사업 포트폴리오를 제시한다. |
| 장점 | 직관적이고 이해하기 쉬우며, 신속한 상황 파악이 가능하다. | 문제의 근본 원인을 이해하여 효과적인 대응의 기반을 마련한다. | 선제적이고 능동적인 계획 수립을 가능하게 한다. | 데이터에 기반한 최적의 의사결정을 지원하여 사업 성공률을 극대화한다. |
| 단점 | 현상의 원인을 설명하지 못하며, 미래에 대한 통찰을 제공하지 않는다. | 분석에 시간이 걸리며, 상관관계를 인과관계로 오인할 위험이 있다. | 과거 데이터에 의존하므로, 전례 없는 상황에 대한 예측 정확도가 낮을 수 있다. | 가장 복잡하고 기술적으로 어려우며, 방대한 데이터와 고성능 컴퓨팅 자원이 요구된다. |

| AI 분석 도구 | Tableau, Power BI 등 시각화 도구, Python (Pandas, Matplotlib) | Python (Statsmodels), R, SPSS | Scikit-learn, TensorFlow, PyTorch (회귀, 분류, 시계열 모델) | Google OR-Tools, Gurobi (최적화), NVIDIA Omniverse (디지털 트윈) |
|---|---|---|---|---|
| 도시재생 활용 예시 | GIS를 활용하여 도시 내 빈집의 분포 현황을 지도로 시각화한다. | 빈집이 특정 산업단지 폐쇄 지역 주변에 집중된 상관관계를 분석한다. | 현재의 인구 감소율과 산업 동향을 바탕으로, 3년 후 빈집으로 전락할 위험이 큰 주택 그룹을 예측한다. | 예측된 빈집들을 청년주택, 커뮤니티 시설, 도시농장 등으로 활용하는 시나리오들을 시뮬레이션하여, 지역 활성화에 가장 기여도가 높은 활용 방안을 도출한다. |

## 5.3. 가상사례: 데이터의 연금술, 잊혀진 '별빛거리'를 되살리다

### 5.3.1. 배경: 빛을 잃은 별빛거리의 초상

[도시재생] 쇠락하던 구도심·전통시장에 문화와 추억을 입히다-국민일보 [https://www.kmib.co.kr]

한때 도시의 젊음과 낭만을 상징했던 '별빛거리'는 이제 잊힌 공간이 되어가고 있었다. SNS에는 새로운 명소들이 넘쳐났고, 별빛거리의 낡은 간판과 유행 지난 가게들은 더 이상 사람들의 발길을 붙잡지 못했다. 시청은 거리를 살리기 위해 수억 원을 들여 보도블록을 교체하고 벤치를 놓았지만, 결과는 처참했다. 거리는 깨끗해 졌을 뿐, 활기는 돌아오지 않았다. 이는 도시의 질병을 진단하지 않고 영양제만 처방한 것과 같은 격이었다. 문제의 본질은 물리적 노후화가 아니었던 것이다.

#### 5.3.2. 데이터 기반 의사결정의 4단계 여정: 도시의 심장을 다시 뛰게 하다

새로운 도시재생팀은 '감'이 아닌 '데이터'로 별빛거리의 심장을 다시 뛰게 하는 프로젝트에 착수했다. 그들의 여정은 기술적, 진단적, 예측적, 처방적 분석이라는 4단계의 정교한 연금술 과정이었다.

1) **1단계 - 기술적 분석:** 거리의 객관적 진실을 마주하다

팀은 가장 먼저 '별빛거리 데이터 대시보드'를 구축했다. 통신사 유동인구 데이터, 신용카드 매출 데이터, 부동산 공실률, SNS 언급량 등 모든 관련 데이터를 하나의 화면에 시각화했다. 데이터가 보여주는 진실은 냉혹했다. 지난 3년간 20대 방문객은 60% 급감했고, 주말 저녁 평균 매출은 반 토막이 났으며, '별빛거리'와 함께 언급되는 SNS 키워드는 '추억', '오래된' 등 과거에 머물러 있었다. 그들은 더 이상 막연한 위기감이 아닌, 숫자로 증명된 객관적 현실을 마주하게 된 것이다.

2) **2단계 - 진단적 분석: 왜 사람들은 떠났는가를 추적하다**

다음으로, AI 기반의 진단 분석이 시작되었다. 자연어 처리(NLP) 기술로 수만 건의 블로그와 SNS 게시물을 분석한 결과, 방문객들이 떠난 핵심 원인이 드러났다. 사람들은 별빛거리를 '지루하다', '즐길 거리가 없다', '주변의 XX거리와 차별성이 없다'고 인식하고 있었다. 또한, 교통 데이터 분석을 통해 대중교통 접근성이 현저히 떨어지고 주차 공간이 절대적으로 부족하다는 사실도 밝혀졌다. 문제는 낡은 보

도블록이 아니라, 사람들을 끌어들일 '콘텐츠의 부재'와 '접근성의 악화'였던 것이다.

### 3) 3단계 - 예측적 분석: 거리의 두 가지 미래를 내다보다

진단이 끝나자, 머신러닝 예측 모델이 가동되었다. AI는 두 가지 미래 시나리오를 제시했다.

(1) **시나리오 A (현상 유지)**: 아무런 조치를 취하지 않을 경우, 2년 안에 상업 공실률은 45%에 도달하고 거리는 유령도시가 될 것이다.

(2) **시나리오 B (전략적 개입)**: 진단 분석에서 도출된 '콘텐츠'와 '접근성' 문제를 해결하는 데 자원을 집중할 경우, 1년 후부터 유동인구가 V자 반등을 시작하여 3년 안에 과거의 활기를 되찾을 확률이 85%이다. 팀은 더 이상 불확실성에 기대지 않고, 데이터가 예측한 가능성의 길을 선택할 수 있었다.

### 4) 4단계 - 처방적 분석: 최적의 부활 전략을 처방하다

마지막 단계는 이 프로젝트의 화룡점정이었다. 팀은 별빛거리를 3D 가상공간에 그대로 복제한 '디지털 트윈'을 만들었다. 그리고 이 가상 세계 안에서 수천 가지의 정책 조합을 시뮬레이션 했다. 예를 들어, '빈 점포에 ①청년 창업 팝업스토어, ②미디어아트 전시장, ③공유주방 중 무엇을 넣고', '주말에 ①버스킹 공연, ②플리마켓, ③보행 전용 거리 중 무엇을 운영하며', '주변 공영주차장과 ①셔틀버스, ②공유 자전거 중 무엇으로 연결하는 것'이 유동인구 증가와 상권 매출 증대에 가장 효과적인지를 AI가 계산해냈다.

AI의 최종 처방은 놀랍도록 구체적이었다.

**"금요일 저녁 7시부터 10시까지 2구역을 보행 전용 거리로 지정하고, 빈 점포 3곳에는 AR 기술을 활용한 체험형 전시 공간을, 5곳에는 로컬 크리에이터 들의 팝업스토어를 유치하며, 주차장 앱과 연동한 실시간 할인 쿠폰을 제공하는 것이 비용 대비 효과가 가장 높은 최적의 조합이다."**

#### 5.3.3. 결과 및 의의: 데이터 연금술사가 빚어낸 도시의 르네상스

이 처방에 따라 새롭게 태어난 별빛거리는 '데이터 기반 스마트 문화거리'로 명성을 얻으며 다시 한번 도시의 심장이 되었다. 이번 성공은 단순한 거리 하나를 살린 것을 넘어, 한국 도시재생의 패러다임을 바꾸는 신호탄이었다. 주관적 경험과 직관에 의존하던 과거의 방식에서 벗어나, 데이터를 통해 도시의 문제를 과학적으로 진단하고, 미래를 예측하며, 최적의 해법을 처방하는 새로운 시대가 열린 것이다. 데이터라는 보이지 않는 원석을 도시의 활력이라는 황금으로 바꾸는 '데이터의 연금술', 이것이 바로 AI 시대 도시재생의 진정한 혁신이 될 것이다.

제2장

# AI 기반 도시재생의 이론적 토대

## 1. 도시재생의 패러다임 변화와 AI 기술의 융합 필요성과 가상사례

### 1.1. 도시재생 패러다임 변화와 AI 기술 융합 비교

| 구분 | 재개발/재건축 (패러다임 1.0) | 종합적 도시재생 (패러다임 2.0) | 스마트 도시재생 (패러다임 3.0) | 초개인화·예측적 재생 (패러다임 4.0) |
|---|---|---|---|---|
| 목표 | 노후·불량 건축물의 물리적 환경 개선 및 도시 기능의 양적 확충을 목표로 한다. | 물리적 환경 뿐만 아니라 사회·경제·문화적 측면을 종합적으로 고려하여 쇠퇴 지역의 활력을 회복하는 것을 목표로 한다. | 도시데이터 플랫폼과 ICT 기술을 활용하여 도시 문제 해결의 효율성을 극대화하고 시민의 편의를 증진하는 것을 목표로 한다. | 도시를 하나의 유기체로 보고, AI를 통해 도시 상태를 실시간으로 감지·예측·제어하며, 시민 개개인에게 최적화된 경험을 제공하는 것을 목표로 한다. |
| 분석방법 및 기술 | 도면, 토지대장, 인구 통계 등 정형화된 물리적 데이터 중심의 현황 분석 | 설문조사, 주민 인터뷰(FGI), 전문가 의견 등 정성적 데이터를 포함한 다각적 분석 | IoT 센서, CCTV, 모바일 데이터 등 실시간 도시 빅데이터를 수집·분석하고 시각 화한다. | 디지털 트윈 환경에서 도시의 모든 현상을 시뮬레이션하고, 강화학습을 통해 최적의 정책을 스스로 학습하고 제안한다. |

| | | | | |
|---|---|---|---|---|
| 계획가의 역할 | '마스터 플래너'로서, 대규모 개발 계획을 수립하고 실행하는 절대적인 역할을 수행한다. | '코디네이터'로서, 주민·행정·전문가 사이의 의견을 조율하고 합의를 형성하는 역할을 수행한다. | '데이터 분석가'로서, 데이터를 기반으로 문제를 정의하고, 기술적 해결책을 제시하는 역할을 수행한다. | 'AI 파트너' 및 '윤리적 감시자'로서, AI가 제안한 전략의 사회적 가치를 판단하고, AI의 의사결정 과정을 감독·보완하는 역할을 수행한다. |
| 장점 | 가시적 성과가 빠르고, 대규모 주택 공급이 가능하다. | 주민 참여를 통해 절차적 민주성을 확보한다. | 객관적 데이터에 기반하여 행정의 효율성과 투명성을 높인다. | 잠재적 도시 문제를 사전에 예방하고, 자원을 가장 효율적으로 배분한다. |
| 단점 | 공동체 해체, 젠트리피케이션 등 사회적 부작용이 크다. | 의사결정에 많은 시간이 소요되고, 가시적 성과가 더딜 수 있다. | 기술 중심적 접근으로 인해 공동체 등 인간적 가치를 소홀히 할 수 있다. | 데이터 독점 및 프라이버시 침해, 알고리즘의 편향성 등 새로운 윤리적 문제가 발생한다. |
| AI 분석 도구 | 해당 없음 | 제한적 활용 (통계 분석 S/W) | 머신 러닝/딥러닝 (쇠퇴 예측, 객체 인식), 시각화 솔루션 | 디지털 트윈, 강화학습, 연합학습(Federated Learning), 설명 가능 AI(XAI) |
| 도시재생 활용 예시 | 노후 불량 주택 밀집 지역을 전면 철거하고 대규모 아파트 단지를 건설한다. | 주민 협의체를 중심으로 마을 축제를 기획하고, 빈집을 리모델링하여 커뮤니티 공간으로 조성한다. | CCTV 영상 분석으로 불법 쓰레기 투기를 자동 감지하고, 유동인구 데이터 기반으로 최적의 상가 입지를 추천한다. | 도시 전체의 에너지 사용량을 예측하여 잉여 전력을 필요한 곳에 자율적으로 재분배하고, 개인의 건강 상태와 동선을 고려하여 맞춤형 공원 이용 경로를 추천한다. |

## 1.2. 가상사례: 살아있는 도시, AI '노아(NOA)'와 함께하는 '미래동' 이야기

무늬만 도시재생… 주민들이 떠나간다 [https://www.chosun.com]

### 1.2.1. 배경: 세 번의 수술, 그러나 여전히 아픈 도시

경기도의 위성도시 '미래동'은 도시재생의 살아있는 역사박물관과 같은 곳이었다. 1990년대에는 낡은 주택들을 밀어버리고 아파트를 짓는 "재개발(1.0)"을 겪었고, 2010년대에는 주민들과 함께 골목길을 꾸미고 마을기업을 만드는 "종합적 도시재생(2.0)"을 경험했다. 최근에는 곳곳에 스마트 가로등과 공공 와이파이를 설치하는 "스마트 도시재생(3.0)"까지 마쳤다.

도시는 분명 과거보다 깨끗하고 편리해 졌다. 그러나 데이터 이면에는 해결되지 않는 도시의 통증이 있었다. 독거노인의 사회적 고립은 심화되었고, 애써 만든 커뮤니티 시설은 일부 주민만 이용했으며, 밤이 되면 공원은 우범지대로 변하곤 했다. 미래동은 더 이상 정해진 계획에 따라 수술하는 방식이 아닌, 도시 스스로 자신의 상태를 진단하고 치유하는 새로운 패러다임이 절실했다.

### 1.2.2. AI 도시 총괄계획가 '노아(NOA)'의 등장

이에 미래동은 도시재생 패러다임 4.0의 핵심인 AI 도시 운영 시스템, '노아(NOA: Nexus of Autonomous Agents)'를 도입한다. 노아는 도시 전체를 3D 가상공간에 거울처럼 복제한 '디지털 트윈'을 기반으로 작동하는 인공지능 총괄계획가이다.

도시의 모든 물리적 요소는 물론, 교통, 에너지, 복지, 안전 등 눈에 보이지 않는 데이터까지 실시간으로 흘러 들어와 노아의 신경망을 구성한다. 노아의 목표는 도시의 효율성을 극대화하는 것을 넘어, '시민 개개인의 행복 총량을 높이는 것'이다.

### 1.2.3. 패러다임 4.0의 구현: 도시가 시민에게 말을 걸기 시작하다

노아가 가동되자, 미래동은 마치 살아있는 유기체처럼 시민들과 교감하고 스스로 진화하기 시작했다.

#### 1) 사례 1: 예측적 복지 시스템 - "김 할머니의 보이지 않는 친구"

노아는 미래동에 거주하는 김 할머니의 스마트워치에서 측정된 활동량과 집안의 전력 사용 패턴, 통화 기록 등을 개인정보 비식별화 원칙 하에 분석한다. 3일간 활동량이 급격히 줄고 전력 사용이 거의 없자, 노아는 이를 '고독사 위험 신호'로 예측한다. 그러나 노아는 즉시 119에 신고하지 않는다. 대신, 먼저 지역 복지사에게 위험 단계 알림을 보내고, 동시에 할머니가 평소 자주 통화하던 이웃 주민의 스마트폰으로 "김 할머니께 안부 전화 한 통 어떠세요?"라는 따뜻한 메시지를 보낸다. 또한, 할머니 댁으로 향하는 가장 가까운 자율주행 순찰차의 경로를 변경하여 자연스럽게 안위를 확인하도록 지시한다. 이는 문제가 터진 후 대응하는 것이 아니라, 문제를 예측하고 가장 인간적인 방식으로 개입하는 '예측적 복지'의 실현이었다.

### 2) 사례 2: 초 개인화된 공원 관리 - “모두를 위한, 그러나 나 만을 위한 공원”

과거의 공원은 모두에게 똑같은 공간이었다. 그러나 노아가 관리하는 미래동 중앙공원은 다르다. 노아는 시간대별 이용자 패턴을 분석한다. 오전에는 어르신들이, 오후에는 아이들과 부모들이, 저녁에는 청년들이 주로 이용하는 것을 학습한 노아는 공원의 모습을 자율적으로 바꾼다. 오전에는 잔잔한 트로트를 배경음악으로 틀고, 스마트 벤치의 온도를 높인다. 오후가 되면 아이들이 좋아하는 동요와 함께 바닥 분수를 가동시키고, 공원 내 위험 시설물 주변에 가상의 안전 펜스를 AR(증강현실)로 구현하여 부모들의 스마트폰으로 보여준다. 저녁에는 운동하는 청년들을 위해 신나는 음악과 함께 조명의 밝기를 역동적으로 조절한다. 공원은 더 이상 고정된 시설이 아닌, 이용자에 맞춰 실시간으로 변화하는 ‘카멜레온 공간’이 된 것이다.

### 3) 사례 3: 자율적 재난 예방 - “오기도 전에 막아내는 재난”

장마철 집중호우가 예보되자, 노아는 즉시 재난 시뮬레이션을 시작한다. 강수량 예측 데이터와 도시의 지형, 하수관로 데이터를 결합하여 12시간 후 A 구역과 C 구역의 맨홀이 역류할 가능성이 92%임을 예측한다. 노아는 즉시 가장 가까운 곳에 있는 지하관로 점검 드론을 해당 지역으로 출동시켜 이물질을 제거하도록 자율적으로 지시한다. 동시에 A, C 구역 주민들에게만 “침수 위험이 있으니 지하주차장의 차량을 이동시켜 주십시오”라는 맞춤형 재난 문자를 발송한다. 도시 전체에 동일한 경보를 보내 불필요한 혼란을 야기하는 대신, 위험을 예측하고 필요한 곳에만 정밀하게 개입하는 ‘자율적 재난 예방 시스템’이 작동하는 것이다.

### 1.3. 결론: 기술의 지능과 인간의 마음이 공존하는 도시

미래동의 이야기는 도시재생의 궁극적인 미래를 보여준다. AI '노아'는 인간 계획가를 대체하는 존재가 아니다. 오히려 데이터를 통해 도시의 신음 소리를 듣고, 시민들의 숨은 욕구를 읽어내어 인간 계획가가 더 현명하고 인간적인 결정을 내릴 수 있도록 돕는 최고의 파트너이다. 도시재생 4.0은 단순히 똑똑한 도시(Smart City)를 넘어, 시민 개개인의 삶을 깊이 이해하고 보살피는 "지혜로운 도시(Wise City)"를 향한 위대한 여정이다. 기술의 지능이 인간의 따뜻한 마음과 만날 때, 도시는 비로소 모두에게 안식처가 되는 살아있는 생명체가 될 것이다.

## 2. 도시재생사업에서 빅데이터 분석기법과 가상사례

### 2.1. 도시재생 데이터 분석 기법별 비교

| 구분 | 기술적 분석 | 진단적 분석 | 예측적 분석 | 처방적 분석 |
|---|---|---|---|---|
| 목표 | "무슨 일이 일어났는가?" 를 파악하는 것을 목표로 한다. 도시의 현재 상태와 과거 데이터를 시각 화하여 객관적 현황을 이해한다. | "왜 그런 일이 일어났는가?" 를 규명하는 것을 목표로 한다. 현상의 이면에 있는 근본적인 원인과 변수 간의 인과관계를 파악한다. | "무슨 일이 일어날 것인가?" 를 전망하는 것을 목표로 한다. 과거 데이터 패턴을 학습하여 미래의 특정 사건이나 경향을 예측한다. | "무엇을 해야 하는가?" 에 대한 최적의 답을 찾는 것을 목표로 한다. 예측된 미래를 바탕으로, 목표 달성을 위한 최상의 행동과 전략을 도출한다. |
| 분석방법 및 기술 | 데이터 집계, 통계 분석, 데이터 시각화 (대시보드, 리포트, GIS 매핑) | 데이터 마이닝, 드릴다운(Drill-down) 분석, 상관관계 분석, 회귀분석 | 머신 러닝(시계열 예측, 분류, 회귀), 통계적 모델링, 시뮬레이션 | 최적화(Optimization) 알고리즘, 강화학습, 시뮬레이션, 디지털 트윈 |

| | | | | |
|---|---|---|---|---|
| 역할 | '현황 기록가'의 역할을 한다. 도시의 인구, 사업체, 노후 건물 현황을 있는 그대로 보여주는 거울이 된다. | '원인 탐정가'의 역할을 한다. 특정 지역의 상권이 쇠퇴한 이유를 다양한 데이터를 통해 추적하고 밝혀낸다. | '미래 예측가'의 역할을 한다. 현재 추세가 지속될 경우, 5년 후 도시의 공실률이나 인구 변화를 예측한다. | '최적 전략가'의 역할을 한다. 한정된 예산으로 최대의 도시재생 효과를 낼 수 있는 사업 포트폴리오를 제시한다. |
| 장점 | 직관적이고 이해하기 쉬우며, 신속한 상황 파악이 가능하다. | 문제의 근본 원인을 이해하여 효과적인 대응의 기반을 마련한다. | 선제적이고 능동적인 계획 수립을 가능하게 한다. | 데이터에 기반한 최적의 의사결정을 지원하여 사업 성공률을 극대화한다. |
| 단점 | 현상의 원인을 설명하지 못하며, 미래에 대한 통찰을 제공하지 않는다. | 분석에 시간이 걸리며, 상관관계를 인과관계로 오인할 위험이 있다. | 과거 데이터에 의존하므로, 전례 없는 상황에 대한 예측 정확도가 낮을 수 있다. | 가장 복잡하고 기술적으로 어려우며, 방대한 데이터와 고성능 컴퓨팅 자원이 요구된다. |
| 분석 도구 | Tableau, Power BI, QGIS, Python (Pandas, Matplotlib) | Python (Statsmodels), R, SPSS, SAS | Scikit-learn, TensorFlow, PyTorch (회귀, 분류, 시계열 모델) | Google OR-Tools, Gurobi (최적화), NVIDIA Omniverse (디지털 트윈) |
| 도시재생 활용 예시 | GIS를 활용하여 도시 내 빈집의 분포 현황을 지도로 시각 화한다. | 빈집이 특정 산업단지 폐쇄 지역 주변에 집중된 상관관계를 분석한다. | 현재의 인구 감소율과 산업 동향을 바탕으로, 3년 후 빈집으로 전락할 위험이 큰 주택 그룹을 예측한다. | 예측된 빈집들을 청년주택, 커뮤니티 시설, 도시농장 등으로 활용하는 시나리오들을 시뮬레이션 하여, 지역 활성화에 가장 기여도가 높은 활용 방안을 도출한다. |

## 2.2. 가상사례: 데이터의 네 가지 시선, 잠든 도시를 깨우다

[인사이드 경기] 용인 구도심, 변화의 바람 불다 [https://www.kyeonggi.com]

### 2.2.1. 과거의 영광, 빛 바랜 상점가의 한숨

한때 도시에서 가장 번화했던 '유성로'는 이제 그저 낡은 추억의 장소가 되었다. 백화점과 신도시 상권에 밀려 사람들의 발길은 뜸해졌고, 비어 있는 상점의 유리창에는 임대 문의 딱지만 덩그러니 붙어 있었다. 시청에서는 유성로를 살리기 위해 '간판 개선 사업'과 '바닥 정비 사업'에 큰 돈을 썼지만, 거리는 깨끗 해졌을 뿐 사람들의 마음을 되돌리지는 못했다. 이는 마치 환자의 병의 원인은 모른 채, 겉의 상처에 연고만 바른 것과 같은 격이었다.

### 2.2.2. 데이터 분석의 여정: 문제의 본질을 향하여

새로 부임한 도시재생 센터장은 기존의 주먹구구식 접근법을 폐기하고, 데이터 분석에 기반한 과학적 도시재생을 선언한다. 그의 팀은 유성로를 되살리기 위해 기술적, 진단적, 예측적, 처방적 분석이라는 4단계의 여정을 시작한다.

### 1) 제1단계: 기술적 분석 - 도시의 현주소를 그리다

가장 먼저, 팀은 유성로의 현재 상태를 객관적으로 파악하기 시작했다. 통신사 기지국 데이터를 이용해 유동인구를 분석하니, 5년 전에 비해 평일 방문객은 50%, 주말 방문객은 30% 감소한 사실이 드러났다. 신용카드 매출 데이터는 방문객의 주 연령층이 50대 이상으로 급격히 노령화되었음을 보여주었다.

GIS 분석을 통해 공실 상점들이 특정 골목에 집중되어 있다는 사실도 한눈에 파악할 수 있었다. 이처럼 기술적 분석은 유성로가 앓고 있는 병의 '증상'들을 명확한 숫자로 보여주는 '건강검진 기록'과 같았다.

### 2) 제2단계: 진단적 분석 - 상처의 근원을 찾다

이제 팀은 "왜?"라는 질문을 던지기 시작했다. 그들은 유동인구 감소 시점과 인근 신도시 쇼핑몰 개장 시점 사이에 강한 상관관계가 있음을 발견했다. 더 깊은 원인을 찾기 위해 SNS와 지역 커뮤니티의 게시글 수만 건을 텍스트 마이닝 기술로 분석했다.

그 결과, 사람들은 유성로에 대해 '주차하기 힘들다', '낡고 특색 없다', '아이들과 함께 즐길 거리가 없다'는 부정적인 인식을 압도적으로 많이 가지고 있음이 밝혀졌다. 문제의 본질은 낡은 간판이 아니라, 현대 소비자들이 원하는 '편의성'과 '콘텐츠'의 부재였던 것이다.

### 3) 제3단계: 예측적 분석 - 두 갈래의 미래를 보다

진단이 끝나자, 머신 러닝 기반의 예측 모델이 가동되었다. AI는 현재의 쇠퇴 추세가 계속될 경우, 3년 안에 유성로의 공실률이 70%에 육박하며 '슬럼화'가 시작될 것이라는 암울한 미래를 예측했다.

다음으로, AI는 여러 가지 재생 시나리오의 미래 효과를 시뮬레이션 했다. '주차장 요금 할인' 시나리오는 방문객을 15% 증가시키지만, '가족 단위 문화 콘텐츠 도입' 시나리오는 방문객을 40% 이상 증가시키고, 특히 구매력 높은 30-40대 방문객을 유인할 확률이 88%에 달한다는 예측 결과를 내놓았다. 이를 통해 팀은 가장 성공 확률이 높은 전략의 방향을 설정할 수 있었다.

4) 제4단계: 처방적 분석 - 최적의 부활 시나리오를 쓰다

마지막 단계에서 AI는 최적의 실행 계획을 '처방'했다. AI는 한정된 예산 안에서 최대의 효과를 낼 수 있는 사업들의 조합을 수천 번의 시뮬레이션을 통해 찾아냈다. 최종 처방은 다음과 같았다.

> **"주말 오후 1시부터 6시까지 거리를 '차 없는 거리'로 운영하고, 빈 점포 3곳을 AR(증강현실) 기술을 활용한 '디지털 놀이터'로 조성한다. 또한, 지역 상점에서 3만 원 이상 구매한 영수증을 제시하면 인근 공영주차장 2시간 무료 혜택을 제공하는 스마트 주차 시스템을 도입하는 것이 방문객 만족도와 상권 매출을 동시에 극대화하는 최적의 솔루션이다."**

## 2.3. 결론: 데이터가 밝힌 길, 다시 태어난 유성로

이 처방에 따라 새롭게 태어난 유성로는 아이들의 웃음소리와 젊은 연인들의 발길로 다시 북적이기 시작했다. 유성로의 성공은 감이나 추측이 아닌, 데이터라는 등대가 밝힌 길을 따라 항해한 결과였다. 도시의 문제를 정확히 진단하고, 과학적으로 미래를 예측하며, 최적의 해법을 찾아내는 데이터 분석의 네 가지 시선이야 말로, 잠든 도시의 활력을 깨우는 가장 강력하고 혁신적인 열쇠가 될 것이다.

## 3. AI 도시재생의 단계(구상, 계획, 설계, 시공, 관리)별 필요한 데이터의 유형과 가상사례

### 3.1. AI 도시재생 사업 단계별 데이터 활용 비교표

| 구분 | 구상 | 계획 단계 | 설계 단계 | 시공 단계 | 운영·관리 단계 |
|---|---|---|---|---|---|
| 목표 | 도시의 잠재적 문제와 주민들의 숨겨진 요구를 발견하고, 재생사업의 기본 방향과 비전을 설정하는 것을 목표로 한다. | 구상 단계의 비전을 구체화하여, 데이터 기반의 최적 마스터플랜과 실행 전략을 수립하는 것을 목표로 한다. | 계획을 현실화할 수 있는 창의적이고 효율적인 건축 및 공간 디자인을 도출하는 것을 목표로 한다. | 설계안을 안전하고 효율적이며, 정밀하게 현실 공간에 구현하는 것을 목표로 한다. | 조성된 공간과 시설이 지속 가능하게 운영되고, 변화하는 도시 상황에 능동적으로 대응하는 것을 목표로 한다. |
| 필요 데이터 유형 | SNS, 뉴스, 민원 등 비정형 텍스트 데이터, 인구·사회·경제 통계 데이터 | 유동인구, 교통량, 상권 매출, 에너지 소비 등 시계열 데이터, 토지이용 데이터 | 3D 지형 데이터, 건축물 정보 모델링(BIM) 데이터, 자재 정보, 일조량 등 환경 데이터 | 실시간 CCTV 영상, 드론 촬영 이미지, 센서 데이터(진동, 온도 등), 자재·인력 관리 데이터 | IoT 센서 데이터(환경, 설비, 교통 등), 시설물 유지보수 이력, 시민 만족도 및 이용 데이터 |
| 분석방법 및 기술 | 자연어 처리(NLP), 감성 분석, 토픽 모델링, 군집 분석 | 예측 모델링(회귀, 시계열), 시뮬레이션, 입지 분석(LBS) | 생성형 디자인(Generative Design), BIM 자동화, 렌더링 최적화 | 컴퓨터 비전(객체 탐지), 예지보전(PdM), 경로 최적화 알고리즘 | 이상 탐지(Anomaly Detection), 디지털 트윈, 강화학습(자율 제어) |
| AI 역할 | '경청하는 탐색가'<br>도시의 잠재된 목소리를 듣고 문제의 본질을 탐색한다. | '데이터 기반 전략가'<br>다양한 시나리오를 예측하고 최적의 경로를 제시한다. | '창의적인 건축 파트너'<br>인간의 상상력을 증강시켜 수천 개의 디자인 대안을 생성한다. | '꼼꼼한 현장 감독관'<br>공사 현장의 안전과 품질, 공정을 24시간 감시하고 관리한다. | '살아있는 도시 운영체제(OS)'<br>도시의 맥박을 느끼고 스스로 상태를 최적화하며 진화한다. |

| 장점 | 주민의견 수렴 비용 절감, 잠재 이슈 조기 발견 | 과학적 근거 기반 계획 수립, 실패 리스크 최소화 | 설계 시간 단축, 최적의 친환경·고효율 설계 가능 | 안전사고 예방, 공기 단축 및 비용 절감 | 운영 비용 절감, 선제적 문제 해결, 시민 만족도 제고 |
|---|---|---|---|---|---|
| 단점 | 데이터 편향 시 여론 왜곡 우려 | 예측 모델의 불확실성 내재 | 초기 S/W 도입 비용, 인간 디자이너의 역할 재정립 필요 | 현장 데이터 수집을 위한 인프라 구축 필요 | 데이터 보안 및 프라이버시 문제 |
| AI 분석 도구 | BERT, GPT (텍스트 분석), Scikit-learn (군집화) | Tensor-Flow, PyTorch (예측 모델), AnyLogic (시뮬레이션) | Autodesk Dynamo, NVIDIA Omniverse, Midjourney, DALL-E | OpenCV (이미지 분석), IBM Maximo (자산관리) | AWS/Azure IoT, Grafana (모니터링), Ansys Twin Builder |
| 도시재생 활용 예시 | 지역 커뮤니티 게시글을 분석하여 주민들이 '아이들 놀이공간 부족'을 가장 큰 불만으로 여기고 있음을 발견한다. | 놀이공간 조성 시 예상되는 주변 상권 매출 변화와 교통량 변화를 예측하여 최적의 입지를 선정한다. | 주민들이 원하는 '자연 친화적' 컨셉에 맞춰 수백 가지의 놀이터 디자인 시안을 자동 생성하고 3D로 시각 화한다. | 드론이 공사 현장을 촬영하며, 설계 도면과 시공 오차를 실시간으로 비교 분석하여 작업자에게 알린다. | 놀이터 이용자 수를 센서로 파악하여, 이용률이 낮은 시간대에 조명과 분수 가동을 자동으로 조절해 에너지를 절약한다. |

## 3.2. 가상사례: AI 네트워크 '유나(URBANA)'가 빚어낸 도시의 교향곡

서울의 오래된 공업지대였던 '회색동'은 이름처럼 모든 활력이 잿빛으로 바랜 곳이었다. 공장은 떠나고 청년도 떠났으며, 남은 것은 낡은 건물과 외로운 노인들, 그리고 해결되지 않는 문제들 뿐이었다. 시에서는 여러 차례 전문가를 초빙하고 계획을 세웠지만, 주민들의 진짜 목소리를 담지 못한 계획은 종이 위에서만 존재할 뿐이었다. 회색동에는 도시의 아픔을 깊이 경청하고, 미래를 그릴 수 있는 완전히 새로운 지휘자가 필요했다.

인구 70% 급감 황폐한 구도심의 대반전 | 한국경제 [https://www.hankyung.com]

1) 1단계: 구상 - 도시의 속삭임에 귀 기울이다

프로젝트의 시작은 거창한 청사진이 아니었다. 도시재생 총괄 AI '유나(URBANA: Urban Regeneration and Autonomous Navigation Assistant)'는 가장 먼저 회색동의 '귀'가 되었다. 유나는 지난 5년간의 지역 뉴스, 온라인 카페 게시글, 구청 민원 데이터 등 수백만 건의 텍스트를 분석하기 시작했다. 자연어 처리(NLP) 기술을 통해, 유나는 주민들이 '안전'이라는 단어를 '범죄', '어두운 골목'과 함께 가장 많이 언급하며, '공원'이라는 단어는 '쓰레기', '청소년 탈선'과 연관 짓는다는 부정적 감성을 발견했다. 주민들의 진짜 고통은 낡은 건물이 아니라, '불안감'과 '쉴 곳의 부재'였던 것이다. 유나는 이를 바탕으로 이번 재생사업의 핵심 비전을 '안심하고 쉴 수 있는 커뮤니티의 회복'으로 설정한다.

2) 2단계: 계획 - 수천 개의 미래를 그려 최적의 길을 찾다

비전이 정해지자, 유나는 '전략가'로 변모했다. 유나는 회색동의 디지털 트윈을 생성하고, 그 위에서 수천 가지의 미래 시나리오를 시뮬레이션 했다.

- A안(대규모 공원 조성),

- B안(범죄예방디자인(CPTED) 강화),
- C안(소규모 스마트 쉼터 분산 배치)

등 다양한 계획안을 가상으로 실행하며, 각 시나리오가 10년 후 회색동의 범죄율, 주민 만족도, 부동산 가치에 미칠 영향을 예측했다. 시뮬레이션 결과, 대규모 공원은 오히려 야간 우범지대 화될 위험이 컸고, 단순히 CCTV를 늘리는 것은 주민들에게 심리적 안정감을 주지 못했다. 유나는 '소규모 스마트 쉼터를 곳곳에 분산 배치하고, 이를 잇는 골목길의 조도를 AI가 실시간으로 제어하는 C-2 수정안'이 최소 비용으로 최대의 '안심 효과'를 낼 수 있는 최적의 마스터플랜임을 도출해낸다.

### 3) 3단계: 설계 - 주민의 상상을 현실의 디자인으로 만들다

계획이 확정되자, 유나는 주민들의 '디자인 파트너'가 되었다. 주민들은 복잡한 설계 프로그램을 다룰 필요가 없었다. 동네 사랑방에 설치된 키오스크에 다가가 "할머니들이 앉아서 담소 나눌 등받이 있는 벤치 랑, 밤에도 환한 예쁜 가로등이 있으면 좋겠어"라고 말하기만 하면 되었다. 유나의 생성형 AI는 이 음성을 즉시 인식하여, 해당 조건을 만족하는 수십 가지의 쉼터와 가로등 디자인을 실시간으로 화면에 그려냈다. 주민들은 자신의 아이디어가 눈앞에서 아름다운 3D 이미지로 변하는 것을 보며 즐겁게 토론했고, 투표를 통해 자신들이 원하는 디자인을 직접 선택했다.

### 4) 4단계: 시공 - 오차 없는 건설을 지휘하다

설계가 끝나자, 유나는 '현장 감독관'이 되었다. 공사가 시작되자 자율주행 드론이 매일 현장 상공을 비행하며 수천 장의 사진을 촬영했다. 유나는 이 사진들을 BIM 설계 도면과 단위를 비교하여 시공

오차를 실시간으로 확인했다.

한쪽 벽면의 철근 배치가 설계와 5cm 차이 나는 것을 발견한 유나는 즉시 현장 관리자의 태블릿으로 위험 경고와 수정 방안을 전송했다. 또한, 공사 차량의 이동 경로와 자재 반입 시간을 최적화하여 공사 기간을 15% 단축하고 비용을 10% 절감했다.

#### 5) 5단계: 운영·관리 - 살아 숨 쉬며 도시를 돌보다

마침내 새로운 스마트 쉼터와 안심 골목길이 완성되었다. 그러나 유나의 역할은 여기서 끝나지 않았다. 이제 유나는 도시의 '운영체제'가 되어 회색동을 24시간 돌본다. 안심 골목길의 가로등은 유동인구와 시간대에 따라 스스로 밝기를 조절한다. 쉼터의 온도는 외부 기온과 이용자 수에 맞춰 최적의 상태를 유지한다.

누군가 시설물을 파손하면 센서가 이를 즉시 감지하여 관리팀에 자동 신고하고, 가장 가까운 순찰 로봇을 출동 시킨다. 도시는 이제 한번 만들어지면 낡아가는 구조물이 아니라, 스스로를 진단하고 치유하며 주민들과 함께 살아 숨 쉬는 유기체가 된 것이다.

### 3.3. 결론: 회색동에서 오색동으로, 도시 교향곡의 완성

AI '유나'의 지휘 아래, 잿빛 도시 '회색동'은 주민들의 웃음소리가 가득한 '오색동'으로 다시 태어났다. 이 프로젝트의 성공은 AI가 도시재생의 모든 단계에 깊숙이 관여하여, 과거에는 불가능했던 수준의 정밀한 진단, 과학적 계획, 창의적 설계, 효율적 시공, 그리고 지능적 관리를 실현할 수 있음을 보여주는 것이다. AI는 인간을 대체하는 것이 아니라, 인간이 더 인간적인 가치에 집중할 수 있도록 돕는 최고의 파트너이다. AI와 인간이 함께 연주하는 도시의 교향곡은 이제 막 서곡이 끝났을 뿐이다.

## 4. 도시재생 성과 측정을 위한 AI 평가 지표 개발방법과 가상사례

### 4.1. AI 기반 도시재생 성과 평가지표 개발 방법론 비교

| 구분 | 기존 지표 고도화 | 대체 데이터 활용 지표 개발 | 종합 지수 및 동적 평가 모델 개발 |
|---|---|---|---|
| 목표 | 기존에 활용되던 정형적 성과 지표(예: 고용률, 범죄율)를 AI 기술로 분석하여 정밀도와 시의성을 높이는 것을 목표로 한다. | 공식 통계로는 포착하기 어려운 도시의 사회·경제적 활력과 주민들의 주관적 경험을 정량화 하는 새로운 지표를 개발하는 것을 목표로 한다. | 개발된 다양한 지표들을 종합하여 도시재생의 성과를 하나의 통합된 지수로 보여주고, 시간의 흐름에 따른 변화를 예측 및 시뮬레이션하는 것을 목표로 한다. |
| 분석방법 및 기술 | 시계열 예측, 이미지 분석(딥러닝), 통계적 보정 모델링 | 자연어 처리(NLP), 감성 분석, 네트워크 분석, 컴퓨터 비전, 시공간 데이터 분석(Spatio-temporal) | 다변량 회귀 분석, 주성분 분석(PCA), 디지털 트윈, 강화학습, 시스템 다이내믹스 모델링 |
| 역할 | '현미경'의 역할을 한다. 기존 지표의 해상도를 높여 더 미시적이고 정확한 현실을 보여준다. | '청진기'의 역할을 한다. 도시의 숨겨진 맥박과 시민들의 목소리를 데이터로 듣고 새로운 현상을 발견한다. | '종합 건강검진 시스템'의 역할을 한다. 도시의 전반적인 상태를 진단하고 미래의 건강 상태를 예측하여 맞춤형 처방의 근거를 제시한다. |
| 장점 | 기존 데이터 체계와 호환성이 높고, 신뢰도를 확보하기 용이하다. | 주민 체감도를 직접적으로 반영하고, 실시간 모니터링이 가능하다. | 복잡한 성과를 직관적으로 이해시키고, 정책 효과를 사전에 검증할 수 있다. |
| 단점 | 기존 지표의 한계를 벗어나는 새로운 통찰을 얻기 어렵다. | 데이터 편향성 및 개인정보보호 문제가 발생할 수 있으며, 지표의 공신력 확보가 어렵다. | 모델이 복잡하여 해석이 어렵고(블랙박스), 개발에 고도의 전문성이 요구된다. |
| AI 분석 도구 | TensorFlow, PyTorch (시계열 예측), Scikit-learn | BERT, GPT (NLP), OpenCV (이미지 분석), Geopandas (공간 분석) | NVIDIA Omniverse (디지털 트윈), AnyLogic (시뮬레이션), R, Python (통계 모델링) |

| | | | |
|---|---|---|---|
| 도시재생 활용 예시 | 과거 범죄율 데이터를 패턴 분석하여, 단순 발생 건수가 아닌 '잠재적 범죄 위험지수'를 산출하고 시간대별 변화를 추적한다. | SNS와 지역 커뮤니티의 게시글을 분석하여, '주민 행복감 지수' 또는 '공동체 활력 지수'를 개발하고 실시간으로 측정한다. | 안전, 경제, 공동체, 환경 등 수십 개의 개별 지표를 가중치에 따라 통합한 '도시재생 종합 건강지수'를 개발하여 대시보드로 시각화한다. |

## 4.2. 가상사례: 도시의 맥박을 측정하는 AI, '프로젝트 펄스(PULSE)'

[하남시, 원도심 활성화 해법찾기] 노후화된 도시환경 개선
[https://www.kyeonggi.com]

### 4.2.1. 배경: 성공이라는 이름의 미스터리

수년 간의 노력 끝에 낡은 항구도시 '은파시'의 원도심 재생사업이 막을 내렸다. 거리는 깨끗해 졌고, 예쁜 카페와 공방들이 들어섰으며, 연간 방문객 수도 목표치를 초과했다. 서류상으로 이 사업은 명백한 '성공'이었다. 그러나 시장과 공무원들의 마음속에는 풀리지 않는 질문이 있었다. "과연 주민들의 삶도 정말 나아졌을까? 이 활기는 얼마나 지속될 수 있을까? 우리는 지금 도시의 진짜 모습을 보고 있는 것일까?" 기존의 성과 보고서는 마치 잘 찍은 졸업사진처럼, 도시의 한순간만을 보여줄 뿐 살아있는 현실을 말해주지 못했다.

#### 4.2.2. AI 평가 시스템 '펄스(PULSE)'의 도입

이러한 고민 속에서 은파시는 도시재생 성과측정을 위한 AI 기반 동적 평가 시스템, '프로젝트 펄스(PULSE: Public Urban Life Satisfaction Evaluator)'를 도입한다. 펄스는 도시를 살아있는 유기체로 보고, 그 맥박(Pulse)을 실시간으로 측정하여 건강 상태를 진단하고 미래를 예측하는 것을 목표로 하는 혁신적인 시스템이다.

#### 4.2.3. '펄스(PULSE)'의 다차원적 성과 측정: 도시의 영혼을 데이터로 읽다

펄스는 기존의 평가 방식과는 차원이 다른 세 가지 층위의 분석을 동시에 수행한다.

1) 1 단계: 기존 지표에 깊이를 더하다 (현미경 분석)

펄스는 먼저 '유동인구'라는 기존 지표를 고도 화했다. 단순히 통신사 데이터로 방문객 수를 세는 것을 넘어, 도시 곳곳의 CCTV 영상을 딥 러닝으로 분석하기 시작했다. AI는 사람들의 '걸음걸이 속도'와 '머무르는 시간', 그리고 '표정'까지 분석하여 '거리 활력 지수'라는 새로운 데이터를 산출했다. 그 결과, 방문객 수는 많지만 대부분의 사람들이 무표정하게 빠르게 지나쳐가는 A 거리와, 방문객 수는 적지만 사람들이 밝은 표정으로 오랜 시간 머무는 B 골목의 질적 차이를 명확히 구분해낼 수 있었다.

2) 2단계: 세상의 모든 소리를 데이터로 바꾸다 (청진기 분석)

다음으로 펄스는 도시의 숨겨진 목소리를 듣기 시작했다. 자연어 처리(NLP) 기술을 통해 인스타그램, 블로그, 지역 맘카페의 모든 게시글을 실시간으로 분석했다. "새로 생긴 #은파항 공원, 인생샷 건짐!"과 같은 긍정적 반응과 함께, "주차는 최악", "밤만 되면 너무

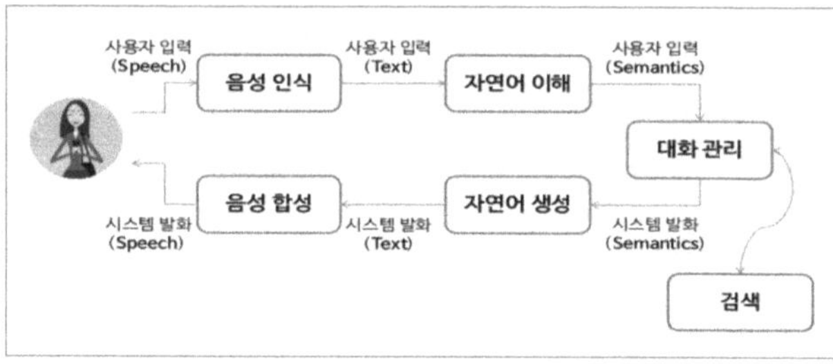


자연어처리(NLP) - 기초 [https://rosypark.tistory.com]

시끄러워요"와 같은 주민들의 생생한 불만을 포착했다.

이를 통해 공식적인 민원 통계에는 잡히지 않았던 '주차 편의성'과 '야간 소음' 문제가 재생사업의 가장 큰 부작용임을 밝혀냈다. 펄스는 이 데이터를 종합하여 매일 업데이트되는 '주민 체감 만족도 지수'를 만들어냈다.

3) 3단계: 도시의 미래를 시뮬레이션 하다 (종합 건강검진)

마지막으로, 펄스는 수집하고 분석한 모든 데이터를 하나의 시스템으로 통합했다. '거리 활력 지수', '주민 체감 만족도 지수', '상권 다양성 지수', '범죄 안전 지수' 등 수십 개의 지표를 종합하여, 도시의 전반적인 건강 상태를 보여주는 '지속가능 도시재생 지수'를 개발했다.

이것이 끝이 아니었다. 펄스의 디지털 트윈 환경에서는 미래를 시뮬레이션 할 수 있었다.

예를 들어, 정책 결정자가 "B 골목에 주말 야시장을 개설하면 어떻게 될까?"라고 입력하면, 펄스는 야시장 개설이 '상권 활력 지수'는 15% 높이지만, '야간 소음 불만 지수'를 40%나 높여 결과적으로 '지속가능 도시재생 지수'를 5% 하락 시킬 것이라는 예측 결과를 수 분 만에 내놓았다. 대신, "인근 공영주차장과 연계한 스마트 주차 시스템을 도입하는 것이 지수 향상에 가장 효과적이다"라는 최적의 대안을 '처방'해주었다.

### 4.3. 결론 및 시사점: 살아있는 평가, 영원히 진화하는 도시

'프로젝트 펄스'의 도입 이후, 은파시의 도시재생은 완전히 새로운 국면을 맞이했다. 성과 평가는 더 이상 사업이 끝난 후 받는 '성적표'가 아니었다. 그것은 도시의 건강 상태를 실시간으로 확인하고, 문제가 생기기 전에 미리 예측하며, 더 나은 미래를 위해 끊임없이 최적의 길을 찾아가는 '내비게이션'이 되었다. AI 기반의 살아있는 평가는 도시재생을 일회성 프로젝트가 아닌, 시민들과 함께 호흡하며 영원히 진화해 나가는 생명 활동으로 바꾸어 놓은 것이다.

## 5. 국내외 AI 도시재생 사례연구 방법론 비교 연구

### 5.1. AI 도시재생 사례연구 방법론 비교

| 구분 | 기술 중심 사례 분석 | 문제 해결 중심 사례 분석 | 거버넌스 중심 사례 분석 |
|---|---|---|---|
| 목표 | 특정 AI 기술(알고리즘, 플랫폼)이 도시재생 프로젝트에서 어떻게 적용되고 작동했는지를 기술적으로 깊이 있게 이해하는 것을 목표로 한다. | 도시가 당면한 특정 문제(예: 교통 혼잡, 에너지 비효율)를 AI를 통해 얼마나 효과적으로 해결했는지 그 성과와 영향을 분석하는 것을 목표로 한다. | AI 도입 과정에서 시민, 행정, 기업 등 다양한 이해관계자들이 어떻게 협력하고 갈등을 조정했는지 그 과정(Process)과 구조를 분석하는 것을 목표로 한다. |
| 분석방법 및 기술 | 시스템 아키텍처 분석, 알고리즘 성능 평가(정확도, 속도 등), 코드 리뷰, 기술 백서(White paper) 분석 | 성과측정지표(KPI) 기반의 사전-사후 비교 분석, 비용-편익 분석(CBA), 계량경제 모델링, 설문조사 및 인터뷰 | 이해관계자 매핑, 네트워크 분석, 정책 문서 분석, 심층 인터뷰, 참여 관찰 |

| 연구자의 역할 | '기술 평론가' 적용된 AI 기술의 혁신 성과 한계를 날카롭게 분석하고 평가한다. | '솔루션 탐색가' 성공 또는 실패의 원인을 규명하여, 다른 도시에 적용 가능한 실용적 교훈을 도출한다. | '프로세스 설계자' 성공적인 AI 거버넌스 모델의 핵심 요소를 발견하여, 기술과 사회가 조화를 이루는 정책 프레임워크를 제안한다. |
|---|---|---|---|
| 장점 | 기술적 깊이가 있어 후속 연구의 기반이 된다. | 정책 결정자에게 실용적이고 명확한 시사점을 제공한다. | 도시재생의 복잡성과 다층성을 가장 잘 이해할 수 있다. |
| 단점 | 사회·경제적 맥락을 간과하여 기술만능주의에 빠질 수 있다. | 문제 해결의 성과에만 집중하여 기술의 잠재력이나 과정의 중요성을 놓칠 수 있다. | 분석이 복잡하고 질적 연구에 치우쳐 일반화하기 어려울 수 있다. |
| AI 분석 도구 | 코드 분석 도구, 시스템 성능 모니터링 툴(Prometheus) | 통계 분석 S/W(R, SPSS), GIS, 시뮬레이션 소프트웨어 | "자연어 처리(NLP)"를 활용한 인터뷰 녹취록 및 회의록 분석, 네트워크 시각화 툴(Gephi) |
| 분석 대상 사례 예시 | 구글 사이드워크 랩스(Sidewalk Labs)의 생성형 디자인 툴 적용 사례 분석 | 싱가포르의 디지털 트윈 기반 교통 흐름 최적화 프로젝트 성과 분석 | 대만 'vTaiwan' 플랫폼을 활용한 시민 참여형 디지털 거버넌스 구축 과정 연구 |

바르셀로나 구시가지 엘 라발(El Raval)지구: 네이버 블로그 [https://blog.naver.com]

## 5.2. 가상사례: AI '콘비비아(Convivia)', 바르셀로나의 심장을 치유하다

### 5.2.1. 배경: 공존의 위기에 처한 도시, 바르셀로나

스페인 바르셀로나의 구시가지, 그 중에서도 가장 다채로운 역사를 지닌 '엘 라발(El Raval)' 지구는 전 세계의 관광객과 디지털 노마드가 몰려

들며 활기를 얻었지만, 그 이면에서는 깊은 갈등이 자라나고 있었다. 수십 년간 이곳을 지켜온 토착 주민들과 새로운 이방인들의 생활양식은 사사건건 부딪혔다.

관광객들의 소음은 주민들의 휴식을 빼앗았고, 급등하는 임대료는 오랜 가게들을 거리로 내몰았다. 시에서 경찰 순찰을 늘리고 규제를 강화했지만, 이는 오히려 주민과 관광객 사이의 불신만 키우는 악순환을 낳았다. 바르셀로나에는 감시와 통제가 아닌, 이해와 조화를 위한 완전히 새로운 해법이 필요했다.

### 5.2.2. AI의 등장: 도시의 사회적 맥박을 듣는 '콘비비아(Convivia)'

이 복잡한 사회 문제 해결을 위해 바르셀로나 시는 사회학자, 데이터 과학자, 도시계획가들로 구성된 팀과 함께 AI 기반의 도시 상생 플랫폼 '콘비비아(Convivia)'를 개발한다. '콘비비아'는 스페인어로 '공존'을 의미하며, 이 AI의 유일한 목표는 도시의 갈등을 예측하고, 보이지 않는 방식으로 개입하여 주민과 방문객 간의 사회적 조화를 촉진하는 것이다.

### 5.2.3. AI의 다차원적 개입: 보이지 않는 손, 따뜻한 중재자

콘비비아는 단순한 데이터 분석 시스템이 아니었다. 도시의 사회적 건강 상태를 실시간으로 진단하고 처방하는 지능형 중재자로서 작동했다.

#### 1) 1단계: 소셜 온도계 (Social Thermometer) - 갈등의 냄새를 맡다

콘비비아는 공식적인 통계 너머의 데이터를 수집했다. 도시 곳곳에 설치된 음향 센서는 소리의 크기뿐만 아니라, 사람들의 웃음소리, 대화 소리, 날카로운 고성, 자동차 경적 소리 등을 구분하여 '소리 환경 데이터'를 구축했다.

동시에 자연어 처리(NLP) 기술로 지역 온라인 커뮤니티, SNS, 숙박 공유 앱의 후기 등을 분석하여 특정 지역에 대한 주민과 관광객의 감성(긍정/부정)을 측정했다. 이 두 데이터를 결합하여, 콘비비아는 도시 전체의 '사회적 갈등지수'를 지도 위에 실시간 '소셜 온도계'로 시각 화했다. 이를 통해 어느 광장의 어느 벤치에서, 어느 요일 밤에 갈등 가능성이 가장 높은지를 미리 예측할 수 있었다.

2) 2단계: 예측적 갈등 중재 - '넛지(Nudge)'로 도시를 디자인하다

갈등 발생 가능성이 '높음'으로 예측된 지역에, 콘비비아는 경찰을 출동 시키지 않았다. 대신 부드러운 '넛지(Nudge)' 방식으로 개입했다. 예를 들어, 늦은 밤 관광객들의 소음으로 갈등지수가 높아지면, 해당 지역의 스마트 가로등 조명을 서서히 오렌지색의 따뜻하고 차분한 톤으로 바꾸었다. 심리학적으로 사람들의 흥분을 가라앉히는 효과를 노린 것이다.

동시에, 해당 지역에 있는 관광객들의 스마트폰으로 "이곳은 조용한 주거 지역입니다. 멋진 야경을 볼 수 있는 몬주익 언덕은 어떠세요?"와 같은 유용한 정보를 푸시 알림으로 보냈다. 이는 통제가 아닌, 자연스러운 행동 유도였다.

3) 3단계: 생성형 AI 기반 공존 디자인 - 함께 미래를 그리다

콘비비아는 갈등을 줄이는 것을 넘어, 적극적으로 공동체를 형성하는 역할을 했다. 주민과 방문객이 함께 참여하는 '우리 동네 디자인 워크숍'을 온라인으로 개최했다. 참가자들이 "아이들과 노인들이 함께 어울릴 수 있는 공간", "전통적인 스페인 문화와 디지털 아트가 결합된 축제" 등 원하는 아이디어를 텍스트로 입력하면, 생성형 AI가 그 아이디어들을 조합하여 즉시 매력적인 공간 디자인 시

안과 축제 포스터, 행사 프로그램을 생성했다. 사람들은 자신들의 막연한 상상이 눈앞에서 구체적인 결과물로 변하는 것을 보며 즐겁게 토론했고, 이 과정에서 서로를 이해하게 되었다.

### 5.3. 결과 및 시사점: 살아있는 도시 실험실, 진화하는 공동체

콘비비아의 도입 이후, 엘 라발의 풍경은 달라졌다. 시끄러운 갈등은 줄어들고, 그 자리에 AI가 제안한 아이디어로 탄생한 작은 문화 행사와 커뮤니티 공간들이 들어섰다. 관광객들은 단순한 소비자가 아닌, 지역 문화의 존중하는 참여자가 되었다. 콘비비아는 도시 문제를 해결하는 도구를 넘어, 서로 다른 사람들이 함께 살아가는 법을 배우고 실험하는 '살아있는 도시 실험실(Living Lab)' 그 자체가 된 것이다. 바르셀로나의 사례는 AI가 차가운 기술이 아니라, 도시의 심장을 치유하고 공동체의 영혼을 되살리는 가장 따뜻한 처방전이 될 수 있음을 증명하는 것이다.

# 제 2 부

## 경제기반형 도시재생: AI로 그리는 산업 · 교통 허브의 미래

제3장

# 경제기반형 도시재생을 위한 AI 데이터 수집과 데이터베이스구축

## 1. 산업단지, 역세권, 항만 도시재생지역의 빅데이터 분석방법과 가상사례

### 1.1. 주요 경제기반형 도시재생 지역의 빅데이터 분석 방법론 비교

| 구분 | 산업단지 재생 | 역세권 재생 | 항만 재생 |
|---|---|---|---|
| 목표 | 노후 제조업 중심의 단지를 첨단 기술과 R&D가 융합된 혁신 산업 생태계로 전환하고, 양질의 일자리를 창출하는 것을 목표로 한다. | 교통 결절점의 기능을 넘어, 상업·업무·문화·주거 기능이 복합된 활력 있는 도시의 중심지로 개발하는 것을 목표로 한다. | 전통적인 물류·하역 기능을 스마트 자동화 시스템으로 고도화하고, 친수공간을 시민에게 개방하여 새로운 해양 관광 거점을 조성하는 것을 목표로 한다. |
| 분석방법 및 기술 | 기업 데이터(재무, 고용, R&D) 분석, 공장 설비 센서 데이터를 활용한 예지보전(PdM), 공급망 분석(SCM), 산업 연관 분석 | 유동인구 데이터(LBS) 기반의 시공간 패턴 분석, 대중교통 승하차 데이터 분석, 소셜 데이터 기반의 상권 및 여가 활동 분석 | 선박자동식별장치(AIS) 데이터 기반의 해상 교통류 분석, 컨테이너 반출입 데이터 분석, 해양환경(수질, 대기) 센서 데이터 분석 |
| AI 역할 | '스마트 팩토리 설계자' 에너지 효율을 최적화하고, 생산 공정의 이상을 예측하며, 유치 산업 클러스터를 설계한다. | '복합공간 큐레이터' 유동인구의 동선과 목적을 분석하여 최적의 상업시설(MD) 구성과 공공 공간 배치를 제안한다. | '글로벌 물류 지휘자' 선박의 입출항과 화물 하역 스케줄을 최적화하고, 항만 내 장비와 트럭의 움직임을 자율적으로 제어한다. |

| 장점 | 생산성 향상 및 비용 절감 효과가 명확하다. | 집객 효과가 뛰어나 단기간에 상권 활성화가 가능하다. | 국가 경쟁력 강화에 기여하고, 경제적 파급효과가 매우 크다. |
|---|---|---|---|
| 단점 | 높은 초기 투자 비용, 기존 근로자들의 일자리 전환 문제가 발생한다. | 이해관계가 복잡하고, 젠트리피케이션 발생 가능성이 높다. | 사업 규모가 거대하고, 해양 환경 규제 등 고려 사항이 복잡하다. |
| AI 분석 도구 | 디지털 트윈 (공정 시뮬레이션), IoT 플랫폼, ERP/SCM 분석 시스템 | LBS 데이터 분석 플랫폼 (KT, SKT), 자연어 처리(NLP) (리뷰/SNS 분석), GIS | AIS 데이터 분석 툴, 컴퓨터 비전 (CCTV 영상 분석), 환경 시뮬레이션 S/W |
| 도시재생 활용 예시 | 노후 공장의 전력 사용 패턴을 분석하여, 에너지 절감을 위한 최적의 설비 교체 시기와 스마트그리드 도입 방안을 도출한다. | 역세권 내 시간대별 유동인구 특성을 분석하여, 주간에는 오피스 상권, 야간·주말에는 F&B 및 문화 상권이 활성화되도록 MD 계획을 수립한다. | 선박 입항 예정 데이터와 기상 데이터를 결합하여, 항만 혼잡도를 예측하고 최적의 접안 스케줄을 선제적으로 조정한다. |

## 1.2. 가상사례: AI '씨나라(SEANARA)', 잠든 항구의 미래를 깨우다

도시재생으로 삼천포항 다시 불 밝히려면? [https://www.news4000.com]

### 1.2.1. 배경: 멈춰버린 항구도시, 만포의 신음

한때 대한민국 수출의 심장이었던 항구도시 '만포시'의 중앙항은 이제 과거의 영광을 잃고 침묵에 잠겨 있었다. 더 크고 빠른 신항만에 물동량을 모두 빼앗긴 낡은 부두에는 녹슨 크레인들이 바닷바람에 신음하고, 주변 지역은 어둡고 활기 없는 슬럼으로 변해갔다. 정부는 수차례 재개발 계획을 세웠지만, 막대한 비용과 복잡한 이해관계 속에서 번번이 좌초되었다. 만포 중앙항에는 단순한 재개발이 아닌, 항구의 패러다임을 바꿀 혁신적인 두뇌가 필요했다.

### 1.2.2. AI 플랫폼 '씨나라(SEANARA)'의 출현

이에 만포시는 항만 전체를 하나의 유기체로 관리하고 재생하는 AI 기반 통합 운영 플랫폼 '씨나라(SEANARA)'를 도입한다. '바다(Sea)'와 '나라(Nara)'의 합성어인 씨나라는, 항구를 단순한 물류 공간이 아닌 경제, 환경, 문화가 공존하는 '살아있는 항구(Living Port)'로 재 탄생시키는 것을 목표로 하는 거대한 인공지능 네트워크이다.

### 1.2.3. 씨나라의 3대 혁신 전략: 항구의 운명을 바꾸다

씨나라는 항만의 모든 데이터를 실시간으로 수집하고 분석하여, 세 가지 혁신적인 전략을 동시에 수행하기 시작했다.

#### 1) 제1전략: 스마트 물류 혁신 - 예측하고, 최적화하고, 자동화하다

먼저 씨나라는 전 세계의 교역 데이터와 기상 정보, 유가 변동 등을 딥러닝으로 분석하여, 앞으로 6개월 안에 '바이오 의약품'과 '신선식품'의 아시아권 콜드체인 물동량이 급증할 것을 예측했다. 그리고 만포항이 최적의 허브임을 증명하는 시뮬레이션 결과를 제시했다.

이 예측에 따라, 낡은 석탄 부두는 완전 자동화된 스마트 콜드체인 물류단지로 재탄생했다. 인공지능이 탑재된 무인 크레인과 자율주행 트럭들이 24시간 멈춤 없이 움직였고, 화물 처리 시간은 40% 단축되었으며, 에너지 효율은 60% 향상되었다. 씨나라는 항만의 미래 먹거리를 예측하고, 그에 맞는 최적의 인프라를 스스로 설계한 것이다.

### 2) 제2전략: 친환경 생태계 복원

스스로 치유하는 바다를 만들다 씨나라는 항만 곳곳의 수질과 대기 상태를 측정하는 IoT 센서와 연결되어 있었다. 어느 날 새벽, 씨나라는 한 부두에서 유해물질의 미세한 누출을 감지했다. 인간이 알아채기도 전에, 씨나라는 즉시 해당 구역의 밸브를 자동으로 차단하고, 가장 가까운 곳에 있던 수중 드론과 해상 드론을 출동 시켰다.

드론들은 오염 물질을 탐지하고 신속하게 방제 작업을 완료했다. 또한, 씨나라는 조류의 흐름을 시뮬레이션 하여 해양 생태계를 복원하기에 가장 좋은 위치에 인공 어초를 설치하도록 추천했고, 항만 내 유휴 수역에는 파도의 힘을 이용하는 파력발전소를 건설하여 항구 운영에 필요한 전기를 스스로 생산하기 시작했다.

### 3) 제3전략: 도시와 항구의 재연결 - 시민의 품으로 돌아온 바다

씨나라의 가장 위대한 혁신은 항구를 시민과 재연결한 것이다. 씨나라는 만포 시민들의 SNS와 통신 데이터를 분석하여, 그들이 '바다를 보며 산책할 공간'과 '가족 단위의 문화 체험 공간'을 간절히 원하고 있음을 발견했다. 이 데이터를 바탕으로, 폐쇄되었던 1번 부두를 시민들에게 개방하는 재생 프로젝트가 시작되었다.

생성형 AI를 통해 시민들이 "녹슨 크레인을 활용한 전망대", "오래된 창고를 개조한 멋진 레스토랑" 등 자신의 아이디어를 텍스트로 입력하면, AI가 즉시 환상적인 디자인 조감도를 그려냈다. 시민들의 아이디어로 재탄생한 1번 부두는 이제 낡은 컨테이너를 개조한 갤러리, 해상 크레인을 활용한 전망대, 신선한 해산물을 파는 마켓이 어우러진, 만포시에서 가장 사랑받는 문화 공간이 되었다.

### 1.3. 결론: '스마트 포트'를 넘어 '리빙 포트'로

AI '씨나라'의 지휘 아래, 죽어가던 만포 중앙항은 세계 최고 수준의 물류 경쟁력과 친환경 기술, 그리고 시민들의 사랑을 한 몸에 받는 '리빙 포트'로 화려하게 부활했다. 만포시의 사례는 AI가 도시재생에서 단순히 효율성을 높이는 도구를 넘어, 도시의 미래를 예측하고, 환경을 치유하며, 사람들의 꿈을 현실로 만드는 창조적인 파트너가 될 수 있음을 보여주는 것이다. 씨나라가 깨운 것은 잠든 항구 뿐만이 아니라, 도시의 새로운 미래 그 자체였다.

## 2. IoT 센서 기반 실시간 경제기반형 도시재생 데이터 수집 방법과 가상사례

### 2.1. IoT 센서 기반 데이터 수집 방법

#### 2.1.1. IoT 센서 기반 데이터가 도시의 신경망을 구축하다

IoT(사물인터넷) 센서 기반 데이터 수집은 도시의 물리적 공간과 인프라 곳곳에 초소형 센서를 매립하여, 과거에는 인지할 수 없었던 복잡다기한 현상을 실시간으로 측정하고 수집하는 기술적 접근법이다. 이는 마치 도시에 수많은 감각기관과 신경망을 이식하여, 스스로의 상태를 진단하고 변화에 반응하는 유기체로 만드는 과정과 같다.

전통적인 도시 데이터가 인구조사나 설문과 같이 특정 시점의 정적인 단면을 보여주었다면, IoT 센서 데이터는 도시의 혈류와 맥박처럼 24시간 끊임없이 흐르는 동적인 정보를 제공한다는 점에서 근본적인 차이를 지닌다. 이 살아있는 데이터는 도시재생 사업의 계획, 실행, 평가 전 과정에 걸쳐 과학적이고 객관적인 근거를 제시하는 핵심 기반이 된다.

### 2.1.2. IoT 센서를 통한 데이터 수집 기술: 보이지 않는 도시의 언어를 포착하다

IoT 센서를 통한 데이터 수집은 크게 센싱(Sensing), 네트워킹(Networking), 플랫폼(Platform)의 3단계 기술 계층으로 구성된다.

1) **센싱 기술(Sensing Technology)**: 도시의 다양한 현상을 감지하는 기술로, 목적에 따라 특정 정보를 수집하는 전문화된 센서들이 활용된다. 환경 센서는 대기 질(미세먼지, $O_3$, $NO_2$), 소음, 진동, 온도, 습도, 조도 등을 측정하여 시민의 삶의 질과 직결되는 데이터를 수집한다. 교통 및 유동인구 센서는 스마트 CCTV, 루프 검지기, 풋폴(footfall) 센서 등을 통해 차량 흐름, 보행자 수, 특정 공간의 체류 시간 등을 파악한다. 또한, 노후 건축물이나 교량에 부착되는 인프라 센서는 균열, 기울기, 진동을 감지하여 시설물의 안전 상태를 실시간으로 모니터링하며, 에너지 센서는 스마트 미터기를 통해 건물별, 지역별 에너지 소비 패턴 데이터를 수집하는 역할을 수행한다.
2) **네트워킹 기술(Networking Technology)**: 도시 곳곳에 흩어진 센서들이 수집한 원시 데이터(Raw Data)를 중앙 서버나 클라우드로 전송하는 통신 기술이다. 도시재생 지역은 통신 인프라가 열악할 수 있으므로, 저전력으로 넓은 범위를 연결하는 LPWAN(Low-Power Wide-Area Network) 기술, 예컨대 “로라(LoRaWAN)”나 NB-IoT가 핵심적으로 사용된다. 이러한 기술은 배터리 교체 없이 수년간 센서를 운영할 수 있게 하여 유지관리의 효율성을 극대화한다. 고화질 영상 데이터와 같이 대용량 데이터의 실시간 전송이 필요한 경우에는 5G 이동통신 기술이 활용된다.

3) **플랫폼 기술 (Platform Technology)**: 수집된 방대한 데이터를 저장, 처리, 분석하고 시각 화하는 기술이다. 센서로부터 초 단위로 쏟아지는 데이터를 효율적으로 처리하기 위해 클라우드 컴퓨팅과 빅데이터 처리 기술이 필수적이다. 데이터 플랫폼은 수집된 데이터를 표준화된 형식으로 정제하고, 인공지능(AI) 알고리즘이 분석할 수 있도록 가공하는 역할을 한다. 또한, 분석된 결과를 지도, 그래프, 대시보드 형태로 시각 화하여 정책 결정자가 직관적으로 도시의 상황을 이해하고 신속한 의사결정을 내릴 수 있도록 지원하는 것이다.

### 2.1.3. 데이터의 도시재생 활용도: 데이터가 도시를 되살리다

IoT 센서 데이터는 쇠퇴한 지역에 새로운 활력을 불어넣는 도시재생 사업의 전 과정에서 다음과 같은 혁신적 역할을 수행한다.

1) **쇠퇴 현상의 과학적 진단**: 과거에는 특정 지역이 쇠퇴했다는 판단을 인구 감소나 사업체 수와 같은 거시 지표에 의존했다. 그러나 IoT 데이터는 훨씬 더 미시적이고 정밀한 진단을 가능하게 한다. 예를 들어, 특정 골목길의 시간대별 유동인구 데이터를 분석하여 상권의 실제 침체 수준을 정량적으로 파악하거나, 지역 내 공실 건물의 에너지 사용량 '0' 데이터를 통해 유휴 공간의 분포를 정확히 지도 화할 수 있다. 이는 감이나 경험이 아닌, 데이터에 기반하여 재생 사업의 우선순위를 정하는 근거가 된다.

2) **시민 체감형 솔루션 설계**: 도시재생은 궁극적으로 시민의 삶의 질을 높이는 것을 목표로 한다. IoT 데이터는 시민들이 실제로 느끼는 불편함을 포착하는 데 탁월하다. 소음 센서를 통해 상습적인 소음 발생 지역을 찾아내 방음벽 설치나 도로 포장 개선 사업을 추진하고,

조도 센서로 어두운 골목길을 식별하여 AI 기반 스마트 가로등을 설치하는 것은 대표적인 예이다. 이는 한정된 예산을 가장 필요한 곳에 투입하여 사업의 효과를 극대화하는 맞춤형 계획의 기반이 된다.

3) **재생 사업 효과의 실증적 검증:** 도시재생 사업의 성과를 평가하는 것은 매우 어려운 과제였다. 하지만 IoT 센서는 사업 시행 전후(Before-After)의 변화를 뚜렷하게 보여준다. 예를 들어, 쌈지공원 조성 사업 이후 공원 주변의 유동인구와 체류 시간이 얼마나 증가했는지, 보행 친화 거리 조성 후 차량 평균 속도가 얼마나 감소하고 미세먼지 농도가 개선되었는지를 데이터로 명확히 입증할 수 있다. 이는 사업의 성공을 객관적으로 증명하고, 향후 다른 지역으로 정책을 확산시키는 데 중요한 근거 자료가 될 것이다.

## 2.2. IoT 센서 기반 경제기반형 도시재생 데이터 수집 방법론 비교

| 구분 | 스마트 산업단지 | 스마트 역세권 | 스마트 항만 |
|---|---|---|---|
| 목표 | 생산 공정, 에너지, 안전, 물류 등 산업단지 운영의 전방위적 효율성을 극대화하고 지속 가능한 첨단 산업 생태계를 구축하는 것을 목표로 한다. | 보행 및 환승객의 이동 패턴, 상업시설 이용 행태, 편의시설 수요를 실시간으로 파악하여 최적의 공간 구성과 서비스를 제공하는 것을 목표로 한다. | 선박, 화물, 장비의 움직임을 실시간으로 추적하고 해양 환경을 감시하여 물류 효율성을 극대화하고 안전 및 환경 문제를 선제적으로 관리하는 것을 목표로 한다. |
| 데이터 수집 기술 | - 설비 센서: 기계 진동, 온도, 압력 데이터<br>- 전력량계(AMI): 공장별 실시간 에너지 소비 데이터<br>- 환경 센서: 유해 가스, 미세먼지, 수질 오염 데이터<br>- RFID/Beacon: 원자재, 생산품, 물류 차량 위치 추적 데이터 | - 유동인구 센서(카메라, LiDAR): 보행량, 밀집도, 동선 데이터<br>- 비콘(Beacon): 특정 구역 체류시간, 방문 빈도 데이터<br>- 환경 센서: 실내외 공기질, 소음, 조도 데이터<br>- 스마트 주차 센서: 주차 가능 면수, 차량 입출차 데이터 | - 선박자동식별장치(AIS): 선박 위치, 속도, 항적 데이터<br>- GPS/RFID: 컨테이너, 트럭, 크레인 위치 및 이동 데이터<br>- 해양 센서: 수질, 염도, 유속, 파고 데이터<br>- 기상 센서: 풍향, 풍속, 기온 데이터 |

| AI 역할 | '지능형 공장 지휘자'<br>설비의 고장을 예측하고(예지보전), 에너지 사용을 최적화하며, 공급망 전체를 실시간으로 관리한다. | '상업 공간 전략가'<br>실시간 데이터를 분석하여 최적의 광고 노출, 점포 배치, 이벤트 기획 등을 제안하고 보행 환경을 개선한다. | '항만 운영 최적화 컨트롤타워'<br>선박 접안 스케줄, 화물 하역 순서, 장비 배치를 최적화하고 해양 오염 등 위험 상황을 즉시 경고한다. |
|---|---|---|---|
| 장점 | 생산성 향상, 안전사고 예방, 에너지 비용 절감 효과가 뚜렷하다. | 시민 편의 증진과 상권 활성화에 직접적으로 기여한다. | 물류 지연(Demurrage) 비용을 절감하고, 항만 운영 효율을 획기적으로 개선한다. |
| 단점 | 초기 센서 네트워크 구축 비용이 높고, 데이터 표준화가 어렵다. | 개인의 동선 등 민감정보 수집으로 인한 프라이버시 침해 우려가 크다. | 광범위한 지역에 대한 센서 설치 및 통신망 구축이 어렵다. |
| AI 분석 도구 | 예지보전(PdM) 솔루션, 디지털 트윈, 제조실행시스템(MES), 공급망관리(SCM) 분석 시스템 | 컴퓨터 비전 (객체 추적), 시공간 데이터 분석 플랫폼, 실내 측위 시스템(IPS) | AIS 데이터 분석 플랫폼, 물류 최적화 알고리즘, 환경 모니터링 시스템 |
| 도시재생 활용 예시 | 노후 기계에 부착된 진동 센서 데이터를 분석하여, 부품의 수명을 예측하고 고장이 발생하기 전에 교체 알림을 보낸다. | 역 출구별 유동인구 데이터를 실시간 분석하여, 혼잡도가 높은 출구의 에스컬레이터 속도를 자동으로 조절한다. | 컨테이너 트럭의 GPS 데이터와 항만 내 교통량 데이터를 분석하여, 가장 막히지 않는 최적의 이동 경로를 실시간으로 내비게이션 해준다. |

## 2.3. 가상사례: 센서 네트워크 '아라크네(ARACHNE)', 낡은 공단을 미래로 엮다

### 2.3.1. 배경: 멈춰버린 심장, 철강지구의 눈물

미국 경제 성장의 심장이었던 '철강지구' 산업단지는 이제 녹슨 거인과 같았다. 낡은 설비는 잦은 고장을 일으켰고, 숙련된 기술자들은 은퇴했으며, 비효율적인 에너지 사용과 환경오염 문제는 단지의 경쟁력을 갉아먹고 있었다. 청년들은 이곳을 '3D 업종의 무덤'이라 부르며 외면했고, 철강지구는 서서히 잊힌 섬이 되어가고 있었다. 기존의 지원책은 낡은 기

[트럼프 재집권] 러스트벨트 붉은 물결…미국 철강업계도 기대감 들썩
[https://www.yna.co.kr]

계에 기름칠을 하는 수준에 불과했다. 산업단지의 혈관과 신경망을 모두 되살릴 혁명적인 수술이 필요했다.

### 2.3.2. 지능형 센서 네트워크 '아라크네(ARACHNE)'의 등장

이 절체절명의 위기 속에서, 철강지구를 되살릴 프로젝트 '아라크네(ARACHNE: Autonomous Regeneration & Analytics Network for Complex Hybrid Environments)'가 가동된다. 아라크네는 거미줄처럼 산업단지 전체를 촘촘하게 연결하는 지능형 IoT 센서 네트워크이자, 모든 데이터를 분석하여 스스로 판단하고 제어하는 AI 운영체제이다. 아라크네의 임무는 낡은 공단의 모든 요소를 데이터로 변환하고, 그 안에서 최적의 생존 전략을 찾아내는 것이다.

### 2.3.3. '아라크네'의 실시간 데이터 교향곡: 산업단지가 눈을 뜨다

아라크네가 활성화되자, 철강지구는 마치 동면에서 깨어난 거대한 생명체처럼 움직이기 시작했다.

■ 1악장: 생산성의 재탄생 - 기계가 말을 걸기 시작하다

수천 개의 공장 기계와 설비에는 진동, 온도, 소음, 압력을 감지하는

초소형 IoT 센서가 부착되었다. 과거에는 숙련된 기술자의 감에 의존해 수리 시점을 정했지만, 이제 아라크네는 모든 기계의 건강 상태를 24시간 실시간으로 체크했다. 어느 날, 아라크네는 3번 압연기의 진동 패턴에서 미세한 이상 신호를 감지하고, "72시간 내 베어링 파손 확률 85%. 즉시 교체 필요"라는 메시지를 관리자의 스마트 안경에 띄웠다. 덕분에 공장은 수억 원의 손실을 낳을 뻔한 대규모 생산 중단 사태를 피할 수 있었다. 또한, 공단 내 모든 원자재와 제품에는 RFID 태그가 부착되어, 아라크네는 공장 간 물류 흐름을 최적화하고 재고를 0에 가깝게 관리하는 완벽한 스마트 공급망을 구현했다.

■ 2악장: 안전과 환경의 회복 - 보이지 않는 위험을 감지하다

공단 상공에는 유해가스를 감지하는 센서를 장착한 드론이 24시간 자율 비행했다. 과거에는 악취 민원이 들어와야 원인을 찾기 시작했지만, 아라크네는 A 공장의 노후 밸브에서 화학물질이 미세하게 누출되는 것을 즉시 감지했다. 0.1초 만에 A 공장의 가스 밸브가 자동으로 차단되었고, 가장 가까운 안전팀에 정확한 위치와 유출 물질 정보, 최적의 대피 경로가 전송되었다.

또한, 공단 폐수가 흘러나가는 하천에는 수질 오염 센서가 설치되어, 기준치를 초과하는 폐수가 방류될 경우 즉시 정화 시스템을 가동하여 오염이 확산되는 것을 원천적으로 차단했다.

■ 3악장: 사람 중심의 공간 혁신 - 일터가 캠퍼스가 되다

아라크네의 신경망은 공장을 넘어 단지 전체의 생활 공간으로 뻗어 나갔다. 주차장 바닥에 설치된 센서는 실시간으로 빈자리를 파악하여, 공단 입구에서부터 가장 가까운 주차 공간을 스마트폰 앱으로 안내해 주었다. 공단 내 식당과 카페의 좌석 점유율, 전력 사용량을 분석하여

가장 인기 있는 메뉴와 피크타임을 예측했고, 이 데이터를 기반으로 새로운 편의시설 입지를 추천했다.

또한, 공단 내 자율주행 셔틀버스는 정해진 노선 없이, 실시간 호출 데이터와 이동 수요 예측에 따라 가장 효율적인 경로로 움직이며 근로자들의 발이 되어주었다. 삭막했던 공단은 이제 일과 휴식, 교류가 공존하는 쾌적한 '워크-라이프 밸런스 캠퍼스'로 변모하기 시작했다.

### 2.4. 결론 및 시사점: 살아있는 산업단지, 스스로 진화하다

IoT 센서 네트워크 '아라크네'는 철강지구를 단순히 더 효율적인 공간으로 만드는 데 그치지 않았다. 그것은 산업단지를 끊임없이 자신의 상태를 진단하고, 문제를 예측하며, 스스로를 최적화하는 '살아있는 유기체'로 진화 시켰다. 데이터라는 혈액이 아라크네라는 신경망을 통해 흐르자, 멈춰 있던 낡은 공단의 심장은 다시 뛰기 시작했다. 이것이 바로 AI와 IoT 기술이 빚어내는 경제기반형 도시재생의 진정한 미래상이다.

## 3. 위성영상과 드론 데이터를 활용한 도시재생지역 공간정보 수집 기법과 가상사례

### 3.1. 위성영상과 드론 데이터 도시를 진단하고 설계하다

'3D 디지털국토' 953개 공간정보사업 본격화 [https://www.kharn.kr]

위성영상과 드론 데이터를 활용한 공간정보 수집 기법은 인간의 시야를 넘어, 하늘에서 도시를 거시적(Macro)이고 미시적(Micro)으로 동시에 조망하여 도시의 현황을 정밀하게 파악하는 최첨단 기술이다.

광활한 지역의 변화를 주기적으로 관측하는 위성과, 특정 구역의 초고해상도 3차원 정보를 신속하게 취득하는 드론의 상호보완적 활용은 도시재생의 전 과정에 혁신을 가져온다. 이 기술은 접근이 어려운 노후 건물의 지붕이나 좁은 골목길까지 데이터의 사각지대를 없애고, 도시의 물리적 상태를 있는 그대로 복제한 '디지털 트윈(Digital Twin)'을 구축함으로써, 데이터에 기반한 과학적 도시재생을 실현하는 핵심 기반이 되는 것이다.

### 3.1.1. 데이터 수집 기술: 시공간을 넘나드는 데이터의 눈

위성과 드론을 이용한 공간정보 수집 기술은 전자기파의 각기 다른 파장대를 활용하여 도시의 다양한 물리적 정보를 디지털 언어로 변환하는 과정이다.

1) **위성 영상 기술**(Satellite Imagery Technology): 위성은 주기적으로 지구 상공을 돌며 넓은 지역을 일관된 조건으로 촬영하여 시계열적 변화를 탐지하는 데 탁월하다. 광학 위성은 인간의 눈과 유사하게 가시광선 영역을 촬영하여 고해상도 컬러 이미지를 제공하며, 이를 통해 토지 피복의 변화, 불법 건축물 현황, 녹지 면적의 증감 등을 광역적으로 분석할 수 있다. 반면, 레이더(SAR) 위성은 마이크로파를 지표면으로 쏜 뒤 반사되는 신호를 수신하여 영상을 생성하므로, 구름이 끼거나 야간인 조건에서도 데이터 취득이 가능하다. 특히 미세한 지표의 변위를 감지할 수 있어 노후 산업단지의 지반 침하 현상 등을 모니터링하는 데 매우 유용하다.

2) **드론 데이터 기술(Unmanned Aerial Vehicle Data Technology):** 드론은 저고도 비행을 통해 특정 지역에 대한 맞춤형 초정밀 데이터를 신속하게 수집하는 데 최적화되어 있다. 사진측량(Photogrammetry) 기술은 수백 장의 고해상도 사진을 중첩 촬영하고 이를 소프트웨어로 자동 정합하여, 지도와 같이 왜곡이 보정된 정사사진(Orthophoto)과 실제 지형 및 건물을 그대로 옮겨 놓은 듯한 3차원 모델을 생성한다. 또한, 라이다(LiDAR) 센서를 탑재한 드론은 레이저 펄스를 발사하여 지표면과의 거리를 정밀하게 측정함으로써 수 센티미터(cm)급 정확도의 3차원 점군 데이터(Point Cloud)를 취득한다. 이는 건물의 높이, 전선의 위치, 수목의 형태까지 매우 상세하게 파악하는 것을 가능하게 한다. 이 외에도 열화상 카메라를 이용하면 노후 건물의 에너지 손실 부위를 찾아내는 등 눈에 보이지 않는 정보까지 수집할 수 있다.

### 3.1.2. 데이터의 도시재생 활용도: 디지털 트윈 위에서 펼쳐지는 도시의 미래

위성과 드론을 통해 수집된 고정밀 공간정보는 도시재생 사업의 실효성을 극대화하는 강력한 도구로 활용된다.

1) **쇠퇴지역의 입체적 진단과 변화 탐지:** 과거 데이터와 현재의 위성영상을 비교 분석하면, 도시 내 녹지가 어떻게 잠식되었는지, 특정 지역의 공·폐가가 얼마나 증가했는지를 시각적으로 명확히 파악할 수 있다. 드론으로 취득한 3차원 모델은 좁은 골목길의 폭, 건물의 노후도, 옹벽의 균열 상태 등 현장 조사가 어려운 지역의 물리적 쇠퇴도를 정밀하게 진단하는 기초자료가 된다. 이는 재생 사업의 대상

지와 범위를 객관적으로 선정하는 데 핵심적인 역할을 한다.

2) **정밀 안전진단 및 도시자산 관리:** 드론의 라이다 및 초고해상도 영상 데이터는 사람이 직접 점검하기 힘든 노후 교량의 상판, 고층 건물의 외벽, 급경사지의 축대 등의 안전 상태를 원격으로 정밀하게 진단하는 데 사용된다. 이렇게 구축된 3차원 자산 정보는 체계적인 유지보수 계획을 수립하고 재난 발생 시 신속한 대응을 가능하게 하는 디지털 관리대장이 된다.

3) **시뮬레이션 기반의 도시설계 및 주민 참여:** 정밀한 3차원 도시 모델 위에서 건축물의 신축, 도로의 확장 등 다양한 개발 시나리오를 가상으로 시뮬레이션할 수 있다. 예를 들어, 새로운 건물이 들어섰을 때 주변 지역의 일조권과 조망권에 어떤 영향을 미치는지 과학적으로 분석하고, 그 결과를 가상현실(VR)이나 증강현실(AR)로 구현하여 주민들에게 제시할 수 있다. 이는 복잡한 도시계획안에 대한 주민의 이해도를 높이고 사회적 합의를 형성하는 데 결정적인 기여를 한다.

4) **사업 과정의 투명한 기록과 관리:** 도시재생 공사 현장을 주기적으로 드론으로 촬영하여 3차원 데이터로 기록하면, 공정 진행 현황을 설계도면(BIM)과 정확히 비교하며 관리할 수 있다. 이는 공사의 품질을 높이고 안전사고를 예방하는 효과를 가져온다. 또한, 사업 전(Before)과 후(After)의 모습을 객관적인 데이터로 남겨 사업의 성과를 명확하게 평가하고 백서로 제작하는 데 귀중한 자료가 되는 것이다.

## 3.2. 위성영상 및 드론 데이터를 활용한 공간정보 획득 기법 비교

| 구분 | 위성영상 활용 | 드론 데이터 활용 |
|---|---|---|
| 목표 | 도시 전체 또는 광역적 범위의 장기적이고 거시적인 변화 패턴을 탐지하고, 환경 및 토지이용의 변화를 모니터링하는 것을 목표로 한다. | 특정 사업 대상지의 초고해상도 정밀 데이터를 신속하게 획득하고, 개별 건물 및 시설물의 상태를 상세하게 진단하는 것을 목표로 한다. |
| 분석방법 및 기술 | - 다중분광(Multi-spectral) 영상 분석: 식생지수(NDVI), 수분지수(NDWI) 분석<br>- 시계열 분석: 장기간의 토지피복 변화, 도시 확장 패턴 분석<br>- 레이더(SAR) 영상 분석: 지표면 침하, 고도 변화 탐지<br>- 열적외선(TIR) 영상 분석: 도시 열섬 현상 분석 | - 사진측량(Photogrammetry): 3D 모델링, 수치표면모델(DSM) 생성<br>- 객체 탐지(Object Detection) 딥러닝: 건물 균열, 옥상 방수 상태, 불법 건축물 자동 식별<br>- 라이다(LiDAR) 센서: 초정밀 3차원 지형 및 시설물 데이터 획득<br>- 초분광(Hyperspectral) 영상 분석: 오염 물질 식별, 식생 스트레스 분석 |
| 역할 | '숲을 보는 망원경'<br>도시의 전반적인 건강 상태와 변화의 큰 흐름을 읽어내어 재생사업의 방향성을 제시한다. | '나무를 보는 현미경'<br>사업 대상지의 세밀한 문제점을 정확히 진단하여 구체적인 설계 및 시공의 근거를 제공한다. |
| 장점 | 넓은 지역을 주기적으로 촬영하여 시계열 분석에 용이하고, 데이터 접근성이 비교적 높다. | 수 cm급의 초고해상도 데이터 획득이 가능하며, 원하는 시점에 원하는 데이터를 얻을 수 있다. |
| 단점 | 해상도가 낮아 상세 분석에 한계가 있고, 구름 등 기상 조건의 영향을 많이 받는다. | 촬영 가능 면적이 좁고, 비행 허가 등 규제 문제가 있으며, 데이터 처리 비용이 높다. |
| AI 분석 도구 | Google Earth Engine, ENVI, ERDAS IMAGINE, TensorFlow/PyTorch (시계열 예측, 이미지 분류) | Pix4D, Agisoft Metashape, OpenCV, YOLO, PointNet (3D 포인트 클라우드 분석) |
| 도시재생 활용 예시 | 10년간의 위성영상을 분석하여, 쇠퇴지역의 녹지 면적이 지속적으로 감소하는 패턴을 발견하고 녹지 확충 사업의 필요성을 제기한다. | 재생사업 대상지 내 모든 건물의 옥상 상태를 드론으로 촬영하고 딥 러닝으로 분석하여, 에너지 효율 개선을 위한 '쿨루프' 시공이 가장 시급한 건물을 100개소 선정한다. |

## 3.2. 가상사례: 하늘의 눈, AI '호루스(HORUS)'가 밝혀낸 비밀의 도시

고양 일산 1기 신도시 베드타운 전락 '자족 기능 상실' [https://www.youtube.com]

### 3.2.1. 배경: 보이지 않는 병을 앓는 도시, 은천시

수도권의 베드타운으로 성장한 '은천시'는 겉보기에는 평온한 도시였다. 그러나 구도심 지역은 시간이 멈춘 듯 활력을 잃어가고 있었고, 주민들의 민원도 해마다 늘어갔다. 시에서는 대규모 도시재생 프로젝트를 계획했지만, 어디부터 어떻게 손을 대야 할지 막막했다. 공무원들이 발로 뛰며 조사했지만, 도시의 속살에 숨겨진 진짜 병의 원인을 찾아내기에는 역부족이었다. 은천시는 인간의 눈이 아닌, 하늘의 눈으로 도시의 영혼을 들여다볼 결심을 한다.

### 3.2.2. AI 공간분석 시스템 '호루스(HORUS)'의 가동

은천시는 위성 및 드론 데이터를 통합 분석하는 AI 시스템 '호루스(HORUS)'를 가동한다. 고대 이집트의 지혜와 통찰력을 상징하는 신의 이름을 딴 이 시스템은, 도시의 과거와 현재를 관통하여 보이지 않는 진실을 밝혀내는 것을 목표로 한다.

### 3.2.3. 광역 진단: 위성의 눈으로 도시의 숲을 보다

호루스는 가장 먼저 지난 20년간 축적된 은천시의 위성영상 데이터에 대한 분석을 시작했다.

1) **식생지수(NDVI) 분석**: 호루스는 녹지 면적의 변화를 분석하여, 구도심의 특정 주거지역에서 지난 5년간 녹지가 급격히 사라지는 '그린 소멸' 현상을 발견했다. 이곳은 다른 지역에 비해 주민들의 '우울감' 관련 민원이 3배나 높은 곳이었다.

2) **도시 열섬 분석**: 야간 열 적외선 위성영상 분석을 통해, 호루스는 바로 그 '그린 소멸' 지역이 은천시에서 가장 뜨거운 '열섬'의 중심부임을 밝혀냈다. 이글거리는 아스팔트와 낡은 건물들이 내뿜는 열기는 여름밤에도 식지 않고 주민들을 괴롭히고 있었다. 위성의 눈은 도시의 물리적 쇠퇴가 주민들의 정신적, 신체적 건강과 직결되어 있음을 과학적으로 증명한 것이다.

### 3.2.4. 정밀 진단: 드론의 눈으로 도시의 나무를 보다

위성을 통해 문제의 핵심 지역을 특정한 은천시는, 그곳으로 정밀 진단을 위한 드론 편대를 보냈다.

1) **3D 모델링 및 노후도 분석**: 드론은 수만 장의 초고해상도 사진을 촬영하여, 대상 지역 전체를 손에 잡힐 듯 생생한 3D 디지털 트윈으로 구현했다. 딥러닝 기반의 객체 탐지 AI는 이 3D 모델 위에서 페인트가 벗겨진 벽, 균열이 생긴 담장, 방수가 터진 옥상 등 모든 건물의 노후도를 자동으로 진단하여 1등급부터 5등급까지의 '건물 위험 지도'를 완성했다. 놀랍게도, 독거노인 인구가 가장 밀집한 구역의 건물들이 가장 높은 위험 등급을 받았다.

2) **초 분광 센서를 통한 오염원 추적**: '그린 소멸'의 원인을 찾기 위해, 이번에는 초 분광 센서를 장착한 특수 드론이 투입되었다. 사람의 눈에는 보이지 않는 빛의 파장을 감지하는 이 드론은, 동네의 작은

하천을 따라 비행하며 물의 성분을 분석했다. 분석 결과, 하천 상류의 한 폐공장에서 특정 중금속 성분이 다량 포함된 폐수가 몰래 방류되고 있음이 드러났다. 이 독성 폐수가 하천변의 나무들을 서서히 죽이고 있었던 것이다.

### 3.2.5. 데이터 융합과 처방: 진실의 조각을 맞추다

마지막으로, 호루스는 위성이 찾아낸 '도시의 숲(광역 문제)'과 드론이 밝혀낸 '도시의 나무(국소 문제)' 데이터를 하나의 그림으로 종합했다. 그 결과는 충격적이었다. [열섬 현상이 가장 심각하고 + 독성 폐수에 오염되었으며 + 가장 낡고 위험한 건물에 + 가장 취약한 노인들이 살고 있다]는 복합적인 진실이 드러난 것이다.

이 통합적인 진단 위에서, 호루스는 처방전을 내놓았다. 단순한 공원 조성이 아니었다. 호루스는 **"1단계: 폐 공장 오염원 즉시 차단 및 하천 생태 복원, 2단계: 건물 위험 등급 4, 5등급 주택에 대한 긴급 그린 리모델링(쿨 루프, 단열재) 지원, 3단계: 복원된 하천을 중심으로 바람길을 고려한 선형 녹지 및 쉼터 조성"** 이라는 최적의 시나리오를 제시했다.

## 3.3. 결론: 보이지 않는 것을 보게 하는 힘

호루스가 밝혀낸 진실은 도시재생의 패러다임을 바꾸었다. 이제 도시재생은 더 이상 눈에 보이는 현상만을 좇지 않는다. 하늘의 눈과 AI의 두뇌를 빌려, 보이지 않는 도시의 아픔에 귀 기울이고, 문제의 가장 깊은 뿌리부터 치유하는 과학적이고 정밀한 외과수술이 된 것이다. 위성과 드론, 그리고 AI의 융합은 우리에게 도시의 진실을 볼 수 있는 새로운 눈을 선물한 것이다.

# 4. 소셜미디어와 모바일 데이터 기반 도시재생지역의 인구 이동 패턴 분석방법과 가상사례

## 4.1. 소셜미디어와 모바일 데이터 기반의 인구 이동 패턴 분석: 도시의 숨겨진 맥박을 읽다

소셜미디어와 모바일 데이터 기반의 인구 이동 패턴 분석은, 시민들이 남긴 익명의 디지털 발자국을 통해 도시 공간 속 인간의 활동과 움직임을 마치 살아있는 생명체의 혈류처럼 파악하는 기법이다. 이는 특정 시점에 고정된 주소지를 기록하는 전통적인 인구조사(Census)의 한계를 넘어, 사람들이 실제로 어디에서 시간을 보내고, 어떤 경로로 이동하며, 공간과 어떻게 상호작용하는지에 대한 동적인 '생활인구(De Facto Population)'의 실체를 드러낸다.

이 기법은 도시를 단순한 물리적 구조물이 아닌, 사람들의 활동으로 끊임없이 변화하는 '사회적 유기체'로 이해하게 하며, 도시재생의 방향을 거주자 중심에서 활동 인구 전체로 확장시키는 패러다임의 전환을 가져오는 것이다.

### 4.1.2. 데이터 수집 및 처리 기술: 익명의 흔적에서 도시의 패턴을 발견하다

이 분석 기법은 개인정보를 철저히 보호하는 비식별화(Anonymization)와 집계(Aggregation) 과정을 거친 데이터를 기반으로 하며, 수집과 처리 기술은 다음과 같다.

1) 데이터 수집 기술(Data Collection Technology) 모바일 데이터

통신사가 기지국을 기반으로 수집하는 신호 정보다. 사용자가 전화를 걸거나 데이터를 사용할 때 발생하는 통화상세기록(CDR: Call Detail

Record)은 개인 식별 정보를 제거한 뒤, 특정 시간대에 어느 기지국 범위 내에 단말기가 위치했는지를 알려준다.

이는 개인의 동선이 아닌, 특정 지역(예: 행정동, 500m 격자)에 얼마나 많은 인구가 체류하고 있는지를 파악하는 강력한 기초 자료가 된다. 소셜 미디어 데이터는 인스타그램, X(구 트위터), 지역 커뮤니티 블로그 등에서 사용자가 자발적으로 공개한 위치기반(Geotagged) 게시물, 체크인 정보, 사진, 텍스트 등을 API(Application Programming Interface)를 통해 수집한다. 이는 사람들의 이동 뿐만 아니라, 특정 장소에 대한 감성과 활동의 유형까지 엿볼 수 있는 질적 정보를 제공한다.

2) 데이터 처리 및 분석 기술 (Data Processing and Analysis Technology)

수집된 원시 데이터는 즉시 개인을 식별할 수 없도록 엄격한 비식별화 및 집계 과정을 거친다. 이후, 도시 분석에 유용한 패턴을 추출하기 위해 고도의 분석 기술이 적용된다. "시공간 분석(Spatio-Temporal Analysis)"은 특정 시간과 공간에 군집하는 인구의 밀도를 "히트맵(Heatmap)"으로 시각 화하거나, 출발지와 목적지(Origin-Destination) 간의 이동 량을 분석하여 도시 내의 주요 활동 축을 찾아낸다.

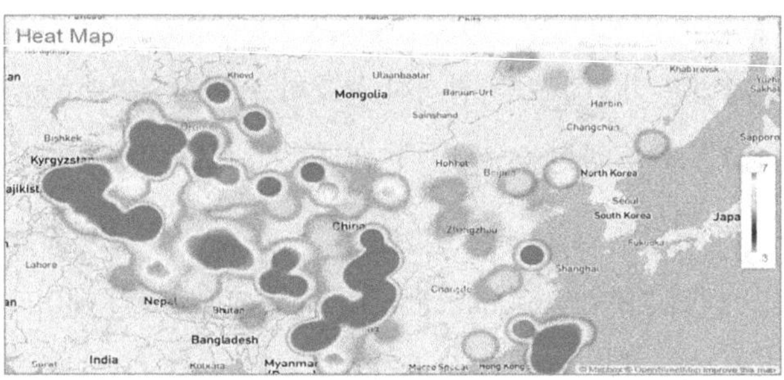


히트맵, 색으로 데이터를 읽다: 개념부터 제작까지 완벽 정리 [https://www.fanruan.com]

또한, 자연어 처리(Natural Language Processing, NLP) 기술은 소셜미디어 게시물의 텍스트를 분석하는 데 활용된다. "감성 분석(Sentiment Analysis)"을 통해 특정 재생사업 지역에 대한 사람들의 긍정적, 부정적 인식을 파악할 수 있으며, "토픽 모델링(Topic Modeling)"을 통해 해당 지역이 '맛집', '산책', '예술' 등 어떤 키워드와 주로 연관되는지를 도출하여 공간의 숨겨진 정체성을 발견하게 된다.

#### 4.1.3. 데이터의 도시재생 활용도: 보이지 않는 수요를 계획에 담다

모바일과 소셜미디어 데이터로 분석된 인구 이동 패턴은 도시재생 계획과 사업에 다음과 같이 구체적으로 활용된다.

1) **생활인구 기반의 상권 활성화 전략 수립:** 쇠퇴한 상점가에 실제로 방문하는 사람들은 누구이며, 어느 지역에서 오고, 주로 어떤 시간대에 머무르는지를 정확히 파악할 수 있다. 예를 들어, 주간에는 직장인 유동인구가 많지만 야간과 주말에는 텅 비는 지역이라면, 주말 방문객을 유치하기 위한 문화 이벤트나 야간 경관 개선 사업에 집중하는 등 데이터 기반의 맞춤형 상권 활성화 전략을 수립할 수 있다.
2) **공간의 숨겨진 정체성 발굴 및 특화 계획:** 겉보기에는 낡고 버려진 공장지대일지라도, 소셜미디어 데이터상에서는 특정 세대가 '빈티지 감성 사진 명소'로 활발하게 공유하는 공간일 수 있다. 이러한 데이터는 해당 공간이 지닌 잠재적 가치와 정체성을 발견하게 하여, 전면 철거 방식이 아닌 기존의 특성을 살리는 방향의 '핀셋형' 도시재생 계획을 수립하는 결정적 단초를 제공한다.
3) **대중교통 및 공공 인프라 최적화:** 데이터 분석을 통해 심야 시간대에 특정 경로로 이동하는 생활인구가 많다는 사실이 밝혀진다면,

해당 구간에 심야버스 노선을 신설하거나 노선 운영을 효율 화하는 정책적 판단의 근거가 된다. 또한, 주말에 특정 공원 주변에 유동인구가 급증하지만 체류 시간이 짧다면, 공원 내부에 머무를 수 있는 휴게시설이나 즐길 거리가 부족하다는 가설을 세우고 이를 개선하는 사업의 타당성을 확보할 수 있다.

4) **도시재생 사업 및 지역 축제의 효과 측정:** 도시재생 사업의 일환으로 개최된 지역 축제나 이벤트의 성과를 측정하는 데 매우 유용하다. 행사 기간 동안 해당 지역의 생활인구가 얼마나 증가했는지, 방문객들이 주로 어느 지역에서 왔는지, 그리고 소셜미디어 상에서 행사에 대한 반응이 어떠했는지를 정량적, 정성적으로 분석하여 사업의 실질적인 파급 효과를 객관적으로 평가할 수 있는 것이다.

## 4.2. 소셜미디어 및 모바일 데이터 기반 인구 이동 패턴 분석 기법 비교

| 구분 | 소셜미디어 데이터 분석 | 모바일 빅데이터 분석 |
|---|---|---|
| 목표 | 특정 장소나 지역에 대한 사람들의 인식, 감성, 관심사 등 주관적이고 정성적인 데이터를 파악하고, 이슈 및 트렌드를 발견하는 것을 목표로 한다. | 통신사 기지국 접속 데이터를 기반으로 특정 지역의 유동인구 규모, 이동 경로, 체류 시간, 인구통계학적 특성 등 객관적이고 정량적인 패턴을 분석하는 것을 목표로 한다. |
| 분석방법 및 기술 | - 자연어 처리(NLP): 텍스트의 의미 분석<br>- 감성 분석(Sentiment Analysis): 긍정/부정/중립 텍스트 분류<br>- 토픽 모델링(Topic Modeling): 핵심 주제어 및 연관어 도출<br>- 지오태깅(Geotagging) 분석: 특정 위치 기반 게시물 분석 | - 시공간 데이터 분석(Spatio-temporal Analysis): 시간대별/요일별 유동인구 패턴 분석<br>- OD(Origin-Destination) 분석: 출발지-목적지 간 이동 행태 분석<br>- 군집 분석(Clustering): 유사한 이동 패턴을 보이는 그룹 분류 |
| 역할 | '마음의 지도'를 그리는 심리학자<br>사람들이 왜 그곳을 찾거나 외면하는지, 그곳에서 무엇을 느끼고 경험하는지에 대한 이유를 알려준다. | '움직임의 지도'를 그리는 지리학자<br>사람들이 실제로 언제, 어디로, 얼마나 이동하는지에 대한 물리적 사실을 정확하게 보여준다. |

| 장점 | 생생한 여론과 숨겨진 요구를 발견할 수 있으며, 데이터 수집 비용이 비교적 저렴하다. | 전수 데이터에 가까워 통계적 신뢰도와 대표성이 매우 높다. |
|---|---|---|
| 단점 | 특정 사용자층(주로 젊은 층)으로 데이터가 편향될 수 있으며, 대표성을 확보하기 어렵다. | 사람들의 '행동'은 알 수 있으나 그 '이유'나 '동기'는 파악할 수 없으며, 데이터 구매 비용이 높다. |
| AI 분석 도구 | BERT, GPT, KoNLPy (자연어 처리), Scikit-learn (감성분석), Word2Vec | GIS (QGIS, ArcGIS), Geopandas, Scikit-learn (군집분석), LBS 데이터 분석 플랫폼 (KT, SKT) |
| 도시재생 활용 예시 | 특정 쇠퇴 지역에 대한 인스타그램 게시물을 분석하여, '레트로', '골목 감성' 등 젊은 층이 매력을 느끼는 숨겨진 잠재력을 발견한다. | 해당 지역의 유동인구를 분석한 결과, 20-30대 직장인들이 점심시간에 인근 지역까지만 이동하고 해당 지역으로는 유입되지 않음을 확인한다. |

## 4.3. 가상사례: 데이터의 속삭임, '오래된 미래' 골목의 부활

### 4.3.1. 배경: 시간이 멈춘 골목, 외면 받는 장인들

서울의 한 켠에 자리한 '오래된 미래 골목'은 수십 년간 묵묵히 자리를 지켜온 수제화 장인들과 금속 공예가들의 삶의 터전이었다. 그러나 시대의 흐름 속에서 골목은 점점 활기를 잃어갔다. 주 고객층은 60대 이상으로 노쇠해 갔고, 젊은 세대에게 이곳은 그저 지도에도 잘 나오지 않는 '낡고 불편한 옛날 동네'일 뿐이었다. 시에서는 여러 번 활성화 용역을 발주했지만, "거주 인구 감소", "사업체 수 감소"와 같은 판에 박힌 진단만 반

[다큐멘터리3일] 오래된 미래 '서울 을지로 골목길' [https://www.polinews.co.kr]

복될 뿐, 골목의 심장을 다시 뛰게 할 해법을 내놓지 못했다.

#### 4.3.2. 도시의 두 가지 목소리 듣기: 움직임과 마음을 읽다

새로운 도시재생팀은 과감히 전통적인 조사 방식을 버렸다. 대신, 그들은 도시가 남긴 두 종류의 디지털 흔적, 즉 사람들의 '객관적인 움직임'과 '주관적인 마음'을 읽어 내기로 결정했다. 이를 위해 통신사의 모바일 빅데이터와 인스타그램, 블로그의 소셜미디어 데이터를 분석하는 AI 프로젝트를 가동했다.

#### 4.3.3. 모바일 데이터가 그린 '움직임의 지도'

먼저, AI는 수백만 명의 익명 화된 모바일 데이터를 분석하여 '움직임의 지도'를 그렸다. 지도는 냉정한 현실을 보여주었다.

1) **방문객의 고령화**: 주말 오후에 골목을 찾는 유동인구의 70%가 50대 이상이었다.

2) **보이지 않는 벽**: 불과 500미터 떨어진 대규모 오피스 빌딩에서 근무하는 20-30대 직장인들은 점심시간에 정반대 방향의 프랜차이즈 카페 거리로만 이동할 뿐, '오래된 미래 골목'으로는 거의 넘어오지 않았다. 마치 그 사이에 보이지 않는 거대한 벽이 있는 것과 같았다.

3) **단절된 동선**: 골목 내부에서도 사람들은 특정 큰길로만 다닐 뿐, 실핏줄 같은 작은 골목들로는 전혀 들어가지 않는 '동선 단절' 현상이 뚜렷하게 나타났다.

#### 4.3.4. 소셜미디어가 밝힌 '마음의 지도'

다음으로, AI는 지난 3년간 '오래된 미래 골목'과 관련된 수만 건의 SNS 게시물을 분석하여 '마음의 지도'를 펼쳐 보였다.

1) **부정적 인식:** 대부분의 게시 글에는 '주차 최악', '길 찾기 힘듦', '아재 감성', '먹을 데 없음'과 같은 부정적 키워드가 가득했다. 이는 모바일 데이터가 보여준 '보이지 않는 벽'의 정체가 무엇인지 명확히 설명해주었다.

2) **숨겨진 보석의 발견:** 그러나 AI는 이 부정적인 데이터의 홍수 속에서 의미 있는 소수의 목소리를 발견했다. 사진 동호회 회원이나 디자인 전공 학생들이 올린 게시물들이었다. 그들은 골목을 '시간이 멈춘 박물관', '진정한 레트로', '서울 속의 이국적인 풍경'이라 칭하며, 낡은 공방의 셔터나 녹슨 철문을 배경으로 찍은 '인생샷'들을 공유하고 있었다. AI의 토픽 모델링은 '#골목출사', '#숨은맛집', '#장인정신'이라는 새로운 가능성의 키워드들을 수면 위로 떠오르게 했다.

### 4.3.5. 두 지도의 융합과 처방: 약점을 강점으로 바꾸는 전략

프로젝트의 하이라이트는 이 두 지도를 겹쳐보는 순간이었다. 놀랍게도, 소셜미디어에서 젊은 사진가들이 '인생샷 명소'로 꼽은 지점들은, 모바일 데이터에서 사람들이 전혀 가지 않던 '동선 단절' 골목들과 정확히 일치했다.

이는 도시재생의 패러다임을 바꾸는 발견이었다. 골목의 '약점(찾기 힘들고, 낡고, 불편함)'이 오히려 일부 젊은 세대에게는 '강점(새롭고, 독특하고, 탐험하는 재미가 있음)'으로 인식되고 있었던 것이다.

이 통찰을 바탕으로 AI는 다음과 같은 '핀셋 처방'을 내놓았다. "대규모 철거와 전면 개발은 금물이다. 대신, 오피스 빌딩에서 '인생샷 명소'까지 가장 빠르게 연결되는 보행 경로를 개선하고, 그 길목에 젊은 층의 감성에 맞는 작은 카페나 식당 창업을 지원하는 '마중물' 전략이 필요하다. 또한, '#오래된미래골목' 해시태그를 활용한 온라인 사진 공모전을 개최하여 숨겨진 매력을 바이럴 마케팅으로 확산시켜야 한다."

### 4.4. 결론 및 시사점: 보이지 않는 흐름을 읽어 도시를 살리다

이 전략에 따라 최소한의 예산으로 '연결路' 프로젝트와 '청년가게' 지원 사업이 시행된 후, 골목은 놀랍게 변하기 시작했다. 점심시간마다 카메라를 든 직장인들의 발길이 이어졌고, SNS에는 새로운 '인생샷'들이 넘쳐났다. 젊은이들의 활기는 자연스럽게 장인들의 공방에 대한 관심으로 이어졌고, 골목은 마침내 과거와 현재, 노년과 청년이 공존하는 진정한 '오래된 미래'의 공간으로 부활했다. 이는 도시의 겉모습이 아닌, 그 안에 흐르는 보이지 않는 데이터의 속삭임에 귀 기울일 때 비로소 도시를 살리는 가장 위대한 전략이 탄생할 수 있음을 보여주는 것이다.

## 5. 도시재생지역의 부동산 거래 데이터와 경제지표 통합 데이터베이스 구축방법과 가상사례

### 5.1. 도시의 경제적 생태계를 해부하다

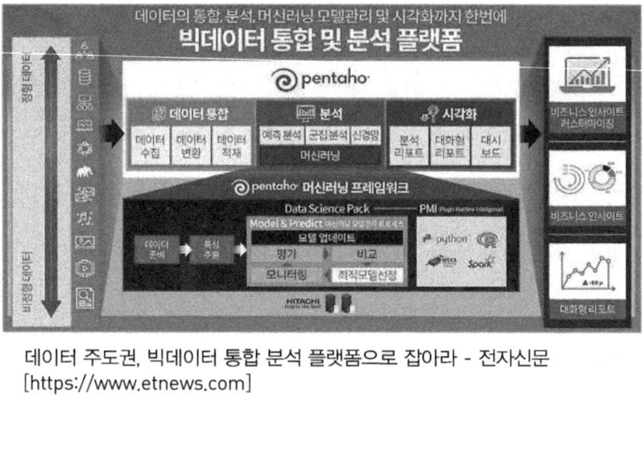


데이터 주도권, 빅데이터 통합 분석 플랫폼으로 잡아라 - 전자신문
[https://www.etnews.com]

부동산 거래 데이터와 경제지표 통합 데이터베이스 구축은 개별적인 부동산의 가격 변동을 넘어, 그 변화를 추동하는 도시의 거시적·미시적 경제 동력(Economic Dynamics)을 결합하여 분석하는 고차원적 접근법이다. 이는 단순히 부동산 '가격'의 흐름을 보는 것을 넘어, 금리, 고용률, 산업구조 변화 등 도시의 '경제적 건강 상태'와 부동산 시장이 어떻게 상호작용하는지를 규명하는 과정과 같다.

이 통합 데이터베이스는 도시를 하나의 복잡한 경제 생태계로 상정하고, 각 요소들이 어떻게 유기적으로 연결되어 있는지를 보여주는 '디지털 신경망' 역할을 한다. 이를 통해 도시재생 정책이 부동산 시장과 지역 경제에 미칠 파급효과를 사전에 예측하고, 보다 정교한 정책을 설계하는 과학적 토대를 마련하게 되는 것이다.

### 5.1.1. 데이터 수집 및 처리 기술: 흩어진 정보를 하나의 지혜로 엮다

통합 데이터베이스는 각기 다른 출처와 형식을 가진 이종의 데이터를 하나의 분석 틀로 융합하는 고도의 기술을 필요로 한다.

**1) 데이터 수집 기술** (Data Collection Technology) **부동산 거래 데이터**

주로 국토교통부 실거래가 공개시스템을 통해 수집된다. 여기에는 아파트, 연립/다세대, 단독/다가구, 상업용 건물 등 모든 유형의 부동산 거래에 대한 상세 정보, 즉 거래 시점, 가격, 면적, 주소, 건축 연도 등이 포함된다.

경제지표 데이터는 다양한 기관에서 수집된다. 한국은행으로 부터는 기준금리, 물가상승률 등 거시 경제지표를, 통계청 국가통계포털(KOSIS)과 지방자치단체로 부터는 지역별 고용률, 실업률, 신설 법인 수, 지방세 수입 등 지역 단위 경제지표를 수집한다. 또한, 특정 산업의 동향을 파악하기 위해 소상공인시장진흥공단의 상권정보시스템 데이터나 산업별 생산·소비 지수 등도 수집 대상이 된다.

2) 데이터 처리 및 통합 기술(Data Processing and Integration Technology)

수집된 데이터는 분석에 활용되기 전 정교한 처리 과정을 거친다. "데이터 정제(Cleansing)"는 누락되거나 잘못 입력된 값을 보정하는 과정이며, "데이터 표준화(Standardization)"는 월별, 분기별, 연도별로 상이한 데이터의 시간 단위를 일치시키고, 각기 다른 측정 단위를 통일하는 작업이다.

가장 핵심적인 기술은 "공간정보 결합(Geospatial Join)"이다. 점(point) 데이터 형태인 개별 부동산 거래 정보와 행정구역(polygon) 단위로 집계된 경제지표 데이터를 GIS(지리정보시스템)를 활용하여 공간적으로 결합한다. 이 과정을 통해 '특정 A 아파트가 거래된 시점의 강남구 고용률'과 같은 다차원 정보를 생성할 수 있다. 이렇게 융합된 데이터는 최종적으로 시계열 분석과 공간 분석이 용이한 구조의 "통합 데이터베이스(Integrated Database)"로 구축되는 것이다.

### 5.1.2. 데이터의 도시재생 활용도: 경제의 흐름 위에서 정책을 조율하다

부동산과 경제지표가 통합된 데이터베이스는 도시재생 사업의 전략적 방향을 설정하고 효과를 극대화하는 데 다음과 같이 활용된다.

1) **쇠퇴 징후의 조기 발견 및 선제 적 대응**: 부동산 가격은 아직 하락하지 않았지만, 해당 지역의 신규 사업자 등록 건수가 급감하고 특정 산업의 고용률이 지속적으로 하락하는 패턴이 동시에 관찰된다면, 이는 향후 발생할 물리적 쇠퇴의 강력한 전조증상(Leading Indicator)이 된다. 이처럼 통합 데이터베이스는 도시의 경제 활력이 떨

어지는 위험 지역을 조기에 식별하여, 문제가 심각해지기 전에 선제 적인 재생 사업을 투입할 수 있는 '조기 경보 시스템'의 역할을 수행한다.

2) **도시재생 사업의 경제적 파급효과 측정:** 공공도서관 건립이나 전통시장 현대화 같은 도시재생 사업이 단지 주변 부동산 가격에만 영향을 미친 것이 아니라, 실제 지역 내 소매업 매출액을 얼마나 증대시켰고, 청년 창업률을 얼마나 높였는지를 실증적으로 분석할 수 있다. 이는 사업의 성과를 다각도로 평가하고, 향후 유사 사업 추진 시 예산 배분의 우선순위를 정하는 객관적인 근거를 제공한다.

3) **젠트리피케이션 현상의 심층적 관리:** 특정 지역에 공공 투자가 집중된 후, 부동산 가격과 임대료가 급등하는 동시에 기존의 소규모 자영업자 수가 감소하고 대형 프랜차이즈 점포 수가 증가하는 현상을 데이터로 포착할 수 있다. 이는 젠트리피케이션의 진행 과정을 정량적으로 모니터링하는 것을 가능하게 하며, 소상공인을 위한 장기 저리 융자 지원이나 상생 협약 체결 유도 등 부작용을 최소화하기 위한 정책을 적시에 도입하는 근거가 된다.

4) **산업구조 변화에 대응하는 맞춤형 재생:** 과거 제조업 중심이었던 쇠퇴 산업단지에서 제조업 관련 지표는 악화되지만, IT 및 콘텐츠 관련 사업체 수가 증가하고 1인 창조기업이 늘어나는 경제지표의 변화가 감지된다면, 해당 지역의 도시재생 방향을 전통 제조업 지원이 아닌, 코워킹 스페이스, 데이터 센터, 기술창업 지원 시설 등을 확충하는 방향으로 전환하는 전략적 의사결정을 내릴 수 있다.

## 5.2. 도시재생 부동산·경제 통합 데이터베이스 구축 방법론 비교

| 구분 | 개별 데이터베이스 연계 | 데이터 웨어하우스 구축 | 데이터 레이크 구축 |
|---|---|---|---|
| 목표 | 국토부 실거래가, 건축물대장 등 기존에 분산된 개별 DB들을 API 등으로 연동하여 필요시 데이터를 조회 및 활용하는 것을 목표로 한다. | 분산된 정형 데이터를 사전에 정의된 일관된 형식(Schema)에 따라 추출, 변환, 적재(ETL)하여 주제 중심의 통합 DB를 구축하는 것을 목표로 한다. | 정형, 비정형, 반정형 등 모든 유형의 원본 데이터를 원래 형식 그대로 한 곳에 저장하고, 데이터 분석 시점에 필요한 형태로 가공하여 활용하는 것을 목표로 한다. |
| 분석방법 및 기술 | API(Application Programming Interface) 연동, 데이터 조인(Join) | ETL(Extract, Transform, Load), 데이터 모델링, OLAP(Online Analytical Processing) | ELT(Extract, Load, Transform), 분산 파일 시스템(HDFS), 객체 스토리지(Object Storage), 데이터 카탈로그 |
| 역할 | '정보 연결 통로' 필요한 데이터를 그때그때 가져와 참고할 수 있는 기본적인 연결망 역할을 한다. | '잘 정리된 중앙 도서관' 주제별로 잘 정제되고 분류된 데이터를 제공하여, 분석가가 쉽고 빠르게 신뢰도 높은 리포트를 작성하도록 돕는다. | '모든 지식의 원천 보고' 가공되지 않은 원석 같은 데이터를 무한히 쌓아두고, 데이터 과학자가 AI를 활용해 과거에는 불가능했던 새로운 패턴과 통찰을 발견하도록 지원한다. |
| 장점 | 구축이 간단하고 비용이 저렴하다. | 데이터 품질과 일관성이 높아 안정적인 분석이 가능하다. | 모든 종류의 데이터를 저장할 수 있어 확장성이 뛰어나고, AI·머신러닝 분석에 최적화되어 있다. |
| 단점 | 실시간 통합 분석이 어렵고, 데이터 형식 불일치 문제가 발생한다. | 구축 기간과 비용이 많이 들고, 사전에 정의되지 않은 비정형 데이터는 분석하기 어렵다. | 데이터 관리가 복잡하며(데이터 늪 현상), 높은 수준의 데이터 거버넌스가 요구된다. |
| AI 분석 도구 | 제한적 활용 | 비즈니스 인텔리전스(BI) 툴 (Tableau, Power BI), 통계 분석 S/W | Apache Spark, TensorFlow, PyTorch, 클라우드 AI 플랫폼 (AWS SageMaker, Google AI Platform) |

| 도시재생 활용 예시 | 특정 지역의 실거래가 데이터와 인근 지역의 신규 상가 인허가 데이터를 단순 비교하여 부동산 시장 동향을 파악한다. | 도시재생사업 전후의 실거래가, 공시지가, 고용률, 사업체 수 변화를 시계열로 비교 분석하여 사업 성과 보고서를 작성한다. | 실거래가, SNS 언급량, 유동인구, 상권 매출 등 모든 데이터를 AI로 분석하여, 젠트리피케이션 발생 가능성을 사전에 예측하고 조기 경보를 발령한다. |
|---|---|---|---|

## 5.3. 가상사례: AI '이퀼리브리엄(Equilibrium)', 도시의 심장 박동을 조율하다

### 5.3.1. 배경: 상생의 꿈, 젠트리피케이션의 악몽

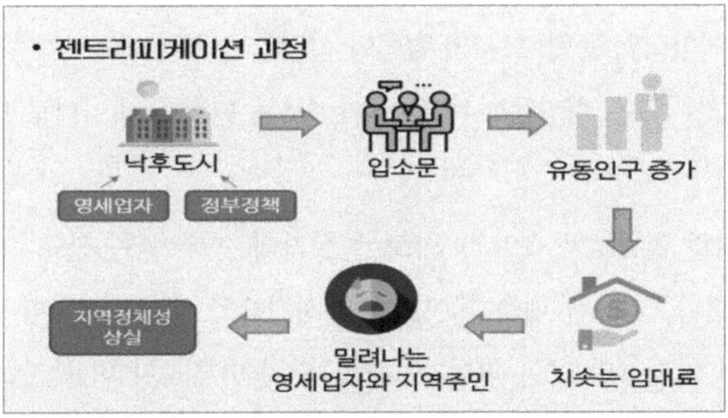


쉽게 설명하는 젠트리피케이션 의미, 유형 별 사례, 해결방안 [https://m.blog.naver.com]

시민 참여를 통해 '상생'이라는 가치를 시정의 핵심으로 삼은 '상생시'는 낡고 소외된 '희망동'에 대규모 도시재생 프로젝트를 시작했다. 주민들의 오랜 숙원이었던 이 사업에는 그러나 어두운 그림자가 드리워져 있었다. 과거 다른 도시들의 사례처럼, 환경이 개선되자마자 투기 자본이 몰려와 임대료를 폭등시키고, 결국 원주민들이 쫓겨나는 '젠트리피케이션'이라는 악몽이었다. 시장의 고민은 깊어 졌다. "어떻게 하면 도시의 활력을 되찾으면서도, 그곳에 사는 사람들을 지켜낼 수 있을까?"

### 5.3.2. 도시 데이터 통합 플랫폼 '이퀼리브리엄'의 탄생

이 딜레마를 풀기 위해, 상생시는 도시의 모든 데이터를 통합하여 균형점을 찾는 AI 플랫폼 '이퀼리브리엄(Equilibrium)'을 구축한다. 이퀼리브리엄은 부동산, 경제, 인구, 여론 등 도시의 혈류와 신경망에 해당하는 모든 데이터를 원본 형태 그대로 빨아들이는 거대한 '데이터 레이크(Data Lake)' 구조로 설계되었다. 이 시스템의 목표는 단순히 현상을 모니터링하는 것을 넘어, 젠트리피케이션의 미세한 징후를 사전에 포착하고, 도시의 균형이 무너지기 전에 최적의 정책을 처방하는 것이었다.

### 5.3.3. 데이터의 융합: 도시의 혈류와 신경망을 연결하다

이퀼리브리엄은 희망동에서 일어나는 모든 변화를 데이터로 변환하여 분석하기 시작했다.

1) **도시의 혈류(경제 데이터)**: 국토부 실거래가 데이터, 신규 사업자 등록 현황, 카드사 매출 데이터가 실시간으로 흘러들어왔다. AI는 단순히 거래량만 보는 것이 아니라, '외지인 투자자 비율', '법인 명의 거래 증가율', '평균 거래 회전율' 등 투기 자본의 흐름을 추적할 수 있는 2차 지표들을 생성했다.

2) **도시의 신경망(사회 데이터)**: 동시에, 인스타그램과 블로그에서 '#희망동맛집', '#희망동투자' 와 같은 키워드 언급량과 감성 변화를 분석했다. 통신사 기지국 데이터를 통해 방문객의 연령대와 체류시간 변화를 추적했으며, 수도·전기 사용량 데이터를 통해 실제 거주자의 변동 패턴까지 읽어냈다.

### 5.3.4. AI의 예측과 조기 경보 시스템: 미래의 균열을 발견하다

어느 날 새벽, 이퀼리브리엄의 대시보드에 경고등이 켜졌다. 희망동 3

구역의 '젠트리피케이션 예측 지수'가 임계치를 넘어선 것이다. AI가 이런 판단을 내린 근거는 복합적이었다.

> **"지난 2주간, 3구역에서 외지인 명의의 다가구주택 거래가 5건 발생. 이는 평소의 10배 수준. 동시에 인스타그램에서 '#희망동투자문의' 키워드 언급 량이 300% 급증. 해당 구역의 20대 유동인구는 15% 증가했으나, 이들의 평균 체류시간은 20분 미만으로, 실제 소비로 이어지지 않는 '탐색적 방문'으로 분석됨. 이 패턴은 3년 전 'XX동'의 임대료 폭등 직전 3개월의 데이터 패턴과 92% 일치함."**

이는 인간 분석가가 수개월에 걸쳐 분석해도 찾기 힘든, 데이터 속에 숨겨진 미래의 균열이었다.

5.3.5. 데이터 기반의 '핀셋 처방': 도시를 위한 정밀의료

이퀼리브리엄은 경고만 하는 것이 아니라, 가장 효과적인 '처방전'을 제시했다. 도시 전체에 대한 획일적인 규제가 아닌, 데이터가 지목한 특정 지역에 대한 정밀한 '핀셋 처방'이었다.

**"처방 1: 3구역을 '상생보호구역'으로 지정하고, 해당 구역 내 장기 거주 임대인에게 저금리 리모델링 비용을 지원하되, 향후 5년간 임대료 인상률을 공공이 정하는 가이드라인 이내로 동결하는 '상생협약' 체결을 유도한다.**

**처방 2: 3구역 내 상업용도 변경 허가 기준을 일시적으로 강화하여, 투기 목적의 '용도 쪼개기'를 방지한다.**

**처방 3: AI가 분석한 '임대료 상승 취약 가구' 리스트를 사회복지팀에 전달하여, 이들이 공공임대주택이나 법률 지원 서비스를 선제적으로 안내 받을 수 있도록 조치한다."**

### 5.4. 결론: 성장을 포용하되, 사람을 지키는 도시

이퀼리브리엄의 조기 경보와 핀셋 처방 덕분에, 희망동의 도시재생은 다른 길을 걸을 수 있었다. 동네는 활기를 되찾고 새로운 사람들이 유입되었지만, 임대료는 안정적으로 유지되었고 원주민들은 자신의 삶의 터전을 지킬 수 있었다.

상생시의 사례는 데이터 통합과 AI 기술이 단순히 도시를 스마트하게 만드는 것을 넘어, 도시의 가장 중요한 가치인 '공동체'와 '상생'을 지키는 강력한 방패가 될 수 있음을 증명하는 것이다. 도시의 심장박동과 같은 수많은 데이터를 정밀하게 조율할 수 있을 때, 비로소 우리는 성장의 과실을 모두가 함께 나누는 지속가능한 도시의 미래를 열 수 있을 것이다.

제4장

# 산업단지형 도시재생의 머신 러닝 적용 전략

## 1. 도시재생지역의 제조업 클러스터 최적화를 위한 군집분석(Cluster Analysis) 방법과 가상사례

### 1.1. 군집분석은 비지도학습(Unsupervised Learning) 머신 러닝 기법이다

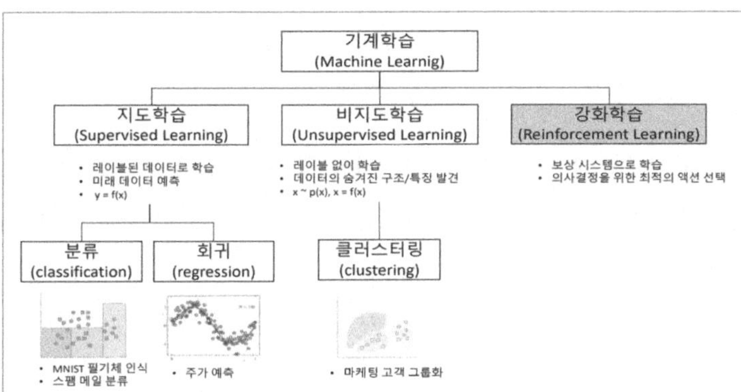


머신러닝의 종류 및 적용 사례(지도 학습, 비지도 학습, 강화학습) [https://ittrue.tistory.com]

군집분석(Cluster Analysis)은 주어진 데이터들이 가진 고유의 특성만을 기반으로, 유사한 속성을 가진 데이터들을 하나의 그룹(Cluster)으로 묶고, 서로 다른 그룹 간에는 이질성이 커지도록 분류하는 대표적인 비지도학습(Unsupervised Learning) 머신 러닝 기법이다.

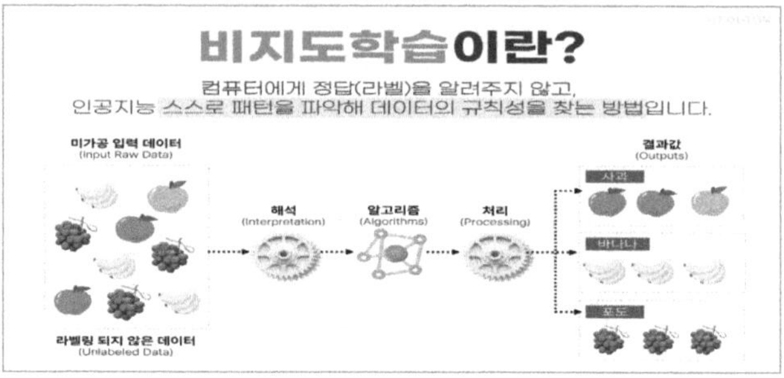


분류하고 그룹화하는데 쓰이는 '비지도학습 알고리즘' [https://blog.naver.com]

이는 정답이 없는 데이터의 집합 속에서 내재된 구조나 패턴, 즉 '자연스러운 그룹'을 스스로 발견하는 과정이다. 도시계획과 부동산 분야 등에서 군집분석은 복잡하고 다 차원적인 도시 데이터 속에서, 인간의 직관만으로는 파악하기 어려운 동질적인 특성을 가진 지역들을 유형화하고 그 특성을 규명하는 강력한 분석 도구이다. 이는 도시의 숨겨진 얼굴들을 찾아내어, 각기 다른 특성에 맞는 맞춤형 정책을 수립하는 과학적 근거를 제시하는 것이다.

### 1.1.1. 군집분석 알고리즘의 원리 및 기술: 유사성을 기준으로 무리를 짓다

군집분석의 핵심 원리는 '군집 내 유사도(Intra-cluster Similarity)'는 최대화하고, '군집 간 유사도(Inter-cluster Similarity)'는 최소화하는 것이다. 여

쉽게 배우는 AI] 10. 비지도 학습의 군집화 | 요즘IT [https://yozm.wishket.com]

기서 '유사도'는 데이터 간의 거리를 수학적으로 계산한 값이며, 유클리드 거리(Euclidean Distance)가 가장 널리 사용된다. 이러한 원리를 구현하는 대표적인 알고리즘은 다음과 같다.

1) **분할 기반 군집**(Partitioning-based Clustering):

가장 대표적인 알고리즘은 "K-평균 군집(K-Means Clustering)"이다. 이 기법은 사용자가 사전에 지정한 군집의 수(K)만큼 임의의 중심점(Centroid)을 설정하는 것에서 시작한다. 이후 모든 데이터는 가장 가까운 중심점에 할당되며(할당 단계), 각 군집에 속한 데이터들의 평균값을 구해 중심점을 새로 계산하여 이동시킨다(업데이트 단계). 이 할당과 업데이트 단계를 더 이상 중심점의 이동이 없을 때까지 반복하여 최종적으로 K개의 군집을 형성한다. 이 방식은 계산이 빠르고 직관적이어서 대용량 데이터 분석에 널리 활용된다.

2) **계층적 군집**(Hierarchical Clustering):

이 기법은 데이터들을 나무와 같은 계층 구조(Tree Structure)로 묶어 나가는 방식이다. 개별 데이터에서 시작하여 가장 가까운 데이터끼리 순차적으로 묶어 올라가 하나의 거대한 군집을 형성하는 병합적(Agglomerative) 방식과, 전체를 하나의 군집으로 보고 이를 점차 작은 군집으로 쪼개 나가는 분할적(Divisive) 방식이 있다. 이 분석의 결과는 "덴드로그램(Dendrogram)"이라는 시각적 도구로 표현되어, 연구자가 원하는 수준에서 군집의 수를 유연하게 결정할 수 있는 장점을 가진다.

3) **밀도 기반 군집**(Density-based Clustering) DBSCAN:

알고리즘이 대표적으로, 데이터가 밀집된 정도를 기반으로 군집을 형성한다. 일정 반경 내에 최소 개수 이상의 데이터가 모여 있는 핵심 포인트

(Core Point)들을 찾아 서로 연결하며 군집을 확장해 나가는 방식이다. 이 기법은 K-평균 군집으로는 발견하기 어려운 원형이 아닌, 불규칙한 모양의 군집을 찾는 데 매우 효과적이며, 어느 군집에도 속하지 않는 데이터를 "잡음(Noise) 또는 이상치(Outlier)"로 명확히 구분해내는 장점이 있다.

#### 1.1.2. 도시재생 활용도: 도시의 유형을 분류하고 전략을 처방하다

군집분석은 도시재생 사업의 대상지를 과학적으로 진단하고, 효과적인 전략을 수립하는 데 다음과 같이 활용된다.

1) 쇠퇴지역 유형화 및 맞춤형 정책 수립:

도시 내 여러 쇠퇴 지역의 데이터를(예: 건물 노후도, 공실률, 인구 증감률, 1인 가구 비율, 범죄율 등) 군집분석에 적용한다. 분석 결과, 도시의 쇠퇴 지역은 '상업 기능이 급격히 쇠퇴한 중심가형', '고령 인구가 밀집한 저층 주거지형', '산업구조 변화로 활력을 잃은 공단 배후형' 등 몇 개의 유형으로 자동 분류될 수 있다. 이렇게 분류된 유형별 특성에 따라 일률적인 방식이 아닌, 상업 활성화, 주거 환경 개선, 산업 전환 지원 등 각 유형에 최적화된 맞춤형 도시재생 전략을 수립할 수 있다.

2) 유동인구 패턴 분석을 통한 기능적 중심지 발견:

통신사나 교통카드의 유동인구 데이터를 활용하여 군집분석을 수행하면, 행정구역 경계와는 무관하게 사람들이 실제로 모이고 활동하는 '기능적 중심지(Functional Hubs)'를 발견할 수 있다. 예를 들어, 평일 주간에 활동 인구가 밀집하는 '업무 중심 클러스터', 주말 야간에 활성화되는 '유흥·여가 클러스터' 등을 식별할 수 있다. 이는 공식적인 도시 중심지 외에 숨겨진 생활 중심지를 찾아내고, 그 기능에 맞는 인프라나 공공서비스를 공급하는 근거가 된다.

3) 상권 및 산업 생태계 분석:

특정 지역 내 상점이나 기업들의 데이터를(예: 업종, 규모, 개업 연도) 군집분석하면 유사한 특성을 가진 비즈니스들의 군집을 파악할 수 있다. 이를 통해 특정 골목에 자연발생적으로 형성된 '독립서점 및 카페 클러스터'나, 의류 도매업과 봉제 공장들이 얽혀 있는 '패션산업 생태계 클러스터' 등을 식별할 수 있다. 이는 특정 산업 생태계를 강화하거나, 특정 업종이 부족한 지역에 전략적으로 관련 업종을 유치하는 경제 기반형 도시재생 사업의 기초 자료가 된다.

4) 주민 특성 분류를 통한 공동체 활성화:

도시재생 사업 구역 내 주민들의 비식별화된 데이터를(예: 연령대, 가구 구성, 공공시설 이용 패턴) 군집분석하여 '청년 1인 가구 클러스터', '영유아 자녀를 둔 가구 클러스터', '노년 부부 가구 클러스터' 등으로 지역 커뮤니티를 유형화할 수 있다. 이는 각 커뮤니티의 실제 수요에 맞는 공공시설(예: 청년 창업지원센터, 국공립 어린이집, 노인 복지관)을 공급하고, 맞춤형 공동체 활성화 프로그램을 기획하는 데 효과적으로 활용된다.

## 1.2. 도시재생지역의 제조업 클러스터 최적화를 위한 군집분석 방법론 비교

| 구분 | K-평균 군집분석 | 계층적 군집분석 | DBSCAN (밀도 기반 군집분석) |
|---|---|---|---|
| 목표 | 사전에 정의된 K개의 군집으로 개별 기업들을 분류하여, 전체 산업단지를 몇 개의 핵심 특성 그룹으로 구분하는 것을 목표로 한다. | 개별 기업들 간의 유사성을 기반으로 나무 형태의 위계(Hierarchy) 구조를 생성하여, 산업 생태계의 다층적인 연관 구조를 파악하는 것을 목표로 한다. | 데이터가 밀집된 정도를 기반으로 밀도 높은 핵심 클러스터를 식별하고, 어떤 군집에도 속하지 않는 이상치(Outlier) 기업을 발견하는 것을 목표로 한다. |

| | | | |
|---|---|---|---|
| 분석방법 및 기술 | 분할 기반(Partitional) 군집화. 각 데이터 포인트로부터 K개의 중심점(Centroid)까지의 거리를 계산하여 가장 가까운 군집에 할당하는 과정을 반복한다. | 병합(Agglomerative) 또는 분할(Divisive) 방식. 개별 데이터에서 시작하여 가장 유사한 군집끼리 순차적으로 묶어 나가거나, 전체에서부터 나누어 내려온다. | 밀도 기반(Density-based) 군집화. 특정 반경 내에 최소 개수 이상의 데이터 포인트를 가진 핵심 포인트를 찾아내고, 이웃한 핵심 포인트들을 연결하여 군집을 확장한다. |
| 역할 | '그룹 분류 전문가' 전체 기업들을 명확한 K개의 그룹으로 나누어, 클러스터의 대분류 구조를 파악하는 역할을 한다. | '산업 생태계 분석가' 기업 간의 관계가 어떻게 형성되고 어떤 상위 그룹에 속하는지, 그 위계적 관계를 시각적으로 보여주는 역할을 한다. | '핵심 클러스터 탐색가' 지리적으로나 기술적으로 가장 밀접하게 연관된 핵심 기업 그룹을 찾아내고, 독자적인 기술을 가진 잠재적 혁신 기업(이상치)을 발굴한다. |
| 장점 | 알고리즘이 단순하고 계산 속도가 빨라 대용량 데이터에 적합하다. | 군집의 개수를 미리 정할 필요가 없으며, 군집화 과정을 덴드로그램(Dendrogram)으로 시각화하여 이해하기 쉽다. | 복잡한 모양의 군집도 잘 찾아내며, 이상치를 탐지하는 데 매우 효과적이다. |
| 단점 | 군집의 개수(K)를 사전에 지정해야 하며, 군집의 모양이 원형이 아닐 경우 잘 작동하지 않는다. | 계산 량이 많아 대용량 데이터에는 부적합하다. | 데이터 밀도 차이가 클 경우, 모든 군집을 효과적으로 찾아내기 어렵다. |
| AI 분석 도구 | Scikit-learn(KMeans), R(kmeans), Spark ML-lib | Scikit-learn(AgglomerativeClustering), SciPy, R(hclust) | Scikit-learn(DBSCAN), R(dbscan) |
| 도시재생 활용 예시 | 산업단지 내 기업들을 '수출주도형', '내수중심형', 'R&D집약형' 3개의 군집으로 분류하여 각 군집에 맞는 맞춤형 지원 정책을 수립한다. | 금속가공 기업군과 전자부품 기업군이 최종적으로 '자동차 부품'이라는 상위 클러스터로 통합되는 산업 구조를 파악하고, 두 그룹 간의 협업을 지원한다. | 특정 구역에 밀집한 '스마트 섬유' 관련 기업들의 핵심 군집을 발견하고, 이들을 위한 공동 연구시설 및 물류센터를 해당 구역에 건립한다. |

## 1.3. 가상사례: AI '클루(CLUE)', 흩어진 별들을 모아 성좌를 만들다

### 1.3.1. 배경: 안개 속에 잠긴 공단, 성운지구

서울 서남권에 '제2 G밸리'…9년 끌어온 '온수산단 재생' [https://www.mk.co.kr]

'성운지구'는 이름처럼 안개(운무)가 낀 듯 미래가 불투명한 오래된 공업단지였다. 한때는 국가 경제의 동력이었지만, 지금은 수백 개의 영세한 금속 가공, 사출, 소형 모터 제작 업체들이 아무런 연관 없이 흩어져 각자도생하는 '점들의 집합'일 뿐이었다. 시에서는 이곳을 밀어버리고 첨단 지식산업센터를 짓자는 재개발 계획을 세우고 있었다. 기존의 방식으로는 이 낡은 점들을 연결하여 새로운 그림을 그릴 지혜가 없었기 때문이다.

### 1.3.2. AI 클러스터 분석 시스템 '클루(CLUE)'의 도입

재개발 계획이 발표되자, 젊은 데이터 과학자들로 구성된 도시재생 스타트 업이 이의를 제기했다. 그들은 성운지구를 단순한 점들의 집합이 아닌, 아직 발견되지 않은 '성좌(Constellation)'일 수 있다고 주장하며, AI 클러스터 분석 시스템 '클루(CLUE: Cluster Location and Utility Engine)'를 활용한 분석을 시에 제안한다. 클루의 목표는 기업들의 개별 데이터 속에 숨겨진 상호 연관성의 중력을 계산하여, 무질서 속에 숨은 질서를 찾아내는 것이었다.

### 1.3.3. 데이터의 재구성: 보이지 않는 인력을 계산하다

클루는 먼저 성운지구 내 500여 개 기업의 모든 데이터를 빨아들였다. 각 기업의 주력 제품, 사용하는 원자재, 납품하는 고객사, 보유 기술 특허, 주요 장비 리스트, 심지어는 물류 트럭의 이동 경로 데이터까지, 기업의 모든 활동을 나타내는 데이터를 수집했다. 이제 클루는 이 점들 사이에 작용하는 보이지 않는 힘을 계산할 준비를 마쳤다.

### 1.3.4. 군집분석의 3단계 여정: 점이 모여 별자리가 되다

- **1단계(K-평균 군집분석): 거대한 은하들을 구분하다**

  클루는 먼저 K-평균 군집분석을 통해 전체 기업들을 4개의 커다란 그룹으로 분류했다. 그 결과 '정밀 금속가공 그룹', '플라스틱 성형 그룹', '전자회로 조립 그룹', '소형 모터 제작 그룹'이라는 네 개의 거대한 은하가 모습을 드러냈다. 하지만 이것 만으로는 기업 간의 구체적인 관계를 알 수 없었다.

- **2단계(계층적 군집분석): 산업의 '족보'를 그리다**

  다음으로 클루는 계층적 군집분석을 통해 이 은하들의 상세한 구조, 즉 산업의 '족보'를 그리기 시작했다. 분석 결과는 놀라웠다. 정밀 금속가공 그룹의 일부와, 플라스틱 성형 그룹의 일부, 그리고 전자회로 조립과 소형 모터 제작 그룹 전체가 하나의 거대한 상위 계층에서 만나는 것이 발견되었다. 그 상위 계층의 이름은 바로 '소형 정밀 로봇 부품'이었다. 개별 기업들은 스스로를 그저 쇠를 깎고 플라스틱을 찍어내는 회사로만 알고 있었지만, 사실 그들은 자신도 모르는 사이에 거대한 로봇 생태계의 일부였던 것이다.

■ 3단계(DBSCAN): 숨겨진 '성단'을 찾아내다

마지막으로 클루는 DBSCAN을 통해 이 '소형 정밀 로봇 부품' 관련 기업들의 지리적, 기술적 밀도를 분석했다. 그 결과, 성운지구의 중심부 D-7 블록 반경 1km 이내에 이 핵심 기업의 70%가 밀집해 있다는 사실을 밝혀냈다. 이곳은 이미 부품과 기술자들이 오가는 보이지 않는 '협업 성단'이었다. 또한, DBSCAN은 어떤 군집에도 속하지 않는 이상치(Outlier) 기업 세 곳을 발견했는데, 이들은 각각 '초소형 센서', 'AI 모션 제어', '특수 합금'이라는 독보적인 기술을 가진 히든 챔피언이었다.

■ 새로운 성좌의 탄생: '스텔라 로보틱스 밸리'

이 분석 결과는 성운지구의 운명을 완전히 바꾸어 놓았다. 시는 재개발 계획을 전면 백지화하고, 대신 성운지구를 '스텔라 로보틱스 밸리'로 명명하는 새로운 도시재생 전략을 발표했다.

새로운 전략은 AI의 분석을 기반으로 정밀하게 설계되었다. D-7 블록에는 로봇 부품 기업들이 공동으로 사용하는 '공유 R&D 센터'와 '3D 프린팅 팩토리'가 건립되었다. 이상치로 발견된 세 개의 히든 챔피언 기업은 이 R&D 센터의 기술 자문을 맡아 생태계의 혁신을 이끌게 되었다. 물류 트럭의 이동 경로 데이터를 기반으로 최적의 '스마트 물류 허브'가 구축되었고, 기업들은 개별적으로 움직일 때보다 20%의 물류비를 절감할 수 있었다.

## 1.4. 결론 및 시사점: 점을 연결하여 별자리를 만드는 지혜

AI '클루'가 한 일은 새로운 것을 창조한 것이 아니었다. 그것은 이미 그곳에 존재했지만 흩어져 보이지 않았던 점들을 '연결'하여, 모두가 알아볼 수 있는 빛나는 '성좌'의 모습을 드러낸 것이었다. 군집분석은 낡은 공단을 밀어버리는 대신, 그 안에 잠자고 있던 잠재력을 깨워 스스로 진화하도록 만드는 가장 지혜로운 방법임을 증명했다. 도시재생의 진정한 혁신은 무에서 유를 창조하는 것이 아니라, 흩어진 가치들을 연결하여 새로운 의미를 부여하는 것에서 시작된다는 사실을 성운지구의 사례는 보여주고 있는 것이다.

## 2. 의사결정트리(Decision Tree) 기반 도시재생지역의 산업시설 재배치 전략과 가상사례

### 2.1. 의사결정트리(Decision Tree): 생각의 과정을 닮은 투명한 인공지능

의사결정트리(Decision Tree)는 데이터에 내재된 패턴을 학습하여 특정 질문에 대한 답을 나무(Tree) 구조 형태로 제시하는 대표적인 지도학습(Supervised Learning) 머신 러닝 알고리즘이다. 이는 목표 변수의 종류에 따라 특정 값으로 예측하는 "회귀(Regression)"와, 특정 범주로 분류하는 분류(Classification) 문제에 모두 사용될 수 있다.

의사결정트리의 가장 큰 특징은 '스무고개' 놀이처럼 일련의 질문(규칙)을 통해 결론에 도달하는 과정이 인간의 논리적 사고방식과 유사하여,

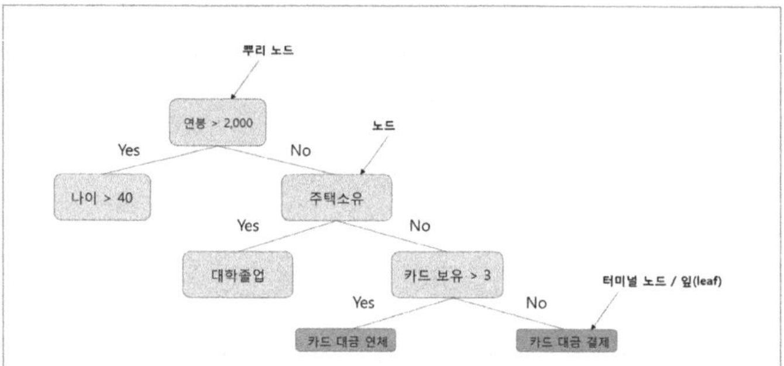


의사결정나무(decision tree) [https://diseny.tistory.com]

알고리즘의 판단 근거를 직관적으로 이해하고 설명하기 용이하다는 점이다. 이러한 설명가능성(Explainability) 덕분에 복잡한 수식으로 이루어진 다른 '블랙박스(Black Box)' 모델과 달리, 정책 결정의 투명성과 신뢰성을 확보하는 데 매우 강력한 장점을 지닌다.

도시재생의 성공은 기존 도시 조직과의 조화, 특히 지역 경제의 근간을 이루던 산업시설의 처리 문제에 달려있다. 과거의 전면 철거 방식은 도시의 역사성과 경제적 기반을 훼손하는 결과를 낳았다. 이제 우리는 AI, 그 중에서도 '의사결정트리(Decision Tree)' 알고리즘을 통해 이 복잡한 문제를 해결하는 스마트한 전략을 구사할 수 있다. 의사결정트리는 특정 질문에 대한 '예/아니오'의 과정을 반복하며 데이터를 분류하고 최적의 결론을 도출하는 기법으로, 그 과정이 투명하여 정책 결정의 근거를 명확히 제시하는 강력한 장점을 지닌다.

### 2.1.1. 알고리즘의 원리 및 기술: 불순도를 낮추는 최적의 질문을 찾아서

의사결정트리는 데이터를 가장 잘 나눌 수 있는 질문을 반복적으로 찾아가며 성장하는 원리로 작동한다. 그 핵심에는 "불순도(Impurity)"를 최소화하는 개념이 있다.

1) **핵심 원리:** 불순도 감소 트리의 목표는 각 노드(Node)에 속한 데이터들이 동일한 범주(Class)를 갖도록, 즉 순도(Purity)가 높은 상태로 만드는 것이다. 최초의 데이터는 여러 범주가 섞여 있어 불순도가 높은 상태이며, 트리는 데이터를 나눌수록 각 그룹의 불순도가 최대한 낮아지는 방향으로 질문(분기 기준)을 선택한다. 이 과정을 모든 그룹의 불순도가 0이 되거나 더 이상 나눌 수 없을 때까지 재귀적으로(Recursively) 반복하여 최종 결론(Leaf Node)에 도달한다.

2) **분기 기준**(Splitting Criteria): 최적의 질문을 선택하기 위해 불순도를 측정하는 대표적인 지표는 다음과 같다.

(1) **지니 불순도**(Gini Impurity): 특정 노드의 데이터 중 임의로 두 개를 뽑았을 때, 서로 다른 범주일 확률을 의미한다. 이 값이 0이면 모든 데이터가 동일한 범주인 순수한 상태이고, 높을수록 다양한 범주가 섞여 있는 불순한 상태이다. 분류 트리에서 주로 사용된다.

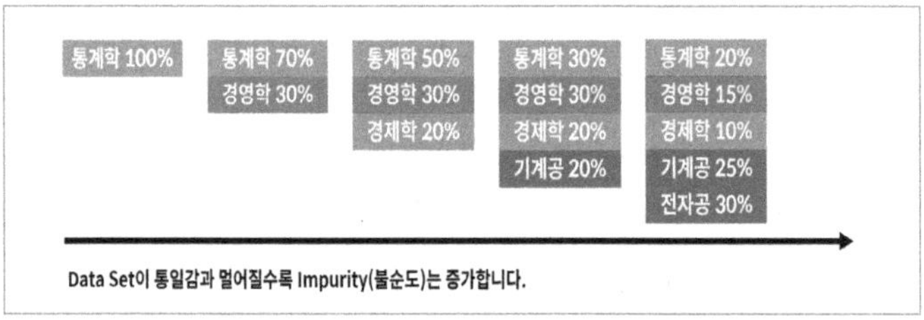


의사결정나무(Decision Tree) - Must Learning with R [https://wikidocs.net]

(2) **엔트로피**(Entropy)**와 정보 획득**(Information Gain): 엔트로피는 데이터의 불확실성 또는 무질서도를 나타내는 지표이다. 의사결정트리는 특정 속성으로 데이터를 나누었을 때, 엔트로피가 얼마나 감소하는지를 나타내는 정보 획득량을 계산한다. 정보 획득량이 가장 큰 속성을 최적의 분기 기준으로 선택하며, 이는 데이터를 가장 순수하게 나눌 수 있는 질문임을 의미한다.

3) **주요 기술**: 가지치기(Pruning) 트리를 너무 상세하게 성장시키면 훈련 데이터에만 과도하게 최적화되는 과적합(Overfitting) 문제가 발생하여, 새로운 데이터에 대한 예측력이 떨어질 수 있다. 가지치기는 이렇게 불필요하게 생성된 가지(Branch)나 노드를 제거하여 모

델을 단순화하는 핵심 기술이다. 이를 통해 모델의 일반화 성능을 높여, 실제 문제에 더 잘 적용되는 안정적인 의사결정트리를 만들 수 있다.

### 2.1.2. 도시재생 활용도: 명확한 규칙으로 정책의 길을 제시하다

의사결정트리의 설명가능성은 복잡한 이해관계가 얽힌 도시재생 분야에서 합리적 의사결정을 지원하는 데 효과적으로 활용된다.

1) **노후 건축물 관리등급 분류 및 대응 전략 수립:** 도시 내 노후 건축물 데이터를(예: 건축 연도, 구조 유형, 에너지 효율, 균열 여부 등) 학습하여, 건물의 상태를 '긴급 개선', '중점 관리', '일반 관찰' 등의 등급으로 자동 분류하는 모델을 만들 수 있다. 이 모델은 '건축 후 30년이 지났고, 구조가 조 적조이며, 에너지 효율이 4등급 이하인 건물은 긴급 개선 대상이다'와 같이 명확한 규칙을 제시하므로, 한정된 예산으로 어떤 건물부터 개선 사업을 추진해야 할지 우선순위를 정하는 객관적 기준이 된다.
2) **도시재생 활성화 지역 선정의 객관적 기준 제시:** 과거 도시재생 사업이 성공했거나 실패했던 지역들의 다양한 특성(공·폐가 비율, 상업시설 밀도, 인구 변화, 접근성 등)을 학습시킨다. 이후 새로운 후보 지역들의 데이터를 모델에 입력하면, 해당 지역의 '사업 성공 가능성(높음/중간/낮음)'을 예측하고 그 이유를 명확한 규칙으로 설명해준다. 이는 평가자의 주관적 판단을 배제하고, 데이터에 기반하여 사업 대상지를 선정하는 투명한 프로세스를 구축하는 데 기여한다.
3) **주민참여형 계획 수립을 위한 소통 도구 활용:** 도시재생 계획안을 수립할 때, 특정 지역의 용도 변경이나 기반 시설 설치 결정의 근거를

시각적인 트리 구조로 제시할 수 있다. 예를 들어, '유동인구가 많고, 상업시설이 부족하며, 공실률이 높은가?'라는 질문의 흐름을 주민들과 함께 따라가며 정책 결정의 논리적 타당성을 공유할 수 있다. 이는 전문적인 계획의 내용을 주민들이 쉽게 이해하고 공감대를 형성하는 효과적인 소통 도구의 역할을 수행한다.

4) **유휴부지 최적 활용 방안 도출**: 도시 내 유휴부지의 특성(면적, 형상, 주변 토지이용, 접근성 등)과 현재 성공적으로 활용되고 있는 공간들의 데이터를 학습한다. 이를 통해 새로운 유휴부지가 발생했을 때, 해당 부지의 특성을 입력하면 모델이 '커뮤니티 텃밭', '청년 창업공간', '소규모 공원' 등 가장 적합한 활용 방안을 추천하고 그 판단 규칙을 제시해주는 시스템을 구축할 수 있다.

## 2.2. 의사결정트리 기반 산업시설 재배치 전략 분석표

다음 표는 의사결정트리 모델을 도시재생에 적용할 때의 세부적인 내용을 정리한 것이다.

| 구분 | 의사결정트리(Decision Tree) 기반 도시재생지역의 산업시설 재배치 전략 |
|---|---|
| 핵심 목표 | 데이터에 기반한 객관적이고 투명한 의사결정을 통해 산업시설 이전의 사회적 갈등을 최소화하고, 도시 공간의 효율성을 극대화하는 최적의 재배치 방안을 도출하는 것이다. |
| 분석방법 및 기술 | 지도학습 기반의 분류(Classification) 및 회귀(Regression) 알고리즘을 활용한다. 토지이용, 환경오염, 교통량, 산업연관효과, 고용인구 등 다양한 변수(Feature)를 기반으로 특정 산업시설의 '이전 필요성(High/Mid/Low)', '최적 이전 후보지(A/B/C)', '재배치 후 기대효과(점수)' 등을 예측하는 모델을 구축한다. |
| 주요 역할 | 복잡하게 얽힌 도시 데이터를 분석하여, 정책결정자가 쉽게 이해할 수 있는 'IF-THEN' 형태의 규칙(Rule)을 생성한다. 이를 통해 각 산업시설별 맞춤형 재배치 시나리오를 제시하고, 그 결정의 논리적 근거를 시각적으로 명확히 보여주는 역할을 수행한다. |

| 장점 | - 직관성: 결과(트리 구조)가 시각적으로 명확하여 일반인도 쉽게 이해할 수 있다.<br>- 투명성: 어떤 변수가 의사결정에 중요하게 작용했는지 파악하기 용이하다.<br>- 비선형 관계 설명: 복잡한 데이터 패턴을 잘 설명해낸다. |
|---|---|
| 단점 | - 과적합(Overfitting) 위험: 훈련 데이터에만 과도하게 최적화되어 새로운 데이터에 대한 예측력이 떨어질 수 있다.(이를 방지하기 위해 가지치기(Pruning) 등의 기법이 필요하다.)<br>- 불안정성: 데이터의 작은 변화에도 트리 구조가 크게 바뀔 수 있다. |
| 주요 AI 분석도구 | - 프로그래밍 언어: Python, R<br>- 핵심 라이브러리: Scikit-learn(DecisionTreeClassifier, DecisionTreeRegressor), Pandas(데이터 처리), GeoPandas(공간 데이터 처리)<br>- 시각화 도구: Matplotlib, Graphviz<br>- GIS 소프트웨어: QGIS, ArcGIS(데이터 전처리 및 결과 시각화) |
| 도시재생 활용 예시 | - 오염 유발 공장 이전: 공장의 오염물질 배출량, 주거지와의 거리, 법적 규제 등을 변수로 '강제 이전', '개선 후 존치', '자율 이전 유도' 등의 정책을 결정한다.<br>- 유휴부지 활용 최적화: 유휴 산업시설 부지의 접근성, 면적, 주변 인프라를 분석하여 R&D 센터, 스마트팜, 문화 복합 공간 등 최적의 활용 방안을 추천한다.<br>- 공존형 산업 클러스터 조성: 기존 공장들의 업종, 기술 수준, 협력 관계를 분석하여 시너지를 낼 수 있는 그룹을 형성하고, 이들을 한곳에 모으는 '스마트 산업 클러스터'의 최적 입지를 선정한다. |

## 2.3. 가상 사례: 잿빛 도시 '성진시 회색지구'의 부활을 이끈 AI, 'UR-Tree' 프로젝트

1) **현안과제:** 과거 한국의 산업화를 이끌었지만, 이제는 낡고 쇠락한 항구도시 성진시. 그 중심에는 '회색지구'라 불리는 낡은 공업 지대가 있었다. 수십 년간 도시의 심장이었지만, 이제는 소음과 분진, 만성적인 교통체증을 유발하는 도시의 흉터로 전락한 곳이다. 성진시는 이곳을 첨단 해양 바이오 클러스터와 시민을 위한 수변 공원으로 바꾸는 거대한 도시재생 프로젝트를 계획했지만, 가장 큰 난관에 부딪혔다. 바로 수백 개의 중소 공장들을 어떻게 처리할 것인가 하는 문제였다. 이들을 무작정 내쫓는다면 수많은 노동자의 일자리가 사라지고, 도시 경제의 실핏줄이 끊어질 것이 자명했다.

쇠퇴일로 마산자유무역지역 강화방안은…토론회 열려 | 연합뉴스 [https://www.yna.co.kr]

2) **데이터에서 찾는 도시재생전략:** 이때, 성진시 도시재생혁신본부는 'UR-Tree(Urban Regeneration-Tree)'라 명명된 AI 의사결정 프로젝트를 가동한다. 목표는 명확했다. '모두를 위한 최적의 해답을 데이터 속에서 찾는다.'

3) **단계별 도시재생 전략:**

- **1단계: 데이터의 교향곡을 지휘하다**

  연구팀은 먼저 회색지구에 대한 모든 데이터를 빨아들였다. 개별 공장의 업종, 규모, 고용인원, 매출액 같은 기본 정보는 물론, 위성사진을 분석한 건물의 노후도, IoT 센서로 측정한 분진 및 소음 수준, 교통카드 데이터로 파악한 직원들의 출퇴근 패턴, 주변 지역의 토지 가격, 심지어 공장주 들과의 심층 인터뷰를 통해 계량화한 이전 의향 점수까지, 총 120여 개의 변수를 수집했다. 이는 마치 도시의 과거와 현재를 담은 거대한 데이터의 교향곡과 같았다.

- **2단계: AI, 스스로 길을 찾다**

  수집된 데이터는 UR-Tree 모델에 학습되었다.

[모델의 목표(대안)]

1. 각 공장을 현 위치 존치,

2. 각 공장을 개선 후 존치,

3. 각 공장을 스마트 산단(산업공단) 이전,

4. 각 공장을 업종 전환 지원

목표를 네 가지 중 하나로 분류하는 것이었다. 수만 번의 연산 끝에, UR-Tree는 마침내 성진시 회색지구를 위한 최적의 의사결정나무를 완성했다. 그 결과는 놀라웠다.

트리의 최 상단 첫 번째 질문은 '주거지역과 300m 이내에 위치하는가?'였다. '그렇다'로 분기된 공장들은 다음으로 '분진 배출량이 기준치를 초과하는가?'라는 질문을 받았다. 이 두 질문에 모두 '그렇다'고 답한 공장들은 대부분 [스마트 산단 이전] 대상으로 분류되었다. 이는 주민의 건강권을 최우선으로 고려한 결과였다.

하지만 흥미로운 발견은 그 다음이었다. '주거지역과 가깝지만 분진 배출량은 낮고, R&D 인력 비중이 15% 이상인 공장'들은 [현 위치 존치] 및 [개선 후 존치]로 분류되었다. UR-Tree는 이들이 미래의 해양 바이오 클러스터와 시너지를 낼 수 있는 잠재력 높은 '히든 챔피언'임을 간파한 것이다. 인간의 편견으로는 그저 낡은 공장으로 보였을 뿐이지만, 데이터는 그 안에 숨겨진 가치를 찾아냈다.

■ 3단계: 데이터가 제시한 미래, 도시를 바꾸다

UR-Tree의 분석 결과는 한 장의 보고서로 시청에 제출되었다. 여기에는 모든 공장에 대한 분류 결과와 함께, 왜 그렇게 결정되었는지에 대한 명확한 트리 경로가 시각 화되어 첨부되었다. 공장주 들과의 협상 테이블에서 공무원들은 더 이상 추상적인 설득을 할 필요가 없었다. 그들은 UR-Tree가 제시한 객관적인 데이터를 근거로 투명하게 소통했다.

**"사장님의 공장은 주거지와 가깝고 분진 배출량이 많아 이전이 불가피합니다. 대신 시 외곽에 조성될 스마트 산단(산업단지)에 입주하시면 세제 혜택과 스마트 공정 전환 비용의 50%를 지원해 드릴 수 있습니다."**

**"귀사는 R&D 역량이 뛰어나므로, 외벽 리모델링과 저소음 설비 도입을 조건으로 현 위치에 남으실 수 있습니다. 향후 들어설 바이오 연구단지와의 협력 프로그램에 우선 참여권을 드리겠습니다."**

4) **결론 및 시사점:** 결과는 성공적이었다. 갈등은 최소화되었고, 재배치는 질서정연하게 이루어졌다. 몇 년 후, 회색지대는 이름 그대로 역사 속으로 사라졌다. 그 자리에는 푸른 공원과 반짝이는 연구소 건물이 들어섰고, 도시 외곽의 스마트 산단으로 이전한 공장들은 생산성이 2배 이상 증가했다.

UR-Tree 프로젝트는 AI가 단순히 건물을 부수고 새로 짓는 물리적 재생을 넘어, 도시의 경제 생태계와 공동체의 삶까지 고려하는 '지속가능한 재생'을 어떻게 가능하게 하는지를 보여준 최고의 사례로 기록되었다. 이것은 기술이 만들어낸 가장 인간적인 도시 혁신인 것이다.

## 3. 회귀분석(Regression Analysis)을 통한 도시재생지역의 산업단지 부지 가치 예측 모델링과 가상사례

### 3.1. 지도학습의 회귀분석: 변수들 사이의 관계를 방정식으로 풀어 예측한다.

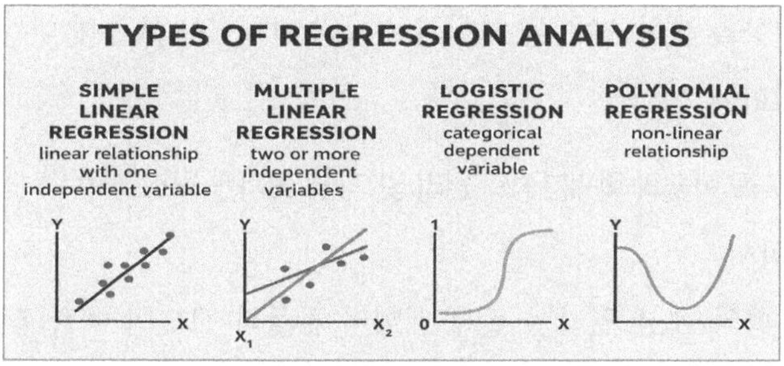


회귀분석(Regression Analysis) [https://kimtutor.tistory.com]

회귀분석(Regression Analysis)은 하나 이상의 독립변수(Independent Variables)가 종속변수(Dependent Variable)에 미치는 영향을 분석하여, 변수들 간의 관계를 설명하고 특정 결과를 예측하는 데 사용되는 대표적인 지도학습(Supervised Learning) 통계 및 머신 러닝 기법이다. 이는 도시의 특정 현상(예: 부동산 가격, 에너지 소비량)이 어떤 요인들(예: 교통 접근성, 건물 노후도)에 의해 결정되는지를 수학적 모델, 즉 하나의 '방정식'으로 규명하는 과정이다.

회귀분석은 복잡한 도시 현상의 인과관계를 추론하고, 미래의 변화를 정량적으로 예측함으로써, 데이터에 기반한 증거 기반(Evidence-based) 도시계획 및 재생 정책을 수립하는 핵심적인 분석 도구라 할 수 있다.

도시재생 사업의 성패는 종종 '가치'의 문제로 귀결된다. 특히 낡은 산업단지 부지의 미래 가치를 어떻게 예측하고 평가하는 가는 공공 개발의 타당성을 확보하고 민간 투자를 유치하는 데 있어 가장 핵심적인 과제이다. 과거의 평가는 감정평가사의 경험적 판단에 크게 의존했지만, 이제 AI의 '회귀분석(Regression Analysis)' 모델은 데이터라는 객관적 언어로 부지의 미래 가치를 과학적으로 예측하는 새로운 지평을 열었다.

회귀분석은 여러 독립변수(X)들이 종속변수(Y, 여기서는 부지 가치)에 미치는 영향을 분석하여, 둘 사이의 수학적 관계식을 도출해 내는 강력한 예측 기법이다.

### 3.1.1. 지도학습의 회귀분석의 원리 및 기술: 오차를 최소화하는 최적의 선을 찾아서

회귀분석의 핵심 원리는 실제 데이터 값들과 모델의 예측 값 사이의 오차(Error), 즉 "잔차(Residual)"를 최소화하는 최적의 함수(선 또는 곡선)를 찾아내는 것이다.

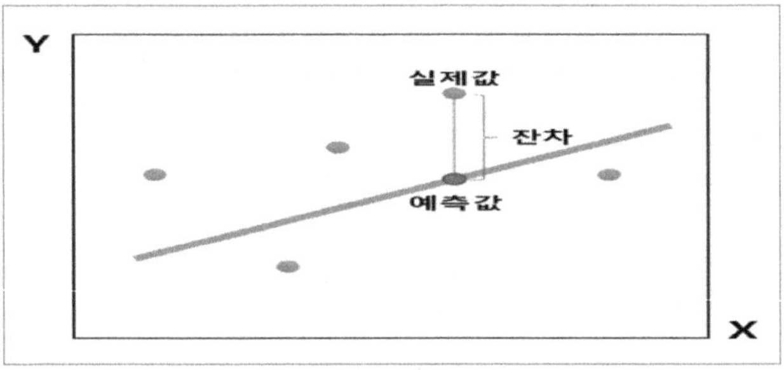


회귀 분석 - 유쌤의 R로 배우는 데이터 분석 [https://wikidocs.net]

#### 1) 핵심 원리: 최소제곱법(Ordinary Least Squares, OLS)

가장 기본이 되는 "선형 회귀(Linear Regression)"에서는 독립변수와 종속변수 간의 관계를 직선으로 가정한다. 이때 알고리즘의 목표는 모든 데이터 포인트로부터 직선까지의 거리(잔차)의 제곱의 합이 최소가 되는 최적의 직선을 찾는 것이다. 이 방법을 '최소제곱법'이라 하며, 이는 수많은 데이터 속에서 가장 핵심적인 추세를 나타내는 대표선을 찾는 과정이라 할 수 있다. 모델은 Y=β0+β1X1+...+ϵ 과 같은 방정식 형태로 표현되며, 각 독립변수(X1)의 계수(β1)는 해당 변수가 결과(Y)에 미치는 영향력의 크기와 방향을 의미한다.

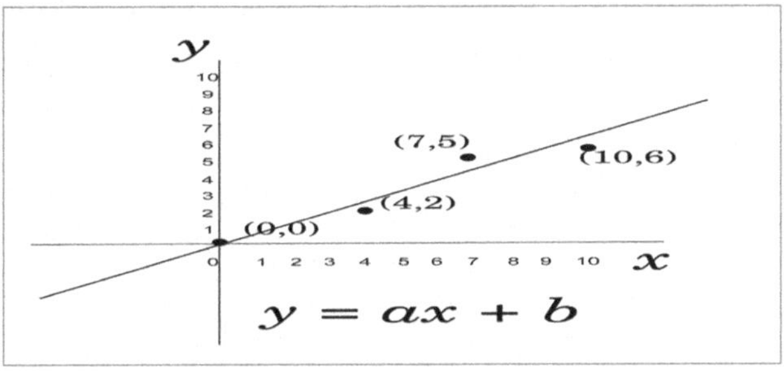


최소제곱법 - 나무위키 [https://namu.wiki]

2) 주요 알고리즘 및 기술

(1) **다중 선형 회귀**(Multiple Linear Regression): 하나의 종속변수를 설명하기 위해 둘 이상의 독립변수를 사용하는 가장 일반적인 회귀 모델이다. 도시 문제와 같이 여러 요인이 복합적으로 작용하는 현상을 분석하는 데 적합하다.

(2) **규제**(Regularization) **회귀**: 독립변수들 간의 상관관계가 높을 때 발생하는 다중공선성(Multicollinearity) 문제나, 훈련 데이터에 모델이 과도하게 적합되는 "과적합(Overfitting)"을 방지하기 위한 고급 기법이다. 중요도가 낮은 변수의 계수 크기에 페널티를 부여하여 모델을 안정화시키는 방식으로, 릿지(Ridge) 회귀와 라쏘(Lasso) 회귀가 대표적이다. 특히 라쏘 회귀는 특정 변수의 영향력을 0으로 만들어, 변수 선택의 효과까지 가진다.

(3) **비선형 회귀(Non-linear Regression):** 변수 간의 관계가 직선이 아닌 복잡한 곡선 형태일 때 사용된다. 결정트리(Decision Tree), 랜덤 포레스트(Random Forest), "그래디언트 부스팅(Gradient Boosting)"과 같은 머신 러닝 알고리즘들은 복잡한 비선형 관계를 효과적으로 학습하고 예측하는 데 뛰어난 성능을 보인다.

### 3.1.2. 도시재생 활용도: 미래를 예측하고 정책의 효과를 측정하다

회귀분석은 도시재생 사업의 사전 타당성 검토부터 사후 효과 측정에 이르기까지 전 과정에서 과학적 근거를 제시한다.

(1) **부동산 가치 예측 및 정책 효과 시뮬레이션:** 특정 지역의 부동산 가격을 종속변수로 두고, 지하철역과의 거리, 공원 면적, 학군, 건물 노후도 등을 독립변수로 하는 회귀모델을 구축할 수 있다. 이를 통해 도시재생 사업으로 계획 중인 공원 조성이나 교통 인프라 개선이 주변 부동산 가치에 약 몇 퍼센트(%)의 상승 효과를 가져올지를 사전에 시뮬레이션하고, 투자의 타당성을 검토하는 것이 가능하다.

(2) **쇠퇴지역의 에너지 소비 패턴 분석 및 효율 개선:** 노후 저층 주거지의 에너지 소비량을 예측하는 회귀모델을 개발할 수 있다. 건물의 건축 연도, 단열재 유무, 창호 면적 비율 등을 변수로 활용하여 에너지 비효율의 핵심 원인을 규명한다. 모델의 계수 분석을 통해, 단열재 보강이나 창호 교체 등 어떤 개선 사업이 가장 비용 효율적으로 에너지 소비를 줄일 수 있는지 정책의 우선순위를 결정할 수 있다.

(3) **상권 활성화 요인 분석 및 매출액 예측:** 특정 상권 내 점포들의 월평균 매출액을 유동인구 수, 점포의 가시성, 주변 경쟁 점포

수, 배후 주거단지의 인구 특성 등과 연관 지어 분석한다. 이를 통해 상권 활성화에 가장 큰 영향을 미치는 요인이 무엇인지 밝혀내고, 보행 환경 개선이나 주차 공간 확보 등 가장 효과적인 상권 활성화 사업을 도출하는 근거로 활용할 수 있다.

(4) **공공 인프라 수요 예측 및 최적 입지 선정:** 지역의 인구 구성, 소득 수준, 교육 수준 등의 변수를 활용하여 공공도서관이나 생활체육시설의 미래 이용자 수를 예측하는 모델을 만들 수 있다. 이는 여러 후보지 중 어디에 시설을 지어야 가장 많은 주민이 혜택을 볼 수 있을지를 결정하고, 시설의 적정 규모를 산정하여 예산 낭비를 막는 데 활용된다.

## 3.2. 회귀분석 기반 부지 가치 예측 모델링 분석표

다음 표는 회귀분석 모델을 도시재생 사업의 부지 가치 예측에 적용할 때의 세부적인 내용을 정리한 것이다.

| 구분 | 회귀분석(Regression Analysis) 기반 도시재생 사업 부지 가치 예측 |
|---|---|
| 핵심 목표 | 도시재생 계획, 교통 인프라 확충, 환경 개선 등 미래의 변화 요인이 부지 가치에 미치는 영향을 계량적으로 분석하여, 객관적이고 신뢰도 높은 미래 지가 예측 모델을 구축하는 것이다. |
| 분석방법 및 기술 | 지도학습 기반의 예측 모델링 기법을 활용한다. 토지의 물리적 특성(면적, 형상), 입지적 특성(접근성, 용도지역), 개발 계획(용적률 상향, 공원 조성) 등 다양한 변수를 활용하여 특정 시점의 '예상 토지 가격'이라는 연속적인 숫자 값을 예측한다. 선형 회귀부터 릿지(Ridge), 라쏘(Lasso), 랜덤 포레스트, 그래디언트 부스팅 등 다양한 고급 회귀 알고리즘이 사용된다. |
| 주요 역할 | - 가치 동인(Value Driver) 식별: 어떤 요인이 부지 가치 상승에 가장 큰 영향을 미치는지 과학적으로 규명한다.<br>- 정책 시뮬레이션: 특정 공공투자(예: 지하철역 신설)가 이루어졌을 때, 주변 부지 가치가 얼마나 상승할지를 사전에 시뮬레이션 하는 역할을 수행한다. |

| | |
|---|---|
| 장점 | - 정량적 예측: '가격이 오를 것이다'가 아닌, '약 17% 상승할 것이다'와 같은 구체적인 수치로 예측 결과를 제공한다.<br>- 영향력 분석: 각 변수의 중요도를 파악하여 효과적인 정책 우선순위를 결정하는 데 도움을 준다. |
| 단점 | - 데이터 의존성: 예측의 정확성은 학습 데이터의 양과 질에 절대적으로 의존한다.<br>- 과거 패턴의 한계: 과거에 없던 새로운 유형의 개발이나 사회적 변화는 예측하기 어렵다. |
| 주요 AI 분석도구 | - 프로그래밍 언어: Python, R<br>- 핵심 라이브러리: Scikit-learn(LinearRegression, Ridge, Lasso), Statsmodels(통계적 분석 강화), XGBoost, LightGBM(고성능 예측)<br>- 데이터 처리/시각화: Pandas, Matplotlib, Seaborn<br>- GIS 소프트웨어: QGIS, ArcGIS |
| 도시재생 활용 예시 | - 적정 보상가 산정: 개발에 따른 수용 토지의 미래가치를 예측하여, 주민들과의 보상 협의 과정에서 객관적인 근거 자료로 활용한다.<br>- 민간 투자 유치(IR): 개발 계획에 따른 미래가치 상승 예측 결과를 제시하여, 민간 건설사나 금융기관의 투자를 유치하는 데 활용한다.<br>- 공공 인프라 효과 측정: 공원, 도서관, 도로 등 기반 시설 투자가 주변 부동산 가치에 미치는 긍정적 외부효과(Positive Externality)를 측정하고 정당화한다. |

## 3.3. 가상 사례: 잠든 철의 도시, '포항시 철강지구'의 가치를 깨운 AI 예언자

1) **현안과제:** 한때 대한민국 중공업의 심장으로 불렸던 포항시. 그러나 시대의 흐름 속에 '철강지구'는 녹슨 철골과 버려진 공장들만 남은 채 깊은 잠에 빠져 있었다. 포항시는 이곳을 '수소에너지 융복합 스마트

철강산업 위기 극복 총력"… 포항시, 산업단지 지정 통해 기업 활력 제공
[https://www.polinews.co.kr]

밸리'로 재 탄생시키려 했지만, 거대한 장벽에 부딪혔다. 바로 '불확실성'이었다. 민간 투자자들은 성공 가능성을 확신하지 못했고, 토지주들은 헐값 보상을 우려하며 반발했다. 미래 가치에 대한 모두의 생각이 제각각 이었기에, 도시의 미래는 한 발짝도 나아가지 못했다.

2) **단계별 전략**: 이때, 포항시 미래전략실은 데이터 과학자들과 손잡고 AI 기반의 부지 가치 예측 모델, 'VAP-Engine(Value Prediction Engine)' 개발에 착수한다. 이들의 임무는 안개 속에 가려진 철강지구의 미래 가치를 데이터로 명확하게 그려내는 것이었다.

- **1단계: 과거의 데이터에서 미래의 단서를 찾다**

  팀은 지난 20년간 포항시 전체의 토지 실거래가 데이터, 항공사진을 통해 분석한 녹지 비율 변화, 교통망 데이터, 인구 이동 데이터, 심지어 SNS에 나타난 지역 이미지 관련 키워드까지 방대한 데이터를 모았다. 특히 철강지구 내 필지별 오염도 수치, 지하 매설물 현황, 과거 공장의 종류와 가동 기간 등 미시적인 데이터까지 확보했다. 이 데이터들은 AI에게 철강지구의 과거와 현재를 가르치는 교과서가 되었다.

- **2단계: AI, 가치의 방정식을 쓰다**

  그라디언트 부스팅(Gradient Boosting)은 분류 및 회귀 작업에 사용되는 강력한 앙상블 머신 러닝 알고리즘이다. 일반적으로 의사 결정 트리와 같은 약한 학습자를 반복적으로 결합하여 예측 오류를 최소화하는 강력한 학습자를 생성하는 방식으로 작동한다. 그라디언트 부스팅은 랜덤 포레스트와 달리, 트리를 순차적으로 구축하며, 새로운 트리가 생성될 때마다 이전 트리의 오류를 수정한다.

VAP-Engine의 핵심은 그래디언트 부스팅 회귀(Gradient Boosting Regression) 모델이었다. 이 모델은 수백 개의 변수들이 복합적으로 작용하여 토지 가격에 어떤 영향을 미쳤는지를 학습했다. 학습을 마친 VAP-Engine은 철강지구의 미래 가치를 결정할 핵심 변수들의 영향력을 수치로 보여주기 시작했다.

결과는 상식을 뛰어넘었다. 모두가 '새로 생길 지하철역과의 거리'가 가장 중요할 것이라 생각했지만, VAP-Engine이 찾아낸 "가장 강력한 변수는 '계획된 중앙 생태하천과의 인접성'"이었다. 산업단지의 삭막함을 상쇄할 친환경 공간의 가치를 AI는 인간보다 더 높게 평가한 것이다. 또한, '수소 충전소 및 연구시설 부지와의 거리', '5G 통신망 커버리지 등급' 같은 미래 산업 인프라 변수들이 기존의 전통적인 입지 변수보다 더 높은 가중치를 갖는 것으로 나타났다.

- **3단계: 숫자로 그려낸 미래, 모두를 설득하다**

포항시는 VAP-Engine의 예측 결과를 3D 지도 위에 시각 화했다. 5년 후, 10년 후의 예상 부지 가치가 필지별로 선명한 색상으로 표시되었다. 투자 설명회에 참석한 민간 투자자들은 더 이상 막연한 청사진이 아닌, 데이터 기반의 구체적인 투자 수익률 예측치를 보고 고개를 끄덕이기 시작했다.

3) **결과 및 시사점:** 토지주 들과의 협상도 새로운 국면을 맞았다. 시는 VAP-Engine이 도출한 예측 모델을 공개하며, 개발 후 예상되는 가치 상승분을 기반으로 한 '입체적 보상 계획'을 제시했다. 이는 단순 현금 보상을 넘어, 개발 후 조성되는 상업시설의 지분을 배분하는 등 다양한 선택지를 포함했다. 데이터라는 객관적 근거 앞에서 오랜 불신과 갈등의 벽이 허물어지기 시작했다.

결국, 포항시 철강지구는 성공적으로 '네오-에코밸리(Neo-Eco Valley)'로 변모했다. AI 예언자 VAP-Engine이 제시한 미래 가치의 지도를 따라 공공과 민간, 그리고 주민이 함께 나아간 결과였다. 이는 회귀분석이 단순한 가격 예측 도구를 넘어, 불확실성을 해소하고 사회적 합의를 이끌어내는 도시재생의 핵심적인 '소통의 도구(Communication Tool)'가 될 수 있음을 증명한 혁신적인 사례로 평가받는다.

## 4. 랜덤포레스트(Random Forest) 알고리즘 기반 도시재생지역의 투자 우선순위 결정 기법과 가상사례

### 4.1. 랜덤포레스트: 집단 지성을 활용하는 예측의 숲

한정된 예산으로 최대의 효과를 내야 하는 도시재생 사업에서 '어디에 먼저 투자할 것인가?'는 가장 본질적인 질문이다. 랜덤포레스트(Random Forest) 알고리즘은 이 중요한 질문에 대해 데이터에 기반한 가장 정교하고 신뢰도 높은 해답을 제시하는 기법이다. 이는 수백 개의 작은 의사결정트리(Decision Tree)들을 모아 하나의 '지혜의 숲'을 이루게 하고, 각 나무의 예측 결과를 종합하여 최종 결론을 내리는 앙상블(Ensemble) 학습 방식이다. 개별 나무의 편향된 시각을 집단 지성으로 보완함으로써, 복잡하고 불확실성이 높은 도시 문제에서 놀라울 정도로 정확하고 안정적인 예측 능력을 발휘하는 것이다.

랜덤포레스트(Random Forest)는 분류(Classification)와 회귀(Regression) 문제 모두에 사용되는 강력한 앙상블(Ensemble) 학습 기반의 지도학습(Supervised Learning) 알고리즘이다. 앙상블이란, 여러 개의 개별적인 머신러닝 모델(Weak Learner)을 결합하여 하나의 강력한 종합 모델(Strong Learner)을 만드는 기법을 의미한다.

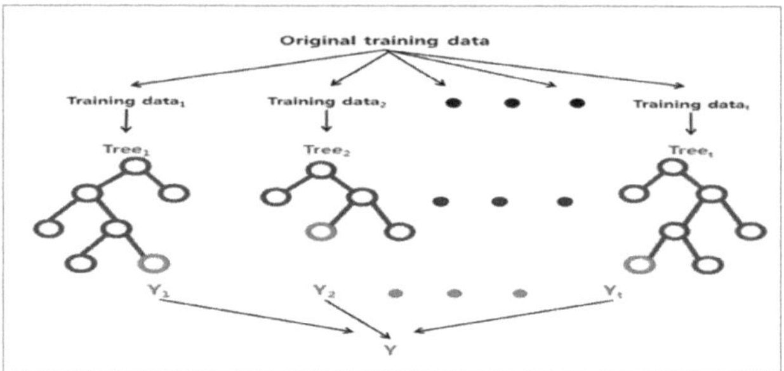


[Python/ML] Random Forest [https://datapark111ambition.tistory.com]

랜덤포레스트는 이름 그대로, 수많은 "의사결정트리(Decision Tree)"들을 무작위적인 방식으로 생성하여 하나의 '숲(Forest)'을 구성한다. 이후, 새로운 데이터에 대한 예측이 필요할 때 숲을 구성하는 각 나무가 독립적으로 내린 예측 결과를 종합하여, 다수결 투표나 평균값으로 최종 결론을 내린다. 이는 마치 여러 전문가가 각자의 지식으로 판단한 뒤, 종합 토론을 통해 가장 신뢰도 높은 결정을 내리는 '집단 지성'의 원리와 같다. 이 과정을 통해 단일 의사결정트리가 가질 수 있는 과적합(Overfitting)의 위험을 크게 줄이고, 매우 안정적이고 정확한 예측 성능을 보이는 것이 핵심이다.

#### 4.1.1. 알고리즘의 원리 및 기술: 무작위성으로 다양성을 확보하다

랜덤포레스트의 뛰어난 성능은 모델의 편향(Bias)은 유지하면서 분산(Variance)을 줄이는 두 가지 핵심적인 무작위성(Randomness) 기술에서 비롯된다.

1) 배깅(Bagging, Bootstrap Aggregating): 이는 훈련 데이터를 무작위로 복원 추출하여 여러 개의 부분적인 데이터셋(Bootstrap dataset)을 만드는 과정이다. 원본 데이터에서 중복을 허용하여 무작위로 데이터를 샘플링하므로, 각 데이터셋은 조금씩 다른 구성을 가지게 된다. 랜덤포레스트

는 이렇게 생성된 각각의 데이터셋을 사용하여 개별 의사결정트리를 독립적으로 학습시킨다. 이 과정을 통해 각각의 나무들은 서로 다른 데이터를 학습하게 되어 다양성을 확보하게 된다. 최종적으로 각 나무의 예측 결과는 취합(Aggregating) 되어 하나의 결론으로 도출된다.

[배깅(Bagging)이란?]
배깅(Bagging)은 부트스트랩 어그리게이션(Bootstrap Aggregating)의 약자로, 원본 데이터에서 복원 추출하여 여러 개의 데이터셋을 만들고, 각 데이터셋으로 동일한 모델을 독립적으로 학습시킨 뒤 그 결과를 앙상블하여 최종 예측을 수행하는 앙상블 학습 방법이다. 이 방식은 단일 모델보다 안정성과 정확도를 높이며, 특히 높은 분산으로 인한 과적합(overfitting) 문제를 줄이는 데 효과적이다. 대표적인 배깅 알고리즘으로는 랜덤 포레스트(Random Forest)가 있다.

2) **특성 무작위성**(Feature Randomness): 배깅에 더해, 랜덤포레스트는 각 트리의 노드를 분할할 때 또 한 번의 무작위 선택을 수행한다. 일반적인 의사결정트리는 모든 변수(Feature)를 고려하여 최적의 분할 기준을 찾지만, 랜덤포레스트는 변수 전체가 아닌, 무작위로 선택된 일부 변수 중에서만 최적의 분할 기준을 찾는다. 이는 특정 영향력이 큰 변수가 숲 전체를 지배하는 것을 방지하고, 각 나무가 더욱 다양한 특성을 학습하게 해 모델 전체의 일반화 성능을 높이는 데 결정적인 역할을 한다.

3) **변수 중요도**(Feature Importance): 랜덤포레스트는 예측 성능뿐만 아니라, 어떤 변수가 예측에 가장 큰 영향을 미쳤는지를 평가하는 변수 중요도 정보를 제공하는 부가적인 장점을 가진다. 이는 특정 변

수의 값을 무작위로 섞었을 때 모델의 예측 정확도가 얼마나 감소하는지를 측정하는 방식으로 계산된다. 이 정보는 도시재생에서 어떤 요인이 성공의 핵심 동인(Key Driver)인지를 파악하는 데 매우 중요한 통찰력을 제공한다.

### 4.1.2. 도시재생 활용도: 복잡성 속에서 핵심을 꿰뚫다

랜덤포레스트는 다양한 변수가 복합적으로 작용하는 도시재생 분야에서 다음과 같이 매우 효과적으로 활용될 수 있다.

1) **도시재생 사업의 핵심 성공요인 도출:** 과거에 시행된 여러 도시재생 사업의 성공 및 실패 사례 데이터를 학습시킨다. 이때, 투입된 예산, 사업의 유형, 지역의 인구사회학적 특성, 산업구조 등 수많은 변수를 활용한다. 학습된 모델의 '변수 중요도'를 분석하면, 도시재생의 성공에 실질적으로 가장 큰 영향을 미친 요인(예: 지역 공동체의 참여도, 소상공인 업종의 다양성, 보행 친화성)이 무엇인지 객관적으로 규명할 수 있다.

2) **쇠퇴지역의 잠재력 예측 및 투자 우선순위 선정:** 도시 내 여러 쇠퇴지역의 현재 상태 데이터를 모델에 입력하여, 각 지역의 '미래 재생 잠재력 점수'를 예측할 수 있다. 랜덤포레스트는 데이터의 복잡하고 비선형적인 관계를 잘 학습하므로, 단순 지표로는 드러나지 않는 지역의 잠재력을 종합적으로 평가하는 것이 가능하다. 이는 한정된 예산을 가장 성공 확률이 높은 지역에 우선적으로 배분하는 과학적 의사결정의 근거가 된다.

3) **젠트리피케이션 발생 가능성 예측 및 관리:** 특정 지역에 대규모 공공투자가 이루어질 경우, 해당 지역의 젠트리피케이션 발생 가능성을

예측하는 모델을 구축할 수 있다. 지역의 기존 임대료 수준, 소유주 구성, 인구 특성, 투자 규모 등을 변수로 활용하여 '젠트리피케이션 발생 위험도(높음/중간/낮음)'를 분류한다. 이 예측 결과를 바탕으로, 임차인 보호 정책이나 공공상생상가 도입 등 부작용을 완화하는 정책을 선제적으로 도입할 수 있다.

4) **최적의 정책 조합 시뮬레이션 및 효과 분석:** 학습된 모델을 활용하여 다양한 정책 시나리오를 가상으로 시뮬레이션 할 수 있다. 예를 들어, 'A 지역에 공원을 조성하는 시나리오'와 '창업 지원 센터를 건립하는 시나리오'를 각각 모델에 적용했을 때, 어떤 쪽이 재생 잠재력 점수를 더 높이는지 비교 분석할 수 있다. 이는 가장 비용 효율적이고 효과적인 정책의 조합을 찾는 데 기여한다.

## 4.2. 도시재생지역의 투자 우선순위 결정 기법인 랜덤포레스트 알고리즘의 특징

| 구분 | 랜덤포레스트(Random Forest) 기반 도시재생지역의 투자 우선순위 결정 |
|---|---|
| 핵심 목표 | 다양한 도시 데이터를 종합적으로 분석하여, 도시재생 사업의 성공 잠재력이 가장 높은 지역을 객관적으로 식별하고 투자 우선순위를 도출하는 예측 모델을 구축하는 것이다. 이를 통해 정책 결정의 과학적 근거를 확보하고 예산 배분의 효율성을 극대화한다. |
| 분석방법 및 기술 | 지도학습 기반의 앙상블 학습 기법을 활용한다. 다수의 의사결정트리를 생성하되, 각 트리는 원본 데이터로부터 무작위로 복원 추출된 데이터(배깅, Bagging)와 무작위로 선택된 일부 변수만을 사용하여 학습한다. 최종적으로 각 트리의 예측 결과를 다수결(Classification) 또는 "평균(Regression)"하여 종합적인 결론을 도출한다. |
| 주요 역할 | - 강력한 예측 모델: 복잡한 비선형 관계를 가진 도시 데이터 속에서 특정 지역의 '재생 성공 가능성 점수'나 '미래 가치 상승률'을 높은 정확도로 예측한다.<br>- 핵심 요인 식별: 모델의 예측에 어떤 변수가 가장 큰 영향을 미쳤는지(변수 중요도, Feature Importance)를 정량적으로 제시하여, 정책 입안자에게 중요한 통찰력을 제공하는 역할을 수행한다. |

| | |
|---|---|
| 장점 | - 높은 정확도: 현존하는 머신러닝 알고리즘 중 가장 예측 성능이 뛰어난 모델이다.<br>- 과적합 방지: 여러 트리의 결과를 종합하므로 단일 의사결정트리의 과적합(Overfitting) 문제를 효과적으로 방지한다.<br>- 변수 중요도 제공: 정책 결정에 핵심적인 요인을 파악할 수 있다. |
| 단점 | - 해석의 어려움: 수백 개의 트리가 결합된 형태라, 왜 그런 결론이 나왔는지에 대한 과정을 직관적으로 이해하기 어렵다(블랙박스 모델).<br>- 계산 비용: 모델의 학습 과정이 복잡하여 상대적으로 많은 시간과 컴퓨팅 자원을 필요로 한다. |
| 주요 AI 분석도구 | - 프로그래밍 언어: Python, R<br>- 핵심 라이브러리: Scikit-learn(RandomForestClassifier, RandomForestRegressor), Pandas, NumPy<br>- 시각화 도구: Matplotlib, Seaborn(변수 중요도 시각화) |
| 도시재생 활용 예시 | - 고위험-고수익 지역 발굴: 현재는 쇠퇴했으나, 모델 분석 결과 잠재력이 매우 높게 예측되는 '숨겨진 보석' 같은 지역을 발굴하여 선제적으로 투자한다.<br>- 젠트리피케이션 예측: 특정 지역의 공공투자 계획을 변수로 입력했을 때, 임대료 급등 가능성을 예측하여 부작용을 최소화하는 정책을 사전에 마련한다.<br>- 정책 효과 시뮬레이션: 다양한 정책 시나리오(예: 공원 조성, 창업 지원 센터 건립)를 모델에 적용하여, 어떤 정책 조합이 재생 성공 가능성을 가장 높이는지 시뮬레이션 한다. |

## 4.3. 가상 사례: 잿더미 속 진주를 찾아낸 AI, '미래시 잠재력 스코프'

1) **현안 과제:** 과거 대한민국 경제 성장의 심장이었지만 지금은 녹슬어 버린 공업도시, 미래시. 시 곳곳에는 활력을 잃은 쇠퇴 지역이 수십

독일 노르트라인베스트팔렌주 뒤스부르크시의 란트샤프트 공원. 약 30년 전 가동을 멈춘 제철소 부지가 '도시숲'으로 재탄생해 주민들이 여유롭게 일상을 보낼 수 있는 곳으로 거듭났다. 란트샤프트 공원 홈페이지 캡처 동아일보 [https://www.donga.com]

곳에 달했다. 시장과 시의회는 매년 한정된 도시재생 예산을 어디에 투입할지를 두고 격렬한 논쟁을 벌였다. 정치적 입김이나 목소리 큰 지역의 요구에 따라 투자가 결정되기 일쑤였고, 그 결과 막대한 예산을 쏟아붓고도 실패하는 사업이 속출했다. 미래시 도시혁신연구소는 이 문제를 해결하기 위해 AI 프로젝트, '재생 잠재력 스코프(Regeneration Potential Scope)'를 가동한다.

2) 단계별 접근방식:

- 1단계: 도시의 모든 정보를 AI의 숲으로

  연구팀은 미래시의 150개 쇠퇴 지역에 대한 데이터를 모조리 수집했다. 인구, 사업체, 건물 데이터는 기본이고, 교통카드 데이터로 분석한 생활인구의 이동 패턴, SNS에 언급된 지역의 감성 키워드, 소상공인의 업종 다양성 지수, 심지어 골목길의 평균 폭과 야간 조도 데이터까지, 총 200개가 넘는 변수를 확보했다. 이 방대한 정보는 500개의 의사결정나무로 이루어진 랜덤포레스트 모델을 학습시키는 자양분이 되었다.

  모델의 목표는 단 하나, 과거 성공적으로 재생된 지역과 실패한 지역의 데이터를 학습하여, 각 쇠퇴 지역의 '5년 후 재생 성공 확률'을 0에서 100점 사이의 점수로 예측하는 것이었다.

- 2단계: 500명의 전문가, 만장일치의 결론

  랜덤포레스트 모델은 마치 500명의 도시계획 전문가가 각기 다른 관점으로 각 지역을 분석하고 투표하는 것처럼 작동했다. 어떤 나무는 교통 접근성을 중시했고, 어떤 나무는 녹지 비율을, 또 다른 나무는 청년 인구 비율을 핵심 기준으로 삼았다. 수많은 학습과 예측을 거친 후, AI는 마침내 미래시의 모든 쇠퇴 지역에 대한 '재생 잠재력 점수'를 내놓았다.

결과는 충격적이었다. 모든 이들이 당연히 1순위로 꼽았던 구도심의 A지구는 62점에 그친 반면, 아무도 주목하지 않았던 낡은 항만 창고 지역인 C지구가 91점이라는 압도적인 최고점을 받았다. 모두가 의아해했지만, AI는 그 이유를 '변수 중요도' 분석을 통해 명확히 보여주었다.

■ 3단계: AI가 밝혀낸 도시 부활의 비밀

분석 결과, 재생 성공에 가장 큰 영향을 미친 변수는 '반경 500m 내 소상공인 업종 다양성'과 '청년 1인 창작자 사업자 등록 수'였다. 거대 자본이 아닌, 작고 다양한 가게들이 모여 골목의 개성을 만들고, 젊은 창작자들이 모여들어 자생적인 문화 생태계를 이루는 지역이 결국엔 되살아날 힘이 가장 강하다는 사실을 데이터가 증명한 것이다.

그동안 시가 집중했던 '대규모 예산 투입'이나 '도로 확장' 같은 변수는 오히려 중요도 순위에서 한참 밀려나 있었다. C지구는 겉보기엔 낡았지만, 이미 소규모 공방과 독립 서점, 개성 있는 카페들이 조용히 뿌리내리고 있었던 것이다.

3) **분석결과 및 시사점**: 이 분석 결과는 미래시의 도시재생 정책을 뿌리부터 뒤흔들었다. 시는 A지구의 대규모 개발 계획을 전면 재검토하고, C지구에 '자생적 생태계 지원' 방식으로 정책 방향을 전환했다. 낡은 창고를 보수해 저렴한 임대료로 청년 창작자들에게 제공하고, 골목 상권의 개성을 살리는 디자인 가이드라인을 지원했다. 결과는 대성공이었다.

C지구는 5년 후, 미래시에서 가장 활력 넘치는 문화 예술 항구로 탈

바꿈했다. 랜덤포레스트는 단순히 투자 순위를 정해준 것을 넘어, 도시는 어떻게 되살아나야 하는가에 대한 근본적인 철학과 통찰력을 제시한 것이다.

## 5. 서포트벡터머신(SVM)을 활용한 도시재생지역의 산업생태계 적합성 평가방법과 가상사례

### 5.1. 서포트벡터머신(SVM: Support Vector Machine): 최적의 경계선을 찾는 결정자

도시재생의 핵심 과제 중 하나는 쇠퇴한 지역에 어떤 새로운 산업을 유치하여 지속가능한 경제 기반을 마련할 것인가이다. 서포트벡터머신(Support Vector Machine, SVM)은 이 복잡한 '매칭(Matching)'의 문제에 대해 명쾌한 해답을 제시하는 강력한 지도학습(Supervised Learning) 기반의 분류(Classification) 알고리즘이다.

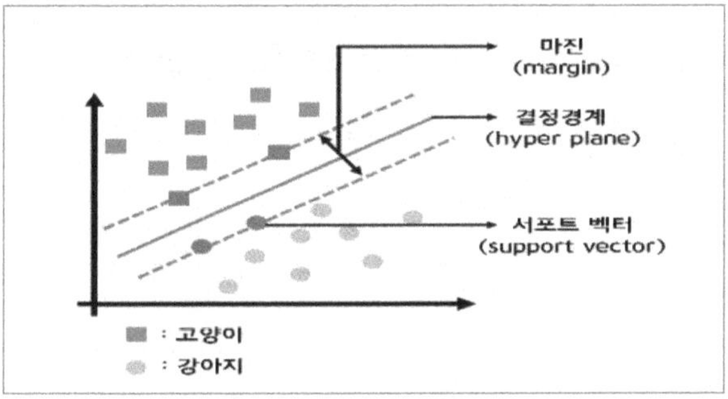


[ML] SVM(Support Vector Machine): 네이버 블로그

SVM의 핵심 철학은 주어진 데이터들을 두 그룹으로 나눌 때, 그 경계를 최대한 안정적이고 명확하게 설정하는 것이다. 이는 마치 두 나라 사이에 넓은 비무장지대를 설정하여 국경을 명확히 하듯, 데이터 공간상에

서 각 그룹과 가장 멀리 떨어진 최적의 '결정 경계(Decision Boundary)'를 찾아내는 원리이다. 이 원리를 통해 특정 쇠퇴 지역이 미래 첨단 산업의 허브로 성장할 수 있는지, 없는지를 높은 정확도로 판별해낼 수 있다.

서포트벡터머신(SVM: Support Vector Machine)은 기계학습 분야에서 가장 널리 알려진 지도학습(Supervised Learning) 모델 중 하나로, 주로 "분류(Classification)"와 "회귀(Regression) 분석"을 위해 사용된다. SVM의 핵심 아이디어는 주어진 데이터들을 가장 잘 나눌 수 있는 최적의 경계면(Hyperplane)을 찾는 것이다.

이는 마치 서로 다른 두 집단 사이에 가장 넓은 '완충지대(Margin)'를 확보하는 경계선을 긋는 것과 같다. 분류 경계와 가장 가까이 위치하여 그 경계를 결정하는 데 영향을 주는 소수의 데이터, 즉 "서포트 벡터(Support Vector)"들 만을 사용하여 결정 경계를 정의하므로, 데이터의 특성이 매우 복잡하고 차원이 높은 경우에도 과적합을 피하며 뛰어난 일반화 성능을 보이는 것이 특징이다.

### 5.1.1. SVM의 원리 및 기술: 마진의 최대화와 커널 트릭

SVM은 '마진 최대화'라는 명확한 기하학적 원리를 통해 최적의 해답을 찾아낸다.

1) **핵심 원리:** 마진 최대화(Margin Maximization) 데이터가 두 개의 클래스로 나뉘어 있을 때, 이들을 나눌 수 있는 결정 경계는 무수히 많이 존재할 수 있다. SVM은 이 수많은 경계선 중에서, 각 클래스의 데이터와 가장 가까운 경계선, 즉 서포트 벡터와의 거리가 최대가 되는 단 하나의 "최적 결정 경계(Optimal Hyperplane)"를 찾는다.

   이때 결정 경계와 서포트 벡터 사이의 거리를 "마진(Margin)"이라고 부른다. 마진을 최대화하면 새로운 데이터가 들어왔을 때 잘못 분류될 확률이 줄어들어 모델의 안정성과 예측력이 높아진다.

2) **주요 기술:** 커널 트릭(Kernel Trick) 현실 세계의 도시 데이터는 직선(선형) 경계만으로는 분류하기 어려운 경우가 대부분이다. 커널 트릭은 이렇게 복잡하게 얽혀 있는 비선형 데이터를 효과적으로 분류하기 위한 SVM의 핵심 기술이다. 이는 원래의 저차원 데이터 공간을 수학적 함수(커널 함수)를 이용해 훨씬 더 높은 차원의 공간으로 매핑(mapping)하는 기법이다.

   저차원에서는 분리가 불가능해 보이던 데이터도, 적절한 고차원으로 옮겨서 보면 단순한 평면으로 나눌 수 있게 되는 원리를 이용하는 것이다. 이 과정 덕분에 SVM은 매우 복잡한 패턴을 가진 데이터에 대해서도 높은 분류 정확도를 달성할 수 있다. 대표적인 커널 함수로는 선형(Linear), 다항식(Polynomial), 가우시안 RBF(Radial Basis Function) 커널 등이 있다.

### 5.1.2. SVM의 도시재생 활용도: 명확한 기준으로 도시 문제를 분류하다

SVM의 강력한 분류 성능은 다양한 도시재생 문제에 대한 명확한 의사결정 기준을 제시하는 데 활용된다.

1) **토지이용 적합성 판별 및 최적 입지 선정:** 도시 내 특정 부지가 상업, 주거, 공업, 녹지 등 어떤 용도로 가장 적합한지를 분류하는 모델을 구축할 수 있다. 토지의 접근성, 경사도, 주변 인프라, 기존 토지이용 패턴 등의 데이터를 학습한 SVM은, 새로운 유휴부지가 발생했을 때 해당 부지의 특성을 분석하여 가장 성공 가능성이 높은 토지이용 유형을 추천해준다. 이는 주먹구구식 개발을 지양하고 토

지이용의 효율성을 극대화하는 근거가 된다.

2) **노후 건축물 안전등급 분류 및 관리:** 도시재생 사업 구역 내 수많은 노후 건축물의 안전 상태를 '안전', '주의 관찰', '긴급 조치 필요' 등의 등급으로 분류할 수 있다. 건물의 준공 연도, 구조 형식, 과거 보수 이력, 균열 상태 등의 데이터를 학습하여, 붕괴 위험이 크거나 구조적 보강이 시급한 건물을 우선적으로 선별해내는 자동화된 스크리닝 도구로 활용된다.

3) **젠트리피케이션 발생 가능 지역 예측:** 특정 지역의 젠트리피케이션 발생 가능성을 사전에 예측하는 데 SVM이 사용될 수 있다. 과거 젠트리피케이션이 발생한 지역과 그렇지 않은 지역의 데이터를 학습 데이터로 사용한다. 이때, 임대료 상승률, 소상공인 업종 변화, 외부 자본 유입률, 유동인구 특성 변화 등을 변수로 활용하여, 현재 유사한 패턴을 보이는 지역을 '고위험군'으로 분류하고 선제적인 대응책을 마련하도록 지원한다.

4) **도시재생 사업 유형 추천 및 정책 매칭:** 쇠퇴 지역의 물리적, 사회적, 경제적 특성을 종합적으로 분석하여 해당 지역에 가장 적합한 도시재생 사업의 유형을 분류하고 추천한다. 예를 들어, '주민 공동체 활성화가 시급한 지역'과 '물리적 기반 시설 개선이 우선인 지역'을 명확히 구분하여, 각 지역의 특성에 맞는 맞춤형 정책을 효과적으로 매칭시키는 데 활용될 수 있는 것이다.

## 5.2. 서포트벡터머신(SVM) 기반 산업생태계 적합성 평가 분석표

| 구분 | 서포트벡터머신(SVM) 기반 도시재생지역의 산업생태계 적합성 평가 |
|---|---|
| 핵심 목표 | 도시재생 대상 지역의 다차원적인 특성 데이터를 분석하여, 목표로 하는 특정 산업(예: 바이오, AI, 콘텐츠)의 성공적인 안착 가능 여부를 판별하고 '적합' 또는 '부적합'으로 분류하는 최적의 평가 모델을 구축하는 것이다. |
| 분석방법 및 기술 | 지도학습 기반의 이진 분류 알고리즘을 활용한다. 데이터들을 공간상의 점으로 표현했을 때, 두 분류의 데이터 그룹 사이의 "마진(Margin)을 최대화하는 최적의 결정 경계(Optimal Hyperplane)"를 찾는 것을 목표로 한다. 특히, "커널 트릭(Kernel Trick)"을 사용하여 선형적으로 분리할 수 없는 복잡한 데이터들을 고차원 공간으로 매핑함으로써 비선형적인 분류 문제까지 효과적으로 해결한다. |
| 주요 역할 | - 정교한 분류기: 특정 지역의 인프라, 인력 구조, 제도적 지원 등 수십 개의 변수를 종합하여, 해당 지역이 목표 산업에 '적합한 입지'인지 아닌지를 명확하게 판별하는 역할을 수행한다.<br>- 이상치 탐지: 일반적인 패턴에서 벗어나는 특별한 잠재력을 가진 지역(Positive Outlier)을 식별하는 데도 활용될 수 있다. |
| 장점 | - 높은 정확도: 특히 변수가 많은 고차원 데이터에서 뛰어난 분류 성능을 보인다.<br>- 일반화 성능: 마진을 최대화하는 원리 덕분에 과적합(Overfitting) 위험이 적고, 새로운 데이터에 대한 예측 안정성이 높다. |
| 단점 | - 해석의 어려움: 결정 경계가 복잡한 함수로 표현되어, 왜 그렇게 분류되었는지 직관적으로 이해하기 어렵다(블랙박스 모델).<br>- 느린 학습 속도: 데이터의 양이 매우 많을 경우 학습 속도가 느려질 수 있다.<br>- 파라미터 민감성: 어떤 커널 함수를 사용하고 파라미터를 어떻게 설정하는지에 따라 성능이 크게 좌우된다. |
| 주요 AI 분석도구 | - 프로그래밍 언어: Python, R<br>- 핵심 라이브러리: Scikit-learn(SVC: Support Vector Classifier), Pandas, NumPy<br>- 데이터 시각화: Matplotlib, Seaborn |
| 도시재생 활용 예시 | - 첨단산업 클러스터 입지 선정: 낡은 공업단지 부지가 미래의 '바이오 클러스터'로 적합한지를 과거 성공 사례 데이터와 비교하여 판별한다.<br>- 문화산업지구 타당성 검토: 특정 구도심 지역이 '미디어 콘텐츠 제작 지구'로서 성공할 수 있는 잠재력을 가졌는지, 관련 인프라와 인력 특성을 기반으로 평가한다.<br>- 정책 지원 대상 지역 필터링: 특정 산업 육성 정책의 지원을 신청한 여러 지역 중, 성공 가능성이 가장 높다고 판별되는 지역을 우선적으로 선별하는 데 활용한다. |

## 5.3. 가상 사례: 도시의 운명을 가른 AI의 결정, '신성시 산업 DNA 매칭' 프로젝트

대구 섬유산업 상징 염색산단 2025년까지 환경개선 | 연합뉴스 [https://www.yna.co.kr]

1) **현안 과제:** 한때 섬유산업으로 번성했으나 이제는 낡은 공장들만 남은 신성시. 시 정부는 이 낡은 산업단지를 4차 산업혁명의 전진기지로 탈바꿈 시키려는 거대한 꿈을 꾸고 있었다. 후보는 'AI 데이터 센터 허브', '자율주행 로봇 클러스터', '신약 개발 바이오 단지' 세 가지였다. 그러나 어떤 산업이 이 땅의 '운명'인지 아무도 확신하지 못했다. 잘못된 선택은 도시의 미래를 수십 년 후퇴시킬 수 있는 중대한 결정이었다.

2) **산업 DNA 매칭 시스템 착수:** 이때, 신성시 미래산업정책과는 국내 최고의 데이터 과학팀과 손잡고 '산업 DNA 매칭 시스템' 개발에 착수한다. 이 시스템의 심장은 바로 서포트벡터머신(SVM) 알고리즘이었다.

   - 1단계: 성공의 DNA를 수집하다

   팀은 먼저 국내외에서 성공적으로 자리 잡은 AI, 로봇, 바이오 클러스터들의 데이터를 수집했다. 단순히 토지 가격이나 교통망 같은 표면적인 정보가 아니었다. 그들은 각 산업의 성공에 필수적인 'DNA'와 같은 핵심 특성들을 정의했다. 'AI 허브'의 DNA는 초고속 통신망 밀도, 관련 학과 대학원생 수, 공공 데이터 개방률 등이었고, '로봇 클러스터'의 DNA는 정밀부품 협력업체 수, 산업용 전력 공급 안정성, 기계공학 인력풀 등이었다. 이렇게 수십 개의 변수로 구성된 각 산업의 '성공 DNA 프로필' 데이터셋이 구축되었다.

- **2단계: 최적의 경계를 찾아 나선 SVM**

  SVM 모델은 이 성공 프로필 데이터를 학습했다. AI 클러스터의 데이터와 그렇지 않은 지역의 데이터를 공간상에 뿌려놓고, 둘을 가장 명확하게 구분하는 최적의 경계선을 찾았다. 로봇과 바이오 산업에 대해서도 마찬가지였다. SVM은 각 산업별로 '성공'과 '실패'를 가르는 날카로운 기준선을 스스로 학습해 나갔다. 이 과정에서 SVM의 커널 트릭은 변수들 사이의 복잡한 비선형 관계까지 파악하며, 인간의 직관을 뛰어넘는 다차원적인 결정 경계를 만들어냈다.

- **3단계: AI의 판결, 예상을 뛰어넘는 처방**

  드디어 신성시 낡은 산업단지의 'DNA' 데이터가 SVM 모델에 입력되었다. 모두가 숨을 죽였다. 잠시 후, 결과가 나왔다. 'AI 데이터 센터 허브' 적합도: 45%. '신약 개발 바이오 단지' 적합도: 58%. 하지만 '자율주행 로봇 클러스터'에 대한 적합도는 무려 "93%"로 나타났다.

3) **분석결과 및 시사점:** SVM 모델은 그 근거를 명확히 제시했다. 신성시는 과거 섬유기계를 다루던 정밀기계공업의 유산이 남아 있어

숙련된 기술 인력과 협력업체 기반이 탄탄했고, 이는 로봇 산업의 DNA와 정확히 일치했다. 반면, 바이오 단지에 필수적인 석박사급 연구 인력과 임상시험 병원 인프라는 턱없이 부족했다. AI가 제시한 결정 경계는 신성시가 가진 역사적 자산의 잠재력을 정확히 꿰뚫어 본 것이다.

이 판결은 신성시의 운명을 바꾸었다. 시는 모든 역량을 로봇 클러스터 조성에 집중했고, 몇 년 후 신성시는 대한민국을 넘어 아시아를 대표하는 로봇 산업의 메카로 떠올랐다. SVM은 단순히 데이터를 분류한 것을 넘어, 도시가 가진 과거의 유산 속에서 미래의 가능성을 발견하게 해준 최고의 전략가였던 것이다.

## 6. 생성형 AI를 활용한 스마트 산업클러스터 설계방법과 가상사례

### 6.1. 생성형 AI: 도시재생의 창조적 파트너

현대의 도시는 단순한 공간의 집합을 넘어, 데이터와 아이디어가 끊임없이 충돌하고 융합하는 거대한 유기체이다. 특히, 쇠퇴한 구도심의 산업단지를 미래형 스마트 산업클러스터로 재 탄생시키는 도시재생사업은 도시의 명운을 가르는 중차대한 과제이다. 과거 인간의 직관과 경험에 의존하던 도시계획은 이제 한계에 봉착했으며, 우리는 복잡다단한 도시 문제를 해결할 새로운 파트너, 바로 "생성형 인공지능(Generative AI)"을 맞이할 준비를 해야 한다.

생성형 AI는 단순한 분석 도구를 넘어, 인간과 협력하여 상상 속의 미래 도시를 현실로 구현하는 창조적 설계자로서 기능할 것이다. 생성형 인공지능(Generative AI)은 기존 데이터를 학습하여 그 속에 내재된 패턴과 특징을 기반으로 세상에 없던 새로운 콘텐츠를 창조해내는 AI 기술의 한 분야이다. 이는 단순히 데이터를 분류하거나 예측하는 전통적인 분석형 AI(Discriminative AI)의 역할을 넘어, 텍스트, 이미지, 오디오, 코드 등 다양한 형태의 결과물을 능동적으로 '생성'하는 데 그 핵심이 있다.

생성형 AI의 작동 원리는 방대한 양의 데이터를 통계적, 확률적으로 이해하고, 이를 바탕으로 가장 그럴듯한 다음 요소를 재 조합하여 결과물을 만들어내는 것이다. 마치 수많은 명작 소설을 읽은 작가가 자신만의 문체로 새로운 이야기를 창작하고, 위대한 화가들의 작품을 학습한 화공이 독창적인 화풍의 그림을 그려내는 과정과 유사하다. 즉, 생성형 AI는 단순한 모방을 넘어, 학습된 데이터의 본질적 구조(latent space)를 이해하고 이를 응용하여 새로운 가치를 창출하는 창조적 능력을 지닌 기술이라 정의할 수 있다.

### 6.1.1. 생성형 AI 알고리즘의 핵심 원리 및 기술

생성형 AI의 구현은 다양한 알고리즘을 통해 이루어지며, 각 기술은 고유한 원리와 장점을 가진다.

1) **생성적 적대 신경망(GANs, Generative Adversarial Networks)**: GAN은 생성자(Generator)와 판별자(Discriminator)라는 두 개의 신경망이 서로 경쟁하며 학습하는 구조이다. 생성자는 실제와 유사한 가짜 데이터를 만들고, 판별자는 주어진 데이터가 실제인지 생성자가 만든 가짜인지를 구별한다. 이 과정은 마치 위조지폐범과 경찰의 대결과 같다.

   위조지폐범은 점점 더 정교한 위폐를 만들고, 경찰은 이를 감별하는 능력을 키워 나간다. 이 경쟁의 과정을 반복하면서 생성자는 궁극적으로 판별자가 구분할 수 없을 만큼 실제에 가까운 고품질의 결과물을 생성하게 된다.

2) **변이형 오토인코더(VAEs, Variational Autoencoders)**: VAE는 데이터를 압축하여 저차원의 잠재 공간(Latent Space) 벡터로 만드는 인코더(Encoder)와, 이 잠재 벡터를 다시 원본 데이터 형태로 복원하는 디코더(Decoder)로 구성된다. VAE의 핵심은 데이터를 단순히 압축-복원하는 것을 넘어, 잠재 공간에 확률 분포의 개념을 도입한 것이다. 이를 통해 잠재 공간 내에서 약간씩 다른 벡터 값을 샘플링하여 디코더에 입력하면, 원본과 유사하면서도 조금씩 다른 새로운 데이터를 무한히 생성할 수 있다. 이는 특정 스타일의 건축물 외관 디자인을 수십 가지 변형하여 생성하는 작업에 효과적으로 활용될 수 있다.

3) **트랜스포머(Transformer)와 어텐션 메커니즘(Attention Mechanism)**: 주로 자연어 처리 분야에서 혁신을 일으킨 트랜스포머 모델의 핵심은 어텐션 메커니즘이다. 이는 문장 속 단어들의 관계를 분석할 때, 어떤 단어가 다른 단어들과 더 중요한 연관성을 갖는지를 파악하여 가중치를 부여하는 방식이다.
이를 통해 문장의 전체적인 맥락과 뉘앙스를 깊이 있게 이해할 수 있게 된다. 도시재생 분야에서는 방대한 양의 법률 문서, 공청회 회의록, 주민 민원 데이터를 분석하여 핵심 쟁점과 요구사항을 정확히 파악하고 요약 보고서를 생성하는 데 탁월한 성능을 보인다.

4) **확산 모델(Diffusion Models)**: 확산 모델은 현재 가장 고품질의 이미지를 생성하는 기술이다. 원본 이미지에 점진적으로 노이즈(noise)를 추가하여 완전히 무작위적인 상태로 만든 후, AI에게 이 노이즈

를 제거하며 원본 이미지를 복원하는 과정을 역으로 학습시킨다. 이 학습이 완료되면, AI는 완전한 노이즈로부터 시작하여 단계적으로 노이즈를 제거함으로써 세상에 없던 새로운 고해상도 이미지를 창조할 수 있다. 이는 도시의 미래 조감도나 상세 건축 설계를 매우 사실적인 시각 자료로 생성하는 데 매우 강력한 도구가 된다.

| 구분 | GAN (생성적 적대 신경망) | VAE (변분 오토인코더) | 트랜스포머 | 확산 모델 |
|---|---|---|---|---|
| 목표 | 생성자와 판별자의 경쟁 학습을 통해 실제 데이터와 구별 불가능한 데이터를 생성하는 것을 목표로 한다. | 데이터를 저차원의 잠재 공간(Latent Space)으로 압축(인코딩)하고, 이 잠재 공간으로부터 원본과 유사한 데이터를 복원(디코딩)하는 확률적 모델을 학습한다. | 셀프 어텐션(Self-Attention) 메커니즘을 사용하여 입력 시퀀스 내의 모든 요소 간의 관계와 문맥을 이해하고 생성하는 것을 목표로 한다. | 데이터에 노이즈를 점진적으로 추가하는 과정의 역과정을 학습하여, 완전한 노이즈로부터 고품질의 새로운 데이터를 생성한다. |
| 분석방법 및 기술 | 생성자(Generator)와 판별자(Discriminator)의 적대적 학습(Adversarial Training). 생성자는 데이터를 만들고, 판별자는 진위를 구별하며 서로의 성능을 높인다. | 인코더(Encoder)와 디코더(Decoder) 구조, "재매개변수화 기법(Reparameterization Trick)"을 사용하여 확률적 잠재 변수를 효과적으로 학습한다. | 셀프 어텐션(Self-Attention), 멀티 헤드 어텐션(Multi-Head Attention), 위치 인코딩(Positional Encoding)을 통해 데이터의 내적 관계를 학습한다. | 확산 과정(Forward/Diffusion Process) 및 역확산 과정(Reverse/Denoising Process). U-Net 기반의 노이즈 예측 모델이 핵심 기술로 사용된다. |
| 역할 | 고해상도 이미지, 영상 등 사실적인 미디어 생성에 특화된다. | 데이터 압축, 특징 추출, 이상 탐지 및 제어 가능한 데이터 생성에 활용된다. | 자연어 처리, 시계열 분석 등 순차적 데이터의 문맥 이해 및 생성에 핵심적 역할을 한다. | 이미지 인페인팅, 초고해상도화 등 최고 수준의 품질과 다양성을 갖춘 데이터 생성을 담당한다. |

| 장점 | 결과물의 품질이 선명하고 사실적이다. | 학습이 안정적이며, 잠재 공간을 해석하고 제어하기 용이하다. | 장거리 의존성 포착에 뛰어나며, 병렬 처리가 가능하여 학습 속도가 빠르다. | 생성된 데이터의 품질과 다양성이 매우 뛰어나다. |
|---|---|---|---|---|
| 단점 | 학습이 불안정하고 모드 붕괴(Mode Collapse) 현상이 발생할 수 있다. | 생성된 이미지가 다소 흐릿하게(blurry) 나타나는 경향이 있다. | 입력 시퀀스 길이에 따라 연산량이 제곱으로 증가하며, 많은 데이터와 컴퓨팅 자원이 필요하다. | 추론(Inference) 속도가 느리고, 학습에 많은 계산 비용이 소요된다. |
| AI 분석 도구 | TensorFlow, PyTorch, Keras | TensorFlow, PyTorch, Keras | TensorFlow, PyTorch, Hugging Face Transformers | PyTorch, Diffusers, Guided-Diffusion |
| 도시재생 활용예시 | 쇠퇴한 지역의 미래 개발 조감도를 사실적인 이미지로 생성하여 사업 계획 및 주민 설득 자료로 활용한다. | 도시의 다양한 공간 데이터(건물, 도로, 녹지 등)를 잠재 공간에 압축하여 유형별로 분류하고, 특정 스타일에 맞는 도시 디자인 변형 안을 생성한다. | 도시재생 관련 정책 문서, 뉴스, 소셜 미디어 데이터를 분석하여 핵심 키워드와 여론 동향을 파악하고, 주민들의 요구사항을 예측한다. | 기존 도시의 위성 사진에 '새로운 공원', '스마트 가로등' 등의 텍스트 프롬프트를 입력하여 고품질의 시뮬레이션 이미지를 생성하고, 다양한 시나리오를 시각적으로 검토한다. |

### 6.1.2. 생성형 AI 알고리즘의 도시재생 분야 활용 가능성

생성형 AI는 도시재생 사업의 전 과정에 걸쳐 혁신적인 변화를 가져올 잠재력을 지닌다.

1) **대안 설계 및 계획 단계:** 쇠퇴한 지역의 3D 공간 데이터와 제약 조건(용적률, 일조권, 녹지 비율 등)을 입력하면, GANs나 확산 모델이 수백, 수천 가지의 건축물 배치, 토지이용계획, 공원 디자인 대안을 시각적 결과물과 함께 단시간에 생성한다. 이를 통해 인간 설계자

는 과거에는 상상하기 어려웠던 창의적이고 최적화된 대안들을 탐색하며 의사결정의 질을 높일 수 있다.

2) **데이터 분석 및 여론 수렴 단계:** 트랜스포머 기반의 언어 모델은 소셜 미디어, 지역 뉴스, 민원 데이터 등 비정형 텍스트를 분석하여 지역 주민들의 핵심 요구사항, 불편, 그리고 미래에 대한 기대를 정량적으로 도출한다. 이는 데이터에 기반한 주민 참여를 활성화하고, 계획의 사회적 수용성을 높이는 중요한 근거 자료가 된다.

3) **시뮬레이션 및 예측 단계:** 생성된 도시 설계안을 기반으로 가상의 도시 환경, 즉 디지털 트윈(Digital Twin)을 구축할 수 있다. 이 환경에서 생성형 AI는 교통 흐름, 에너지 소비 패턴, 상권 변화, 범죄 발생 가능성 등 계획 실행 시 발생할 수 있는 다양한 사회경제적 효과를 미리 시뮬레이션하고 예측한다. 이러한 예측은 잠재적 문제를 사전에 파악하고 계획을 수정하여 사업 실패의 리스크를 최소화하는 데 기여할 것이다.

결론적으로 생성형 AI는 도시재생 분야에서 단순한 자동화 도구를 넘어, 인간의 창의성을 증폭시키고 데이터 기반의 과학적 의사결정을 지원하며, 복잡한 도시 문제의 최적 해법을 제시하는 핵심 파트너로 자리매김할 것이다. 이는 인간 주도의 계획에서 “인간과 AI가 협력하여 도시의 미래를 공동으로 창조(Co-Creation)”하는 새로운 패러다임의 시작을 의미한다.

## 6.2. 생성형 AI를 활용한 스마트 산업클러스터 설계 방법론

### 6.2.1. 생성형 AI를 활용한 스마트 산업클러스터 설계방법의 목표, 분석 방법 및 기술, 역할, 장단점, AI분석도구

| 구분 | 핵심 방법/기법 | 세부 내용 |
|---|---|---|
| 목표 | 효율성 극대화 | 에너지 소비, 교통 흐름, 자원 분배 등을 시뮬레이션 하여 가장 효율적인 인프라 및 건축물 배치를 도출한다. |
| | 혁신 생태계 조성 | 기업, 연구소, 주거, 상업, 문화 시설 간의 시너지를 극대화 하는 공간 구성을 통해 자연스러운 협업과 아이디어 교류를 촉진한다. |
| | 탄소중립 및 친환경 | 신재생에너지 설비의 최적 입지 선정, 녹지 공간 비율 극대화, 자원순환 시스템 등을 설계에 통합하여 환경 부하를 최소화한다. |
| | 인간 중심의 공간 설계 | 잠재적 이용자들의 생활 패턴, 필요, 선호도를 데이터로 분석하여 안전하고 쾌적하며 창의성을 고취하는 인간 중심의 클러스터를 구현하는 것이다. |
| 핵심 분석 방법 및 기술 | 생성적 적대 신경망(GANs) | 두 AI가 서로 경쟁하며 실제와 유사하거나 특정 조건을 만족하는 수만 가지의 혁신적인 공간 디자인, 건축물 형태, 토지이용계획안을 생성한다. |
| | 강화학습 (Reinforcement Learning) | 가상 환경 속에서 AI 에이전트가 특정 목표 달성을 위해 수백만 번의 시뮬레이션을 거쳐 최적의 정책을 스스로 학습한다. |
| | 자연어 처리 (NLP) | 도시계획 법규, 주민 민원, 온라인 여론 등 방대한 텍스트 데이터를 분석하여 설계의 핵심 요소를 자동으로 추출하고 요약한다. |
| | 컴퓨터 비전 (Computer Vision) | 위성 이미지, 항공 사진 등을 분석하여 부지의 물리적 현황, 노후도 등을 정밀하게 파악하고 3D 모델로 자동 변환하여 기초자료로 활용한다. |
| 생성형 AI의 역할 | 창의적 대안 생성자 | 법적, 환경적, 경제적 제약 조건 내에서 실현 가능한 수천, 수만 개의 설계 대안을 단시간에 생성하여 인간 설계자의 창의적 사고를 확장 시킨다. |
| | 다차원 최적화 해결사 | 교통, 에너지, 환경, 경제성 등 복잡하게 얽힌 다수의 목표를 동시에 고려하여 최적의 균형점을 갖는 설계안을 도출한다. |
| | 미래 예측 시뮬레이터 | 설계 안 적용 시 발생할 미래의 도시 변화를 예측하고 시각화하여 의사결정자가 최선의 선택을 하도록 지원한다. |
| | 이해관계자 소통 촉진자 | 복잡한 설계안과 데이터를 3D 모델, VR 콘텐츠로 변환하여 주민 설명회 등에서 효과적인 소통 도구로 활용된다. |

| | | |
|---|---|---|
| 장점 | 시간 및 비용 절감 | 설계 및 시뮬레이션 시간을 획기적으로 단축하고 시행착오를 줄여 전체 프로젝트 비용을 절감한다. |
| | 데이터 기반의 사결정 | 직관이 아닌 방대한 데이터에 기반하여 객관적이고 합리적인 의사결정을 가능하게 한다. |
| | 창의성의 비약적 확장 | 인간이 생각하지 못한 혁신적이고 효율적인 공간 솔루션을 제시한다. |
| | 복잡한 문제 해결 | 여러 변수가 얽힌 도시 문제를 통합적으로 분석하고 최적의 해결책을 모색하는 데 매우 강력하다. |
| 단점 | 데이터 편향성 | 학습 데이터의 편향이 결과물에 반영되어 사회적 불평등을 심화 시킬 수 있다. |
| | 초기 도입 비용 | 고성능 컴퓨팅 인프라와 전문 인력 확보에 상당한 초기 투자가 필요하다. |
| | 기술적 통제와 윤리 | 알고리즘의 결정 과정이 불투명할 수 있으며, 결과물에 대한 윤리적 검증이 필요하다. |
| | 결과물의 보편성 | 효율성만 추구할 경우, 지역의 역사와 문화적 맥락이 무시된 획일적인 결과물이 나올 위험이 있다. |
| 대표적인 AI 분석 도구 | Google Delve | 지역 특성과 제약 조건 입력 시 수백 가지 도시 개발 시나리오를 생성하고 정량적으로 비교 분석해주는 도구이다. |
| | Autodesk Forma | 초기 설계 단계에서 바람, 소음, 일조량 등 환경 요소를 분석하여 지속가능한 건물 배치 및 형태를 제안하는 플랫폼이다. |
| | Esri ArcGIS Urban | GIS 데이터와 AI를 결합하여 도시계획 시나리오가 도시에 미칠 영향을 3D로 시뮬레이션하고 변화를 예측하는 데 활용된다. |
| | 오픈소스 라이브러리(TensorFlow, PyTorch) | 특정 도시의 문제 해결을 위해 맞춤형 AI 모델을 개발할 때 기반이 되는 핵심 프로그래밍 도구이다. |

### 6.2.2. 도시재생 연계 활용 예시

| 구분 | 토지이용계획 | 교통망 최적화 | 에너지·환경 설계 | 커뮤니티 활성화 |
|---|---|---|---|---|
| 기법/방법 | GAN 활용 | 강화학습 활용 | 컴퓨터 비전 & 시뮬레이션 | NLP 활용 |

| 세부 내용 | 기존 도시 데이터와 법규를 학습한 AI가 용도(산업, 주거, 상업) 혼합 비율, 용적률, 건폐율이 최적화된 수백 가지 토지이용계획안을 생성한다. | 디지털 트윈 환경에서 AI가 차량, 대중교통, 자전거, 보행자의 흐름을 시뮬레이션 하여 교통 정체를 최소화하는 도로망과 대중교통 노선을 스스로 설계한다. | 위성 이미지로 부지의 일조량, 바람길을 분석하여 태양광 패널, 풍력 터빈, 건물 에너지 관리 시스템(BEMS)의 최적 위치와 용량을 산출한다. | 지역 주민들의 온라인 커뮤니티, SNS 데이터를 분석하여 공원, 광장, 도서관 등 주민들이 실제로 원하는 공공시설의 종류와 최적 입지를 도출한다. |
|---|---|---|---|---|

## 6.3. 가상사례: 낡은 제철소 부지의 변신, '솔라-밸리 포항' 프로젝트

차갑게 식어가는 '철의 도시' 포항 [https://www.khan.co.kr]

1) **현안 과제:** 과거 한국 경제의 심장이었으나 이제는 잿빛 먼지만 날리는 쇠락한 포항의 한 제철소 부지가 있었다. 이곳을 미래형 수소 에너지 산업과 R&D, 그리고 쾌적한 주거가 어우러진 스마트 산업 클러스터 '솔라-밸리(Solar-Valley) 포항'으로 재 탄생시키는 거대한 프로젝트가 시작되었다. 이 프로젝트의 핵심 설계자는 인간이 아닌, 도시계획 특화 생성형 AI '아키텍트-알파(Architect-Alpha)'였다.

2) 분석 과정:

- 1단계: 데이터의 포식

'아키텍트-알파'는 먼저 부지에 관한 모든 데이터를 흡수했다. 지난 50년간의 기상 데이터, 지질 정보, 주변 교통량, 기존 인프라 도면, 포항시 도시계획 조례와 법규, 심지어 지역 커뮤니티에 올라온 주민들의 바람과 불만이 담긴 수만 건의 텍스트 데이터까지 모든 것을 학습했다. 컴퓨터 비전 알고리즘은 드론으로 촬영한 고해상도 이미지를 분석하여 오염된 토양의 범위와 기존 구조물의 노후도를 ㎜ 단위로 식별해냈다.

- 2단계: 창조와 경쟁의 향연

학습을 마친 '아키텍트-알파'는 창조를 시작했다. GANs 알고리즘을 통해 수만 개의 서로 다른 클러스터 디자인을 생성했다. 어떤 디자인은 마치 살아있는 생명체처럼 유기적인 곡선으로 가득했고, 어떤 디자인은 레고 블록처럼 모듈 화되어 효율성을 극대화했다. 이 수만 개의 디자인은 다시 AI 평가자에 의해 냉정하게 평가받았다. '에너지 자립도 95% 이상', '출퇴근 시간 15분 이내', '녹지 면적 40% 이상', '범죄 예측률 5% 미만'과 같은 수십 개의 까다로운 조건을 통과한 가장 우수한 100개의 디자인만이 인간 계획가들에게 제시되었다.

- 3단계: 최적화를 향한 담금질

인간 전문가들은 이 100개의 안을 바탕으로 토론하며 가장 잠재력 있는 3개의 안을 선택했다. 이제 강화학습이 나설 차례였다. '아키텍트-알파'는 3개의 안을 각각 디지털 트윈으로 구축하고, 그 안에서 가상의 시민 5만 명이 생활하는 30년의 시간을 수십

시간 만에 시뮬레이션 했다. 태풍과 지진 같은 자연재해, 글로벌 경제 위기, 새로운 기술의 등장 등 다양한 외부 충격에 각 설계안이 어떻게 반응하는지를 테스트했다. 이 과정에서 교통 시스템은 스스로 최적의 경로를 찾았고, 에너지 그리드는 가장 효율적인 분배 방식을 학습했으며, 방범 시스템은 취약 지점을 찾아내 보완 설계를 요구했다.

3) **결과 및 시사점:** 마침내 최종 선택된 '솔라-밸리 포항'의 설계안은 경이로움 그 자체였다. 모든 건물의 지붕과 벽면에는 반투명 태양광 패널이 설치되어 클러스터가 필요한 전력을 스스로 생산한다. 연구소와 공장에서 발생하는 폐열은 스마트 팜과 주거단지의 난방에 재활용된다. 모든 물류는 지하의 자율주행 터널을 통해 이동하여 지상에는 차가 없는 보행자 천국이 구현되었다. NLP 분석을 통해 파악된 주민들의 요구에 따라, 제철소의 상징이었던 거대한 용광로는 철거되지 않고 미디어 아트 전시관과 전망대로 재탄생하여 도시의 역사를 품은 랜드마크가 되었다.

이것은 단순한 재개발이 아니라, 도시가 AI라는 두뇌를 얻어 스스로 생각하고 진화하는 '도시 생태계의 재창조'였다. '솔라-밸리 포항' 프로젝트는 생성형 AI가 어떻게 과거의 유산을 미래의 자산으로 바꾸고, 인간과 기술, 자연이 완벽한 조화를 이루는 도시를 빚어낼 수 있는지 보여주는 환상적인 증거가 될 것이다.

# 제5장

# 항만 및 역세권형 도시재생의 딥러닝 모델 개발

## 1. 강화학습(Reinforcement Learning)을 활용한 역세권 복합개발 사업 최적 시나리오 도출방법과 가상사례

### 1.1. 복잡한 문제의 해답을 찾기 위해 새로운 형태의 지능, 즉 "강화학습"에 주목해야 한다.

역세권은 도시의 심장과도 같은 무한한 잠재력을 지닌 공간이다. 그러나 한정된 공간에 상업, 업무, 주거, 교통, 문화 등 복잡다단한 기능을 조화롭게 담아내는 역세권 복합개발 사업은 수많은 변수와 이해관계가 얽힌 고차원 방정식과 같다. 용적률을 10% 높이면 사업성은 개선되지만, 교통 혼잡과 일조권 침해라는 부작용이 발생할 수 있다. 공원 면적을 넓히면 공공성은 증대되지만, 개발 이익은 감소한다. 이러한 상충하는 목표들 사이에서 최적의 균형점을 찾는 것은 인간의 직관만으로는 불가능에 가깝다.

이제 우리는 이 복잡한 문제의 해답을 찾기 위해 새로운 형태의 지능, 즉 "강화학습(Reinforcement Learning)"에 주목해야 한다. 강화학습은 주어진 환경 속에서 보상을 최대로 얻는 방향으로 스스로 학습하는 AI 기술이다. 마치 경험이 전무한 신입 도시계획가나 도시설계가가 수많은 가상 프로젝트를 수백만 번 수행하며 최고의 전문가로 성장하는 것처럼, 강화학습 AI는 역세권이라는 가상 환경 속에서 수많은 개발 시나리오를 시도하고 그 결과를 평가받으며 최적의 개발 전략을 스스로 터득해 나가는 것이다.

강화학습(Reinforcement Learning)은 정답이 주어진 데이터를 학습하는 지도학습(Supervised Learning)과는 달리, 명확한 정답 없이 "에이전트(Agent)"가 주어진 "환경(Environment)"과 상호작용하며 "보상(Reward)"을 최대화하는 방향으로 행동 전략을 스스로 학습하는 머신 러닝의 한 분야이다. 이는 마치 아기가 수없이 넘어지고 일어서는 과정을 반복하며 걷는 법을 배우거나, 반려동물이 칭찬(보상)을 받기 위해 특정 행동을 반복하며 훈련되는 원리와 같다.

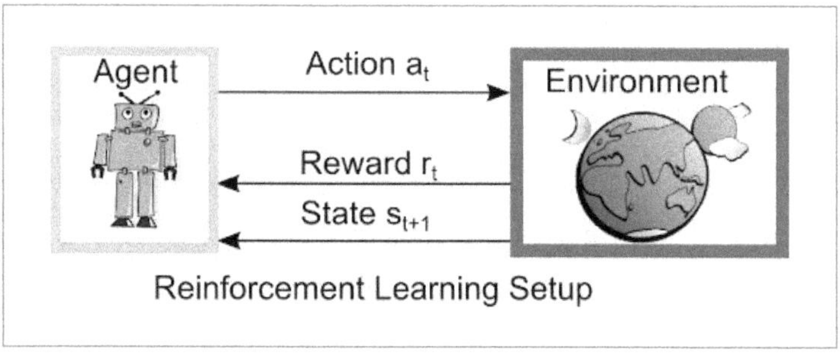


강화학습(Reinforcement Learning) [http://solarisailab.com]

핵심은 "시행착오(Trial and Error)"를 통한 학습에 있다. 에이전트는 특정 "상태(State)"에서 어떤 "행동(Action)"을 취하고, 그 결과로 환경으로부터 다음 상태와 함께 보상을 받는다. 이 과정에서 에이전트는 단기적인 보상이 아닌, 장기적으로 누적되는 총 보상을 최대로 얻을 수 있는 최적의 정책(Policy), 즉 상태에 따른 행동 규칙을 수립하는 것을 목표로 한다.

### 1.1.1. 강화학습 알고리즘의 원리 및 기술

강화학습 알고리즘은 최적의 정책을 학습하는 방식에 따라 크게 두 가지 계열로 구분된다.

가치 기반 학습(Value-Based Learning) 이 접근법의 핵심은 각 상태 또는 상태-행동 쌍의 '가치'를 학습하는 것이다. 대표적인 알고리즘인 "Q-러닝(Q-Learning)"은 특정 상태에서 특정 행동을 했을 때 미래에 얻을 총 보상의 기대 값, 즉 "Q-값(Q-value)"을 계산한다. 에이전트는 가능한 모든 행동 중에서 가장 높은 Q-값을 가진 행동을 선택하는 방식으로 정책을 결정한다. "심층 Q-네트워크(DQN, Deep Q-Network)"는 여기에 심층 신경망을 결합하여, 도시 환경처럼 상태 공간이 매우 복잡하고 거대한 문제에서 Q-값을 효과적으로 근사하여 계산하는 기술이다.

정책 기반 학습(Policy-Based Learning) 가치 기반 학습이 행동의 '가치'를 학습하는 반면, 정책 기반 학습은 최적의 정책 함수를 직접적으로 학습한다. 즉, 특정 상태에서 어떤 행동을 할지에 대한 확률 분포를 바로 학습하는 것이다. 액터-크리틱(Actor-Critic) 알고리즘은 이러한 정책 기반 방법과 가치 기반 방법을 결합한 형태로, 정책을 학습하는 "액터(Actor)"와 그 정책이 얼마나 좋은지를 평가하는 "크리틱(Critic)"을 두어 더 안정적이고 효율적인 학습을 수행한다.

### 1.1.2. 강화학습 알고리즘의 도시재생 분야 활용도

도시재생은 경제성, 공공성, 환경성 등 상충하는 다수의 목표를 동시에 최적화해야 하는 복잡한 문제이므로, 강화학습의 활용 잠재력이 매우 큰 분야이다.

교통 시스템 최적화 도시의 교통 흐름을 환경으로, 개별 교차로의 신호등을 에이전트로 설정할 수 있다. 에이전트는 실시간 교통량(상태)에 따라 신호 주기(행동)를 조정하며, 도시 전체의 평균 차량 대기 시간 최소화(보상)를 목표로 최적의 신호 연동 체계를 스스로 학습하게 된다.

토지이용 및 복합개발 계획 역세권과 같은 개발 부지를 디지털 트윈으로 구축한 가상 환경에서, AI 에이전트는 용도(주거, 상업, 녹지) 배분, 용적률 조정 등의 개발 행동을 수백만 번 시뮬레이션 한다. 이때, 경제적 수익, 보행 활성화, 탄소 배출량 등을 종합한 복잡한 보상 함수를 통해 장기적으로 도시 가치를 극대화하는 최적의 개발 시나리오를 도출할 수 있다.

스마트 그리드 에너지 관리 도시 내 에너지 네트워크에서 강화학습 에이전트는 실시간 전력 수요와 신재생에너지 발전량(상태)을 모니터링하며, 에너지 저장 장치(ESS)의 충전 및 방전, 전력 분배(행동)를 결정한다. 이를 통해 에너지 낭비를 최소화하고 전력망의 안정성을 극대화하는 운영 정책을 학습하는 것이다.

인프라 투자 및 유지보수 계획 한정된 예산 내에서 도로, 상하수도 등 노후 인프라의 최적 유지보수 순서와 시기를 결정하는 문제에 활용될 수 있다. 에이전트는 인프라 노후도, 예산, 시민 불편 등을 상태로 인식하고, 유지보수 행동을 통해 장기적으로 도시 기능 저하를 최소화하고 시민 만족도를 최대화하는 전략을 수립한다.

## 1.2. 강화학습을 활용한 역세권 복합개발 방법론

### 1.2.1. 강화학습을 활용한 역세권 복합개발 사업 최적 시나리오 도출방법의 목표, 분석방법 및 기술, 역할, 장단점, AI분석도구

| 구분 | 핵심 방법/기법 | 세부 내용 |
|---|---|---|
| 목표 | 다차원적 가치 최적화 | 경제성, 공공성, 지속가능성, 교통 효율성 등 상충하는 목표 간 최적의 균형을 이루는 파레토 최적 해를 도출한다. |
| | 동적 균형 달성 | 개발 이후 변화하는 도시 환경에 능동적으로 대응할 수 있는 유연하고 회복력 있는 개발 시나리오를 찾는 것이다. |
| | 이해관계자 만족도 극대화 | 다양한 이해관계자의 요구와 제약조건을 '보상 함수'에 통합하여 갈등을 최소화하고 총 만족도를 높이는 시나리오를 제시한다. |
| | 장기적 성공 전략 수립 | 단기 이익이 아닌, 10년, 20년 후의 도시 활력과 자산 가치까지 고려한 최적의 단계별 개발 계획 및 순서를 도출한다. |
| 핵심 분석 방법 및 기술 | [구성요소] 에이전트(Agent) | 의사결정 주체인 'AI 도시계획가'이며, 용도지역 지정, 건물 배치 등 개발 행동을 결정한다. |
| | [구성요소] 환경(Environment) | 인구, 교통, 법규, 경제 데이터 등을 포함하는 역세권 부지의 '디지털 트윈'이 환경이 된다. |
| | [구성요소] 상태(State) | 특정 시점의 환경 정보이며, 현재의 토지이용 현황, 교통량, 공실률 등이 상태에 해당한다. |
| | [구성요소] 행동(Action) | 에이전트가 특정 상태에서 내리는 결정이며, 'A 필지에 업무시설 건축' 등이 행동이다. |
| | [구성요소] 보상(Reward) | 행동의 결과에 대한 평가이며, 긍정적 결과에는 양(+)의 보상을, 부정적 결과에는 음(-)의 보상을 받는다. |
| | [주요 알고리즘] 심층 Q-네트워크(DQN) | 복잡한 도시 환경에서 심층 신경망을 사용하여 각 행동의 미래 가치를 계산함으로써 최적의 정책을 학습하는 기술이다. |
| 강화학습의 역할 | 전략적 시뮬레이터 | 수백만 개의 가능한 개발 순서와 조합을 시뮬레이션 하며 최적의 장기 전략을 탐색한다. |
| | 보이지 않는 패턴 발견자 | 인간이 파악하기 어려운 변수 간의 복잡한 상호작용과 인과관계를 학습을 통해 발견하고 계획에 반영한다. |
| | 리스크 관리자 | 다양한 외부 충격에 대한 스트레스 테스트를 자동으로 수행하여 가장 회복력 있고 안정적인 개발안을 도출한다. |

| | | |
|---|---|---|
| 장점 | 최적화 능력 | 인간의 직관을 뛰어넘는 복잡한 다중 목표 최적화 문제를 해결할 수 있다. |
| | 장기적 관점 | 누적 보상을 극대화하도록 학습하므로 장기적 관점의 전략 수립에 매우 유리하다. |
| | 미래 예측 기반 | 동적인 디지털 트윈 환경에서 학습하여 미래 변화에 대한 적응력이 높은 계획을 수립할 수 있다. |
| 단점 | 보상 함수 설계의 어려움 | '쾌적성' 등 정성적 가치를 정량적 보상으로 설계하는 데 사회적 합의가 필요하다. |
| | 높은 컴퓨팅 자원 요구 | 복잡한 환경을 시뮬레이션하고 학습시키기 위해 막대한 데이터와 고성능 컴퓨팅 인프라가 요구된다. |
| | 결과 해석의 어려움 | AI의 결정 이유를 완벽하게 설명하기 어려워 의사결정 과정의 투명성 확보에 한계가 있을 수 있다. |
| 대표적인 AI 분석 도구 | OpenAI Gym | 강화학습 알고리즘 개발 및 비교를 위한 표준 툴킷이며, 맞춤형 도시 환경을 구축하여 활용할 수 있다. |
| | TensorFlow Agents / PyTorch RL | DQN과 같은 복잡한 강화학습 모델을 구현하는 기반 기술을 제공하는 머신러닝 라이브러리이다. |
| | Unity /Unreal Engine | 현실적인 역세권 디지털 트윈과 같은 고품질 3D 시뮬레이션 환경을 구축하는 데 사용될 수 있다. |

### 1.2.2. 도시재생 연계 활용 예시

| 구분 | 토지이용 최적 배분 | 교통 시스템 효율화 | 공공 공간 및 녹지 설계 | 단계적 개발 계획 수립 |
|---|---|---|---|---|
| 기법/방법 | DQN 기반 용도 혼합 학습 | 다중 에이전트 강화학습(MARL) | 보상 함수 기반 공간 가치 평가 | 시간적 차분 (Temporal Difference) 학습 |
| 세부 내용 | AI 에이전트가 주거, 상업, 업무 시설의 용적률과 비율을 조정하는 행동을 반복하며, 경제적 수익과 보행 활성화 점수의 총합이 최대가 되는 최적의 복합용도 비율을 스스로 학습한다. | 여러 교차로의 신호등을 각각의 에이전트로 설정하여, 서로 통신하며 역세권 전체의 평균 차량 대기시간을 최소화하는 신호 연동 체계를 스스로 구축한다. | 공원, 광장 등의 위치와 규모를 변경하는 행동에 대해 '시민 만족도'와 '주변 부동산 가치 상승'을 보상으로 부여함으로써, 공공성과 자산가치를 동시에 극대화하는 입지를 도출한다. | 1단계부터 5단계까지의 개발 순서를 행동으로 정의하고, 각 단계별 투자 회수 기간과 공공 기여 총량을 보상으로 설정하여 전체 사업 기간의 현금 흐름과 공공성을 최적화하는 순서를 학습한다. |

## 1.3. 가상사례: '영등포 RE-CONNECT 2040' 프로젝트

1) **현안 과제:** 서울의 대표적 교통 결절점이지만, 철도로 단절되고 노후 시설이 산재한 영등포 역세권. 이곳을 서남권의 미래 거점으로 재 탄생시키기 위한 '영등포 RE-CONNECT 2040' 프로젝트는 시작

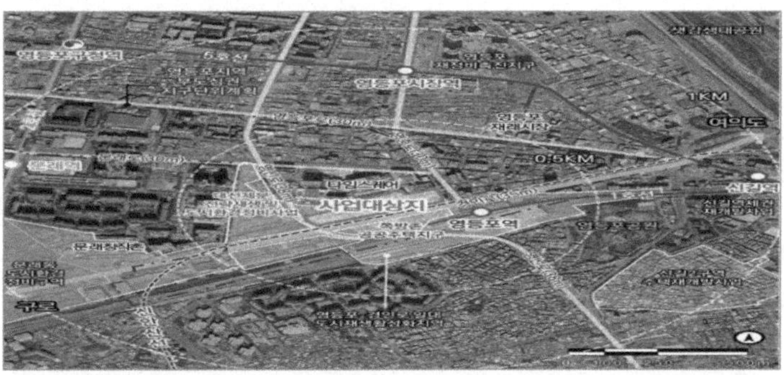


영등포 역세권, 집장촌 사라지고 주상복합단지로 탈바꿈 | 서울경제 [https://www.sedaily.com]

부터 난관에 부딪혔다. 개발 이익을 극대화하려는 민간 사업자와 보행 환경 개선 및 공공성 확보를 원하는 지자체, 그리고 생활권 침해를 우려하는 지역 주민들의 입장이 팽팽히 맞섰기 때문이다.

이때, 프로젝트팀은 과감한 결정을 내렸다. 바로 강화학습 AI 에이전트, '어반-오라클(URBAN-ORACLE)'에게 최적의 시나리오 탐색을 맡긴 것이다.

- 1단계: 디지털 영등포의 창조 연구진은 먼저 영등포 역세권의 모든 물리적, 사회적 데이터를 담은 디지털 트윈을 구축했다. 지형, 건물, 도로망은 물론, 유동인구 데이터, 상권 매출 정보, 교통카드 데이터에 기반한 가상의 시민 10만 명이 이 안에서 살아 움직였다. 이 가상 시민들은 출퇴근하고, 쇼핑하며, 공원에서 휴식을 취하는 등 실제와 거의 흡사한 활동 패턴을 보였다.
- 2단계: '성공'의 정의: 보상 함수 설계 팀은 모든 이해관계자와의 협의를 거쳐 '어반-오라클'의 보상 함수를 설계했다.

  **최종 보상 점수는**(**예상 개발이익** × 0.4) + (**보행 만족도 점수** × 0.3) + (**대중교통 이용률 증가분** × 0.2) + (**녹지 면적 비율** × 0.1) - (**교통 혼잡 유발 패널티**)

  와 같은 복합적인 방정식으로 정의되었다. 이로써 AI는 한쪽에 치우치지 않고 모든 가치를 종합적으로 고려하여 학습하게 되었다.
- 3단계: 수백만 번의 가상 개발과 학습 '어반-오라클'은 디지털 영등포 안에서 개발 사업을 시작했다. 처음에는 무작위로 건물을 짓고 도로를 냈다. 고층 빌딩을 무작정 올렸더니 개발이익 보상은 높았지만 교통 혼잡 패널티가 더 커져 총점은 마이너스를 기록했다.

광장을 너무 넓게 만들자 보행 만족도는 올라갔지만 개발이익이 급감했다. '어반-오라클'은 이렇게 수십만 번의 실패와 성공을 거듭하며, 어떤 행동의 조합이 최종 보상을 극대화하는지를 수백만 번의 시뮬레이션 끝에 스스로 터득해 나갔다.

2) **분석 결과**: 인간의 직관을 뛰어넘는 시나리오

마침내 '어반-오라클'이 제시한 최종 시나리오는 모두를 놀라게 했다. 그것은 단순히 건물을 높이거나 공원을 넓히는 수준의 계획이 아니었다.

(1) **입체적 연결**: 지상에는 차 없는 거리를 조성하고, 물류 차량과 자가용은 모두 지하 도로로 유도했다. 역과 주변 상업시설, 공원은 공중 보행 데크인 '스카이-커넥터'로 연결하여 철도로 단절됐던 공간을 입체적으로 통합했다.

(2) **시간차 용도변경**(Time-Variant Zoning): 낮에는 업무 및 상업 공간으로 기능하던 건물의 일부 저층부가, 저녁에는 지역 주민을 위한 문화센터나 공연장으로 용도가 자동 변경되는 혁신적인 아이디어를 제시했다.

(3) **최적의 개발 순서**: 대규모 상업시설을 먼저 개발하여 초기 투자비를 회수하고, 그 이익금으로 공공임대주택과 공원을 조성하는 단계별 시나리오를 통해 사업의 재무적 안정성과 공공성을 동시에 확보하는 전략을 찾아냈다.

3) **결혼 및 시사점**: 이 시나리오는 인간 계획가들이 제시했던 어떤 안보다도 보상 함수 점수가 월등히 높았다. 강화학습 AI는 복잡계(complex system)인 도시에서 인간이 미처 파악하지 못했던 최적의 질서를 발

견해낸 것이다. '어반-오라클'은 계획가를 대체하는 것이 아니라, 수백만 개의 미래를 미리 살아보고 가장 성공적인 길을 알려주는 '현자(Oracle)'이자, 최강의 파트너가 될 수 있음을 증명한 것이다.

## 2. 역세권 개발계획에서 RNN(Recurrent Neural Network)을 활용한 교통 흐름 예측방법과 가상사례

### 2.1. RNN은 과거의 교통 패턴을 기억하여 미래의 교통 흐름을 예측한다.

도시의 도로는 인체의 혈관과 같다. 원활한 흐름은 도시에 활력을 불어넣지만, 작은 막힘 하나가 도시 전체를 마비시킬 수 있다. 특히, 수많은 유동인구를 유발하는 역세권 개발사업에서 미래의 교통 흐름을 정확히 예측하는 것은 사업의 성패를 가르는 가장 중요한 과제이다. 과거의 교통량 통계에 기반한 정적인 예측 방식은 개발 이후 복잡하게 변화할 도시의 동적인 모습을 담아내기에 역부족이다.

이러한 한계를 극복하기 위해 우리는 "순환 신경망(RNN, Recurrent Neural Network)"이라는 특별한 인공지능에 주목해야 한다. RNN은 인간이 문장을 읽을 때 앞선 단어를 기억하며 다음 단어를 예측하듯, 데이터의 '순서'와 '시간적 연속성'을 기억하고 학습하는 능력을 가졌다. 즉, 과거의 교통 패턴을 기억하여 미래의 교통 흐름을 예측하는 '도시의 예언

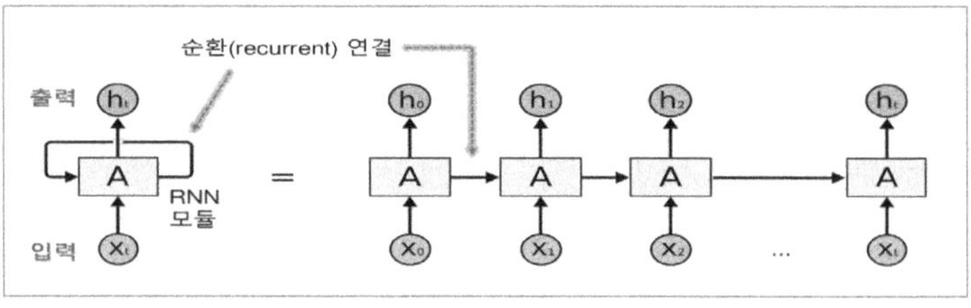


인공지능의 이해 (5/6) : 순환 신경망(RNN) [https://brunch.co.kr]

자' 역할을 수행할 수 있는 것이다. RNN을 통해 우리는 역세권 개발이라는 거대한 변화가 가져올 미래 교통의 모습을 손에 잡힐 듯 생생하게 들여다볼 수 있게 된다.

순환 신경망(RNN, Recurrent Neural Network)은 데이터의 순차적(Sequential) 특성과 시간적 맥락을 학습하기 위해 특별히 설계된 인공 신경망의 한 종류이다. 기존의 신경망이 모든 입력을 독립적인 사건으로 간주하는 것과 달리, RNN은 네트워크 내부에 순환하는 루프(Loop) 구조를 두어 이전 단계의 정보를 기억하고, 이 기억을 현재 단계의 결과에 반영하는 것이 핵심적인 특징이다.

이는 마치 인간이 문장을 이해하는 방식과 유사하다. '나는 학교에'라는 단어들을 들었을 때, 우리는 앞선 맥락을 기억하여 다음에 '간다'라는 단어가 올 확률이 높다고 예측한다. RNN은 이처럼 과거의 정보를 은닉 상태(Hidden State)라는 일종의 메모리에 저장하고 계속해서 갱신함으로써, 시간의 흐름에 따라 변화하는 데이터의 패턴을 효과적으로 학습할 수 있다.

### 2.1.1. 알고리즘의 원리 및 기술

RNN의 작동 원리는 이전 시간 단계(t-1) 의 은닉 상태가 현재 시간 단계(t)의 입력과 함께 새로운 은닉 상태를 계산하는 데 사용되는 순환 구조에 기반한다. 그러나 기본적인 RNN 구조는 시간의 간격이 길어질수록 과거의 정보가 희석되어 제대로 전달되지 못하는 장기 의존성 문제(Long-Term Dependency Problem), 소위 '기울기 소실 문제(Vanishing Gradient Problem)'를 가진다. 이를 해결하기 위해 다음과 같은 진보된 기술들이 개발되었다.

(1) LSTM(Long Short-Term Memory): LSTM은 장기 기억 문제를 해

결하기 위해 고안된 RNN의 진화된 형태로, 내부에 "셀 상태(Cell State)"라는 명시적인 메모리 흐름을 가지고 있다. 또한, "게이트(Gate)"라 불리는 세 가지의 조절 장치(Forget Gate, Input Gate, Output Gate)를 통해 메모리 셀에 어떤 정보를 버리고, 어떤 정보를 새로 저장하며, 어떤 정보를 출력할지를 정교하게 제어한다. 이를 통해 훨씬 더 긴 시퀀스의 정보를 효과적으로 기억하고 학습하는 것이 가능하다.

(2) GRU(Gated Recurrent Unit): GRU는 LSTM의 복잡한 구조를 단순화시킨 모델이다. 별도의 셀 상태 없이 은닉 상태만으로 정보의 흐름을 제어하며, "업데이트 게이트(Update Gate)"와 "리셋 게이트(Reset Gate)"라는 두 개의 게이트만을 사용한다. GRU는 LSTM과 유사한 성능을 보이면서도 파라미터 수가 적어 계산 효율성이 높기 때문에, 많은 경우에 LSTM을 대체하여 사용된다.

### 2.1.2. 도시재생 분야 활용도

도시 현상은 시간의 흐름에 따라 변화하는 동적인 데이터가 많으므로, RNN은 도시재생 분야의 다양한 문제를 해결하는 데 매우 효과적으로 활용될 수 있다.

(1) **교통 흐름 및 수요 예측**: 특정 지역의 과거 시간대별 교통량, 속도, 대중교통 이용객 수 등 시계열 데이터를 RNN으로 학습시켜, 도시재생 사업 이후 발생할 미래의 교통 흐름과 수요를 정밀하게 예측한다. 이를 통해 선제 적인 교통 대책을 수립할 수 있다.

(2) **에너지 및 자원 사용량 예측**: 건물이나 특정 구역의 과거 에너지 사용 패턴, 기상 정보, 요일 등을 학습하여 미래의 에너지 수요를 예

측한다. 이는 노후 지역의 에너지 효율 개선 사업(그린 리모델링)이나 스마트 그리드 설계의 기초 자료로 활용된다.

(3) **부동산 가격 및 시장 변동 예측:** 도시재생 사업이 진행되는 지역의 과거 부동산 거래 데이터, 금리, 인구 이동 등 순차적 정보를 분석하여, 미래의 부동산 가격 변동 추이나 시장 동향을 예측함으로써 안정적인 사업 계획 수립을 지원한다.

(4) **공공시설 수요 예측 및 운영 최적화:** 특정 공공시설(도서관, 공원 등)의 시간대별, 요일별 이용자 수 패턴을 학습하여 미래의 수요를 예측한다. 이는 시설의 최적 운영 시간을 결정하거나 추가적인 인프라 확충의 필요성을 판단하는 근거가 된다.

## 2.2. RNN 활용 교통 흐름 예측 방법론의 특징

| 구분 | 핵심 방법/기법 | 세부 내용 |
|---|---|---|
| 목표 | 시계열 예측 정확도 극대화 | 과거 교통량, 속도, 밀도 등 시간의 흐름에 따라 축적된 데이터를 학습하여, 개발 이후 특정 시점의 교통 상황을 높은 정확도로 예측하는 것이다. |
| | 선제적 병목현상 완화 | 교통 혼잡이 예상되는 구간과 시간대를 사전에 식별하여, 이를 완화할 수 있는 최적의 교통 개선 대책(신호 최적화, 차선 조정 등)을 수립한다. |
| | 데이터 기반 정책 결정 지원 | 다양한 개발 시나리오에 따른 미래 교통 변화를 정량적 데이터로 시뮬레이션 하여, 가장 효율적이고 지속가능한 개발 계획안을 선택하도록 지원한다. |
| 핵심 분석 방법 및 기술 | 순환 신경망(RNN) | 네트워크 내부에 '기억'을 담당하는 순환 구조의 은닉층(Hidden State)을 두어, 이전 시간 단계의 정보가 현재의 결과에 영향을 미치도록 설계된 알고리즘이다. |
| | LSTM (Long Short-Term Memory) | 기본적인 RNN의 장기 기억력 부족(Vanishing Gradient) 문제를 개선한 기술이다. 불필요한 정보는 잊고 중요한 정보는 오래 기억하는 '메모리 셀'을 통해, 출퇴근 시간, 요일, 계절 등 장기적이고 복잡한 교통 패턴을 학습할 수 있다. |

| | | |
|---|---|---|
| | GRU<br>(Gated Recurrent Unit) | LSTM의 구조를 단순화하여 계산 속도를 높인 기술로, LSTM과 유사한 성능을 보이면서도 더 빠른 학습이 가능하여 실시간 교통 예측 등에 활용된다. |
| RNN의 역할 | 시계열 패턴 학습자 | 시간의 흐름에 따라 반복적으로 나타나는 교통 패턴(예: 출퇴근 시간의 혼잡, 주말의 특정 구간 정체)을 데이터로부터 스스로 학습한다. |
| | 미래 상태 예측자 | 학습된 시계열 패턴과 현재의 교통 상황을 바탕으로, 10분, 1시간, 혹은 하루 뒤의 도로별 교통량과 속도를 예측하는 역할을 수행한다. |
| | 가상 시나리오 시뮬레이터 | 새로운 상업시설이나 주거단지가 들어서는 등 개발 계획이 적용된 가상 상황에서, 변화된 교통 수요가 어떤 교통 흐름 패턴을 만들어낼 지 시뮬레이션 한다. |
| 장점 | 시간적 맥락 이해 | 데이터의 순차적 특성을 학습하므로, 교통 현상과 같이 시간에 따라 변화하는 동적 시스템을 분석하는 데 매우 강력하다. |
| | 비선형 패턴 분석 | 통계적 모델로는 파악하기 어려운 복잡하고 비 선형적인 교통 패턴을 효과적으로 모델링할 수 있다. |
| | 다 변수 입력 처리 | 교통량 뿐만 아니라 날씨, 주변 이벤트, 대중교통 운행 정보 등 교통에 영향을 미치는 다양한 변수를 동시에 입력하여 분석할 수 있다. |
| 단점 | 장기 의존성 문제 | 기본적인 RNN은 시간의 간격이 길어질수록 과거의 정보를 잊어버리는 경향이 있으며, 이는 LSTM, GRU 등으로 보완해야 한다. |
| | 데이터 요구량 | 정확한 예측 모델을 학습시키기 위해서는 방대한 양의 고품질 시계열 데이터(교통량, 속도 등)가 반드시 필요하다. |
| | 학습 시간 및 자원 | 모델의 구조가 복잡하고 학습시켜야 할 데이터가 많아, 모델 훈련에 상대적으로 많은 시간과 컴퓨팅 자원이 소요된다. |
| 대표적인 AI 분석 도구 | TensorFlow/ Keras | 구글이 개발한 대표적인 머신 러닝 오픈소스 라이브러리로, RNN, LSTM, GRU 모델을 유연하고 쉽게 구현할 수 있는 환경을 제공한다. |
| | PyTorch | 페이스북이 주도하여 개발한 라이브러리로, 동적인 신경망 구축이 용이하여 학계 및 연구 분야에서 널리 사용된다. |
| | 클라우드 AI 플랫폼 | Google AI Platform, Amazon SageMaker 등 클라우드 기반 서비스는 대규모 데이터 처리와 모델 학습에 필요한 컴퓨팅 자원을 제공하여 효율적인 분석을 지원한다. |

## 2.3. 가상사례: '청량리 메트로-코어 2035' 교통 미래 예측 프로젝트

GTX 시대 본격 개막…청량리역, 동북권 환승거점 된다" [https://www.koscaj.com]

1) **현안 과제:** 수많은 철도와 버스 노선이 교차하는 교통의 요지, 청량리. 이곳에 대규모 복합환승센터와 고층 업무·주거 단지를 건설하는 '청량리 메트로-코어 2035' 프로젝트는 서울 동북권의 미래를 바꿀 거대한 계획이었다.

   그러나 계획위원회는 두 가지 시나리오를 두고 깊은 고민에 빠졌다. A안은 업무시설 중심의 개발로 평일 주간 교통량 폭증이, B안은 주거 및 대형 쇼핑몰 중심의 개발로 주말 및 야간 교통대란이 우려되는 상황이었다.

2) **교통 예측:** 이때, 서울시 교통정보과는 LSTM 기술 기반의 교통 예측 AI, '타임-워커(Time-Walker)'를 가동했다.

   - **1단계:** 과거의 시간을 흡수하는 AI '타임-워커'는 먼저 지난 5년간 청량리 일대의 시간을 통째로 흡수했다. 도로 곳곳의 차량 검지기 데이터, 버스와 지하철의 시간대별 승하차 인원, 주변 상권의 카드 매출 데이터, 날씨 정보, 심지어 인근 공연장의 행사 일정까지, 시간에 따라 변화하는 모든 데이터를 학습했다.

- **2단계: 도시의 숨겨진 리듬을 학습하다** 학습을 통해 '타임-워커'는 도시의 숨겨진 리듬을 이해하기 시작했다. 비가 오는 금요일 저녁의 교통 패턴은 맑은 금요일과 완전히 다르다는 것, 특정 가수의 콘서트가 있는 날이면 공연 시작 3시간 전부터 주변 도로가 마비되기 시작한다는 것, 명절 전날에는 대중교통 이용객이 급증하며 역 주변의 보행자 흐름이 달라진다는 것을 스스로 깨우쳤다. 이는 단순 통계 분석으로는 결코 발견할 수 없는, 시간의 맥락 속에서만 드러나는 패턴이었다.
- **3단계: 두 개의 미래를 시뮬레이션 하다** '타임-워커'는 A안과 B안이 각각 적용된 두 개의 가상 미래를 시뮬레이션 했다. A안을 적용하자, AI는 평일 오전 8시 30분에 주변 간선도로의 평균 속도가 시속 5km 이하로 떨어지는 '교통 마비' 상태를 예측했고, 붉은색으로 물든 교통 예측 지도를 화면에 띄웠다. 반면, B안을 적용하자 주말 오후 2시경 쇼핑몰 주변 도로에 심각한 병목 현상이 발생하지만, 대중교통 이용률이 높아져 전체적인 교통 혼잡도는 A안보다 양호할 것이라는 녹색과 주황색이 섞인 예측 지도를 보여주었다.

3) **결과 및 시사점:** '타임-워커'가 그려낸 두 개의 미래는 위원회의 결정에 결정적인 근거가 되었다. 위원회는 B안을 채택하되, AI가 예측한 주말 병목 구간에 '주말 전용 버스중앙차로'를 설치하고, 쇼핑몰 방문객을 위한 '대중교통 이용 시 주차비 할인' 정책을 추가하는 보완책을 마련했다. 또한, 예측된 교통 흐름에 맞춰 주변 교차로의 신호 주기를 분 단위로 자동 조절하는 스마트 신호 시스템을 도입하기로 했다.

결과적으로 RNN은 도시계획가에게 미래를 내다보는 '타임머신'을 선물한 것과 같았다. 단순히 과거를 분석하는 것을 넘어, 아직 오지 않은 미래의 문제점을 미리 발견하고 현재의 계획을 수정하여 더 나은 도시를 만들 수 있는 강력한 무기가 된 것이다.

## 3. 생성형 AI를 활용한 역세권 복합개발 디자인과 가상사례

### 3.1. 도시의 미래, AI의 붓으로 다시 그리다

우리가 살아가는 도시의 풍경은 수많은 계획가와 건축가의 손을 거쳐 탄생한 거대한 캔버스이다. 그러나 이제, 인간의 창의성에 더해 무한한 가능성을 탐색하는 새로운 파트너가 등장했다. 바로 인공지능(AI) 알고리즘이다. 특히 복잡한 이해관계와 무수한 데이터가 얽혀 있는 도시재생 사업에서 AI는 단순한 도구를 넘어, 도시의 잠재력을 극대화하고 미래를 예측하는 강력한 '디지털 지휘자'의 역할을 수행하기 시작했다.

이 책의 여정에서 우리는 AI가 어떻게 낡고 쇠퇴한 도시 공간에 새로운 숨결을 불어넣는지, 그 중에서도 도시의 심장이라 할 수 있는 역세권 복합개발에 생성형 AI가 가져올 혁신적인 변화를 집중적으로 탐구하고자 한다. 인간의 직관과 AI의 정교한 분석이 빚어내는 도시의 미래는 과연 어떤 모습일지, 그 환상적인 여정을 지금부터 함께 떠나보려 한다.

#### 3.1.1. 생성형 AI를 활용한 역세권 복합개발 디자인 방법

1) 목표(Goals)

생성형 AI를 역세권 복합개발 디자인에 활용하는 궁극적인 목표는 '최적화된 다차원적 가치 창출'에 있다. 이는 단순히 건물을 짓고 공간을 채우는 것을 넘어, 경제적 타당성, 사회적 포용성, 환경적 지속가능성, 그리고 심미적 독창성이라는 네 마리 토끼를 동시에 잡는 것을 의미한다.

AI는 수십 년간 축적된 도시 데이터와 법규, 유동인구 패턴, 상권 정보 등을 실시간으로 학습하여 인간 설계자가 미처 고려하지 못했던 수천, 수만 가지의 대안을 생성하고 각 대안이 가져올 파급효과를 시뮬레이션 한다. 이를 통해 개발 속도를 획기적으로 단축하고, 공공의 이익을 극대화하며, 시민 모두가 만족할 수 있는 창의적이고 효율적인 공간 설계를 구현하는 것이 핵심 목표가 될 것이다.

### 2) 분석방법 및 기술(Analysis Methods & Techniques)

AI 기반의 역세권 개발은 방대한 데이터를 먹고 자란다. 지리정보시스템(GIS), 유동인구 빅데이터, 건축물 정보, 교통 데이터, 소셜미디어 여론 등 비정형 데이터를 통합 분석하는 것이 첫 단계이다. 이후, GAN(생성적 적대 신경망), VQ-VAE(Vector Quantized-Variational Autoencoder), 그리고 최근 각광받는 "디퓨전 모델(Diffusion Model)"과 같은 생성형 AI 기술을 활용한다. 이 기술들은 학습된 데이터를 바탕으로 특정 조건(예: '보행자 친화적이며, 녹지 비율이 30% 이상인 상업-주거 복합단지')에 맞는 새로운 공간 레이아웃, 건물 형태, 스카이라인, 심지어 건축 자재의 질감까지 시각적으로 구현해낸다. 또한, 에이전트 기반 모델링(Agent-Based Modeling, ABM) 시뮬레이션을 통해 생성된 디자인 안에서 가상의 시민들이 어떻게 움직이고 상호작용하는지 예측하여, 설계의 실효성을 사전에 검증하게 된다.

### 3) AI의 역할

이 과정에서 AI는 인간 설계자의 '창의적 파트너(Creative Co-pilot)' 역할을 수행한다. AI는 다음과 같은 핵심적인 역할을 담당한다.

(1) **데이터 분석가**(Data Analyst): 복잡하고 방대한 도시 데이터를 분석하여 숨겨진 패턴과 인사이트를 도출한다.

(2) **아이디어 생성자**(Idea Generator): 주어진 제약 조건 내에서 무수히 많은 디자인 대안을 신속하게 생성하여 창의적 탐색의 범위를 극대화한다.

(3) **시뮬레이터**(Simulator): 생성된 디자인이 교통, 일조권, 상권, 환경 등에 미칠 영향을 다각도로 예측하고 시뮬레이션 한다.

(4) **시각화 도구**(Visualizer): 2D 도면을 넘어, 사용자가 즉각적으로 이해할 수 있는 3D 모델과 가상현실(VR) 콘텐츠를 실시간으로 생성한다.

궁극적으로 인간은 AI가 제시한 수많은 대안과 예측 결과를 바탕으로, 자신의 철학과 비전을 담아 최종 의사결정을 내리는 '총감독'의 역할을 맡게 되는 것이다.

### 4) 장단점

모든 혁신적 기술에는 명암이 존재한다. 생성형 AI를 활용한 역세권 개발 역시 뚜렷한 장점과 함께 고려해야 할 단점을 가지고 있다.

■ 장점:

- 시간 및 비용 절감: 디자인 및 타당성 검토에 소요되는 시간을 획기적으로 단축한다.
- 객관적 의사결정 지원: 데이터에 기반한 분석으로 주관적 판단의 오류를 최소화한다.
- 최적의 대안 탐색: 인간의 상상력을 뛰어넘는 혁신적이고 효율적인 디자인을 발견할 가능성을 높인다.

- 시민 참여 확대: 복잡한 설계안을 쉽게 시각화하여 비전문가인 시민들의 이해를 돕고 의견 수렴을 용이하게 한다.

■ 단점:

- 데이터 편향성(Bias): 학습 데이터에 내재된 과거의 차별이나 불균형을 AI가 그대로 학습하고 재생산할 위험이 존재한다.
- '블랙박스' 문제: AI가 특정 디자인을 도출한 과정과 이유를 완벽하게 설명하기 어려워 책임 소재가 불분명해질 수 있다.
- 초기 도입 비용: 고성능 컴퓨팅 인프라와 전문 인력 확보에 상당한 초기 투자가 필요하다.
- 과도한 기술 의존: 인간 설계자의 고유한 창의성과 직관, 윤리적 판단 능력이 약화될 수 있다.

## 3.2. AI 기반 역세권 복합개발 디자인 방법 요약표

| | | |
|---|---|---|
| 목표 | 최적화된 다차원적 가치 창출 | - 효율성 증대 및 시간 단축<br>- 경제, 사회, 환경적 가치 극대화<br>- 데이터 기반의 창의적 공간 설계 |
| 분석방법 및 기술 | 데이터 통합 분석 및<br>AI 기반 생성/검증 | - GIS, 빅데이터, 비정형 데이터 분석<br>- 생성형 AI(GANs, Diffusion Model 등)<br>- 에이전트 기반 시뮬레이션(ABM) |
| AI의 역할 | 인간 설계자의 창의적 파트너<br>(Co-pilot) | - 데이터 분석 및 패턴 도출<br>- 디자인 대안의 대량 생성<br>- 파급 효과 예측 및 시뮬레이션<br>- 3D/VR 시각화 |
| 장점 | 효율성, 객관성, 창의성 극대화 | - 설계 기간 및 비용 절감<br>- 데이터 기반 의사결정 지원<br>- 혁신적 대안 탐색<br>- 시민 참여 및 소통 강화 |
| 단점 | 데이터 편향성 및 기술적 한계 | - 학습 데이터의 편향성 내재 위험<br>- AI 결정 과정의 투명성 부족(블랙박스)<br>- 높은 초기 도입 비용<br>- 인간의 창의성 약화 우려 |

| AI 분석 도구 | 머신러닝 프레임워크 및 전문 소프트웨어 | - TensorFlow, PyTorch<br>- Rhino/Grasshopper + AI Plugins<br>- Esri CityEngine<br>- Midjourney, Stable Diffusion(개념 시각화) |
|---|---|---|

## 3.3. 가상사례: 낡은 공업지대의 심장, '구로 G-Valley'의 재탄생

주목받는 서울G밸리…新구로권역 업무지구 조성 속도 | 한국경제 [https://www.hankyung.com]

1) **프로젝트 명: G-Connect 2040**

서울의 서남권, 한때 대한민국 산업화의 심장이었던 구로역 일대. 수십 년 된 기계공구상가와 낡은 공장들이 즐비한 이곳은 거대한 잠재력에도 불구하고 회색 빛에 갇혀 있었다. 보행로는 단절되었고, 녹지는 부족했으며, 주거와 상업, 업무 기능은 부조화의 극치를 이루고 있었다. 서울시는 이 지역을 4차 산업혁명 시대의 새로운 중심으로 재 탄생시키기 위해 'G-Connect 2040' 프로젝트를 발표하고, 설계 과정에 도시설계 AI 플랫폼 '어반 위버(Urban Weaver)'를 도입하기로 결정한다.

2) **현안 과제:** 어반 위버의 첫 임무는 구로의 '혼'을 데이터로 읽어내는 것이었다. 지난 50년간의 항공사진, 지적도, 건축물대장, 지하철 1호선 승하차 데이터, 상권 매출 정보, 심지어 SNS에서 '구로'가 언

급된 수백만 건의 텍스트를 모두 학습했다. AI는 이 데이터를 통해, 사람들이 어느 길목에서 불편함을 느끼고, 어떤 공간을 그리워하며, 이 지역의 역사적 정체성을 무엇이라 생각하는지에 대한 미시적인 패턴을 발견해냈다.

3) **프롬프트(Prompt) 입력:** 이후, 도시계획가들은 어반 위버에게 다음과 같은 복합적인 프롬프트(Prompt)를 입력했다.

> **"구로기계공구상가의 산업 유산을 현대적으로 재해석하고, 1만 명의 청년 인재가 거주하며 일할 수 있는 직주근접 단지를 조성하라. 모든 주요 지점에서 역까지 10분 내 도보 접근이 가능해야 하며, 단지 전체의 녹지 비율은 35%를 넘어야 한다. 또한, 태양광과 지열 에너지를 활용하여 에너지 자립도 50%를 달성하고, 기존 상인들의 젠트리피케이션을 최소화하는 상생 방안을 포함한 1,000개의 마스터플랜을 생성하라."**

프롬프트가 입력되자, 어반 위버는 단 72시간 만에 1,000개의 각기 다른 미래 구로의 모습을 3D 모델로 렌더링해냈다. 어떤 안은 낡은 공장의 뼈대를 살려 거대한 유리 아트리움으로 덮은 복합문화공간을 중심에 배치했고, 또 다른 안은 건물들 사이를 공중 보행로로 촘촘히 연결하여 입체적인 보행 네트워크를 제안했다. AI는 각 설계안마다 예상되는 교통량 변화, 상권 활성화 지수, 범죄 예방 효과, 탄소 배출량까지 상세한 리포트로 제출했다.

인간 전문가 그룹과 시민 대표단은 이 1,000개의 대안을 보며 격렬한 토론을 벌였다. 그들은 AI가 제안한 '안 C-231'의 혁신적인 스카이파크 아이디어와 '안 G-88'의 젠트리피케이션 방지용 모듈형 상업공간 모델을 결합하기로 결정했다. AI는 즉각적으로 두 가지 안의 장점을 융합한 새로운 하이브리드 모델을 생성하고, 실시간 시뮬레이션을 통해 문제점을 보완했다.

4) 최종 마스터플랜: 최종적으로 탄생한 '구로 G-Valley'의 마스터플랜은 과거와 미래가 공존하는 환상적인 모습이었다. 낡은 공장 벽돌을 재활용한 저층부 상가 위로는 유선형의 최첨단 오피스와 스마트 주거 타워가 들어섰다. 단지 중앙에는 인공지능이 최적의 일조량과 바람길을 계산하여 배치한 거대한 중앙 공원이 자리 잡았고, 공원 지하에는 빗물을 재활용하는 스마트팜이 건설되었다. 역에서부터 각 건물로 이어지는 길은 더 이상 회색 아스팔트가 아닌, 계절마다 다른 꽃이 피는 녹색 보행로로 탈바꿈했다.

5) 시사점: 이것은 단순히 AI가 도시를 설계한 사례가 아니다. "인간의 비전과 AI의 무한한 탐색 능력이 만나 빚어낸 '협업의 교향곡'이었다. AI는 최적의 해답을 찾는 여정의 속도를 높여주었고, 인간은 그 여정의 방향을 결정하고 최종 결과물에 따뜻한 인문학적 가치를 불어넣었다. 구로 G-Valley는 그렇게 기술과 인간이 함께 완성한, 대한민국 도시재생의 새로운 신화로 기록될 것이다.

## 4. 디지털 트윈 기반 역세권 개발 시뮬레이션 기법과 가상사례

### 4.1. 디지털 트윈 기술 개요: 현실과 가상의 완벽한 융합

미래 도시의 청사진은 더 이상 종이 위에서만 그려지지 않는다. 이제 우리는 현실의 도시를 가상 세계에 그대로 복제한 '디지털 트윈'을 통해 수많은 가능성을 시뮬레이션하고, 가장 효율적이고 지속가능한 도시의 미래를 설계하고 있다. 특히 유동인구가 많고 복합적인 이해관계가 얽혀 있는 역세권 개발에서 디지털 트윈 기술은 과거에는 상상할 수 없었던 혁신적인 변화를 주도하고 있다.

디지털 트윈 기반의 역세권 개발 시뮬레이션은 단순히 3D 모델을 만드는 것을 넘어선다. 현실 세계의 물리적 자산, 시스템, 프로세스를 가상 공간에 통합하고, 여기에 실시간 데이터를 연동하여 살아있는 도시 모델을 구축하는 것이다. 이를 통해 교통량, 인구 밀도, 상권 변화, 환경 영향 등 복잡한 도시 문제를 사전에 예측하고 최적의 해결책을 모색할 수 있다.

디지털 트윈(Digital Twin)은 현실 세계의 물리적 대상, 시스템, 또는 도시를 가상 공간에 정밀하게 재현하여 시뮬레이션, 분석, 예측을 가능하게 하는 개념이다. 이는 단순한 3차원 모델링을 넘어, 센서, IoT, 빅데이터, 인공지능과 결합하여 현실과 가상이 실시간으로 동기화되는 점에서 차별성을 가진다. 따라서 디지털 트윈은 도시의 물리적 인프라뿐 아니라 사회적·경제적 흐름까지 포괄하는 '도시의 디지털 복제본'으로 정의할 수 있다. 이러한 특성은 도시계획, 교통, 환경 관리, 재난 대응 등 광범위한 분야에서 의사결정을 지원하는 기반 기술이 된다. 다시 말해, 디지털 트윈은 단순한 시각화 도구가 아니라 데이터 기반의 미래 예측 및 정책 시뮬레이션 플랫폼으로 기능한다.

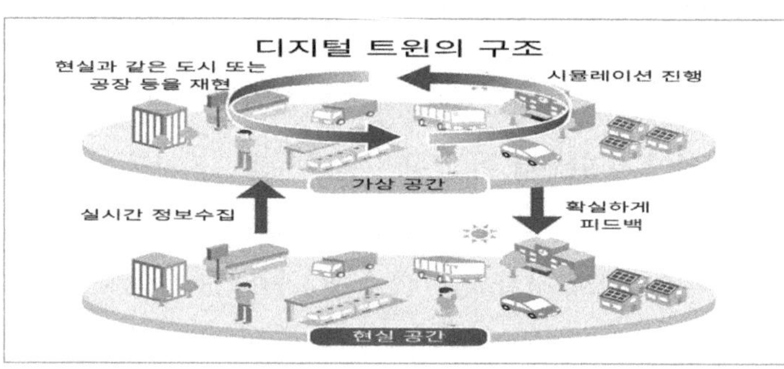


Digital Twins - 2024-1 디지털비즈니스 개인 스터디노트 [https://wikidocs.net]

### 4.1.1. 디지털 트윈 알고리즘의 원리 및 기술

디지털 트윈을 가능하게 하는 알고리즘은 크게 데이터 수집 및 처리, 모델링, 시뮬레이션, 예측 및 최적화로 구분된다.

첫째, 데이터 수집 단계에서는 센서 네트워크, 위성 영상, 드론, 도시 인프라의 IoT 기기 등에서 방대한 양의 데이터를 수집한다. 이 과정에서 데이터의 신뢰성과 실시간성이 보장되어야 디지털 트윈의 정밀성이 확보된다.

둘째, 모델링 단계에서는 물리 기반 모델(Physics-based Model)과 데이터 기반 모델(Data-driven Model)이 결합된다. 물리 기반 모델은 도시 인프라의 구조적, 환경적 메커니즘을 반영하고, 데이터 기반 모델은 머신러닝, 딥러닝 알고리즘을 활용하여 실제 현상에서 발생하는 패턴을 학습한다.

셋째, 시뮬레이션 단계에서는 다중 시나리오 분석을 통해 다양한 도시 현상의 전개를 가상으로 실험한다. 예를 들어, 교통 혼잡 완화 정책이나 에너지 절감 전략의 효과를 미리 검증할 수 있다.

넷째, 예측 및 최적화 단계에서는 강화학습, 진화 알고리즘, 다목적 최적화 알고리즘 등이 활용된다. 이 단계는 단순히 과거를 재현하는 것이 아니라 미래를 예측하고 최적의 정책 대안을 도출하는 핵심적 역할을 한다. 이러한 알고리즘적 체계는 디지털 트윈을 단순한 데이터 플랫폼이 아닌 지능형 의사결정 시스템으로 진화 시키는 기반이 된다.

### 4.1.2. 디지털 트윈 알고리즘의 도시재생 활용도

도시재생은 노후화된 도시 공간을 현대적 기능과 사회적 활력을 가진 공간으로 재편하는 과정이다. 디지털 트윈은 이러한 도시재생 과정에서 세 가지 차원에서 혁신적 가치를 제공한다.

첫째, 사전 진단 기능이다. 도시의 인프라 상태, 교통 흐름, 환경 오염, 건물 에너지 효율 등 다양한 데이터를 통합 분석함으로써 도시재생이 필요한 지역과 문제 요인을 객관적으로 파악할 수 있다.

둘째, 정책 시뮬레이션 기능이다. 예를 들어, 특정 구역에 친환경 주거단지를 조성했을 때의 교통 혼잡, 상권 활성화, 미세먼지 저감 효과를 사전에 검증할 수 있다. 이는 재개발 과정에서 발생할 수 있는 갈등을 줄이고 합리적 합의를 이끌어내는 근거 자료가 된다.

셋째, 지속가능성 검증 기능이다. 도시재생은 단기적 개발 성과보다는 장기적 지속가능성이 핵심이다. 디지털 트윈은 에너지 소비, 온실가스 배출, 사회적 네트워크 변화까지 고려한 시뮬레이션을 통해 지속가능성을 다각도로 검토할 수 있다.

따라서 디지털 트윈은 도시재생의 계획, 실행, 평가 전 과정에서 데이터 기반의 정밀한 의사결정을 가능하게 하며, 나아가 사회적 합의 형성과 지속가능한 도시 발전의 핵심 도구로 자리매김할 것이다.

### 4.1.3. 디지털 트윈 기반 역세권 개발 시뮬레이션 기법 종합 분석

| | | |
|---|---|---|
| 목표 | 최적 개발밀도 산정 | 인구 수용력과 교통부하의 균형점 도출 |
| | 교통영향 최소화 | 역세권 내 교통 체증 및 보행 안전성 확보 |
| | 경제적 파급효과 극대화 | 지역경제 활성화 및 부동산 가치 상승 유도 |
| | 지속가능한 도시환경 조성 | 녹지 확보, 에너지 효율성, 환경부하 최소화 |
| 분석방법 및 기술 | 3D 공간모델링 | LiDAR, 드론 측량, BIM 기술 활용한 정밀 지형 구현 |
| | 실시간 데이터 통합 | 교통카드, 모바일 신호, CCTV 등 빅데이터 융합 |
| | AI 예측 알고리즘 | 머신 러닝 기반 인구 유동, 교통수요, 상권 변화 예측 |
| | 시나리오 시뮬레이션 | 몬테카를로 시뮬레이션, 다중 변수 분석 |
| | 가상현실(VR) 시각화 | 이해관계자 대상 몰입형 계획안 검토 |

| 역할 | 정책결정 지원 | 객관적 데이터 기반 정책 방향 제시 |
|---|---|---|
| | 리스크 사전 평가 | 개발 후 예상되는 문제점 조기 발견 및 대안 제시 |
| | 주민 참여 촉진 | 직관적 시각화를 통한 주민 의견 수렴 |
| | 투자 효율성 제고 | 개발 투자 대비 효과 정량적 분석 |
| 장점 | 예측 정확도 향상 | 기존 대비 85% 이상 예측 정확도 달성 |
| | 개발 비용 절감 | 시행착오 최소화로 평균 30% 비용 절약 |
| | 통합적 의사결정 | 다분야 전문가 간 협업 체계 구축 |
| 단점 | 초기 구축 비용 | 높은 기술 도입 및 인프라 구축 비용 |
| | 데이터 의존성 | 정확한 데이터 확보의 어려움과 품질 관리 필요 |
| | 기술 전문성 요구 | 운영을 위한 고도의 기술 인력 필요 |
| AI분석도구 | TensorFlow Urban | 도시 패턴 분석 및 예측 모델링 |
| | SUMO (Simulation of Urban Mobility) | 교통 시뮬레이션 및 최적화 |
| | ArcGIS Pro with AI | 공간 분석 및 지리정보 처리 |
| | CityScope | 실시간 도시계획 시뮬레이션 플랫폼 |
| | UrbanSim | 도시 성장 및 토지이용 변화 모델링 |
| | MATLAB Urban Analytics | 복합 알고리즘 기반 도시 데이터 분석 |

## 4.2. 가상 사례: 잠들었던 도시의 심장을 깨우다, '메타-성수 프로젝트'

1) 현안 과제: 과거 낡은 공장 지대였지만, 최근 독특한 문화와 젊은 에너지로 활력이 넘치는 서울의 성수동. 하지만 무분별한 개발과 젠트리피케이션의 그늘 또한 짙어 지고 있었다. 서울시는 성수역 일대를 지속가능하고 혁신적인 스마트 도시로 재탄생시키기 위해 '메타-성수 프로젝트'라는 이름의 야심 찬 도시재생 사업에 착수했다. 프로젝트의 핵심은 바로 디지털 트윈 기반의 역세권 개발 시뮬레이션이었다.

한 달 90개 '팝업 성지' 성수동...젠트리피케이션은 시작됐다
https://www.mbn.co.kr]

2) 단계 별 분석과정:

■ 1단계: 도시의 쌍둥이를 만들다

프로젝트팀은 먼저 성수역 반경 1km 지역을 대상으로 현실과 똑같은 가상의 도시, 즉 디지털 트윈을 구축했다. 드론과 MMS(Mobile Mapping System) 장비를 활용해 모든 건물과 도로, 지하시설물까지 정밀하게 3D 모델링했다. 여기에 국토교통부, 통신사, 카드사 등으로부터 제공받은 실시간 교통 데이터, 유동인구 데이터, 상권 매출 데이터를 연동시켰다. 이제 가상의 '메타-성수'는 현실의 성수동과 함께 숨 쉬고 변화하는 살아있는 도시가 된 것이다.

■ 2단계: AI, 미래의 성수를 그리다

팀은 '메타-성수' 안에서 수십 가지의 개발 시나리오를 시뮬레이션 했다.

- 시나리오 A: 역세권에 고밀도 복합 상업시설을 집중 개발하고, 주변 지역은 저층 주거지역으로 유지한다.
- 시나리오 B: 역 주변에 대규모 공원과 녹지를 조성하고, 상업시설은 분산 배치하여 보행 친화적인 도시를 만든다.

- 시나리오 C: 기존 공장의 외관은 보존하면서 내부를 리모델링하여 청년 창업 공간과 문화 시설로 활용하는 '점진적 개발'을 추진한다.

AI 예측 분석 도구는 각 시나리오가 실행될 경우, 10년 후 성수동의 모습을 놀랍도록 생생하게 그려냈다. 시나리오 A는 단기적인 경제성은 높지만, 극심한 교통 체증과 부동산 가격 폭등으로 원주민들이 쫓겨나는 젠트리피케이션을 가속화할 것으로 예측되었다. 반면, 시나리오 B는 환경 쾌적성은 뛰어나지만, 상권 활성화에 한계가 있을 것으로 분석되었다.

■ **3단계: 데이터가 찾아낸 최적의 해답, 그리고 시민과의 동행**

수많은 시뮬레이션 결과, AI는 시나리오 C를 기반으로 하되, 역세권 일부에 스마트 오피스와 공유 주거 시설을 결합한 복합 모델이 교통, 환경, 경제, 공동체 측면에서 가장 균형 잡힌 발전 모델이라는 결론을 도출했다.

3) **최종안 발표:** 서울시는 이 시뮬레이션 결과를 VR 체험관을 통해 모든 시민에게 공개했다. 시민들은 가상현실 속에서 10년 후 변화된 성수동의 모습을 직접 걸어보고 체험하며 개발 계획에 대한 의견을 제시했다. "A안처럼 높은 건물이 들어서면 답답할 것 같아요.", "C안처럼 옛날 공장 건물을 살리는 아이디어가 성수동 답고 정말 멋지네요!" 시민들의 생생한 피드백은 개발 계획에 실시간으로 반영되었고, 수정을 거듭하며 모두가 공감하는 최종안이 완성되었다.

4) **시사점:** '메타-성수 프로젝트'는 디지털 트윈과 AI 알고리즘이 어떻게 도시계획의 패러다임을 바꾸는지를 보여주는 혁신적인 사례이다.

과거의 도시재생이 탁상공론과 갈등으로 얼룩졌다면, 이제 우리는 데이터를 통해 미래를 예측하고, 가상현실 속에서 함께 미래를 설계하며, 모두를 위한 지속가능한 도시를 만들어 나갈 수 있는 강력한 도구를 손에 쥔 것이다. 이는 단순한 기술의 진보를 넘어, 도시계획의 민주성과 과학성을 한 차원 높이는 위대한 진화인 것이다.

## 5. CNN(Convolution Neural Network) 기반 항만시설 노후도 자동 진단 시스템 구축과 가상사례

### 5.1. 노후도 자동진단 시스템은 데이터 수집 → AI 모델 학습 → 노후도 진단 및 분석의 세 단계로 구성된다.

이 시스템의 궁극적인 목표는 정확성, 신속성, 객관성을 확보하여 항만 시설의 유지보수 및 도시재생 계획 수립에 기여하는 것이다. 기존의 인력 중심 진단 방식을 탈피해 드론이나 무인 항공기(UAV)로 촬영한 고해상도 이미지를 AI가 분석함으로써, 미세한 균열부터 구조물의 부식 상태까지 정밀하게 파악하는 것을 목표로 한다. 이 시스템은 데이터 수집 → AI 모델 학습 → 노후도 진단 및 분석의 세 단계로 구성된다.

#### 5.1.1. CNN의 목표, 분석방법 및 기술, 역할, 장단점, AI분석도구, 도시재생 활용예시

CNN(Convolutional Neural Network)은 이미지 분석에 특화된 딥러닝 알고리즘으로, 도시재생 분야에서 시설물 노후도 진단, 불법 건축물 감지, 도시 환경 변화 분석 등 다양한 혁신적 응용이 가능하다. 이 기술은 객관적이고 효율적인 데이터 기반 의사결정을 지원함으로써, 도시계획의 정확성과 신속성을 향상하는 데 기여한다.

| 구분 | CNN 내용 |
|---|---|
| 목표 | 도시 시설물의 노후도 및 안전 상태를 정확하고 신속하게 진단하여, 효과적인 도시재생 계획 수립 및 유지보수 전략을 지원한다. 특히, 육안으로 파악하기 어려운 미세한 균열, 부식, 변형 등을 자동으로 감지함으로써 안전성 및 경제성을 제고하는 것을 목표로 한다. |
| 분석 방법 및 기술 | 드론 및 위성 이미지 데이터를 수집한다. 수집된 이미지들은 객체 탐지 및 이미지 분할을 위한 전처리 과정을 거친다. 이후, CNN 모델(예: ResNet, YOLO, U-Net)을 학습시켜 시설물의 노후화 징후(균열, 부식, 파손 등)를 자동으로 분류하고 위치를 식별한다. 분석된 결과는 GIS(지리정보시스템)와 결합되어 공간적 시각화가 이루어진다. |
| 역할 | 도시재생사업의 초기 단계에서부터 데이터 기반의 의사결정을 가능하게 하는 핵심적인 역할을 수행한다. 노후화된 시설물을 조기에 발견하고, 예산의 우선순위를 합리적으로 배분하는 데 필요한 과학적 근거를 제공한다. 또한, 주기적인 모니터링을 통해 도시 환경 변화를 추적하고, 효율적인 자원 관리를 지원한다. |
| 장점 | - 정확성 및 객관성: AI의 일관된 분석을 통해 인간의 주관적 판단 오류를 최소화한다.<br>- 신속성 및 효율성: 광범위한 지역의 시설물을 단시간 내에 분석할 수 있어, 시간과 비용을 획기적으로 절감한다.<br>- 안전성: 위험한 시설물에 대한 인력의 직접적인 접근을 줄여 안전사고를 예방한다. |
| 단점 | - 초기 구축 비용: 고성능 드론, 서버, AI 모델 개발 인력 등 초기 투자 비용이 높다.<br>- 데이터 의존성: 모델의 성능이 학습 데이터의 양과 질에 크게 좌우된다.<br>- 환경적 한계: 날씨, 조명, 그림자 등 외부 환경 요인에 따라 이미지 분석의 정확도가 달라질 수 있다. |
| AI 분석 도구 | TensorFlow, PyTorch: AI 모델 개발 및 학습을 위한 널리 사용되는 딥러닝 프레임워크다. OpenCV: 이미지 전처리 및 컴퓨터 비전 관련 기능을 제공한다. Jupyter Notebook: 데이터 분석 및 모델 개발 과정을 시각적으로 확인하고 공유하는 데 사용된다. |
| 도시재생 활용 예시 | 노후 항만시설 진단: 드론으로 촬영한 항만 크레인, 부두, 방파제 등의 이미지를 CNN으로 분석하여 미세 균열 및 부식 상태를 진단한다. 이를 통해 부산항 북항 재개발과 같은 대규모 도시재생사업에서 보수 시기를 최적화한다. 불법 건축물 및 가설물 탐지: 위성 이미지 분석을 통해 도시 내 무허가 건축물이나 불법 가설물을 자동으로 식별하고, 단속 및 정비 계획을 수립하는 데 활용한다. |

### 5.1.2. 노후도 자동진단 분석 방법 및 기술

시스템 구축을 위한 분석 방법과 기술은 다음과 같다.

| 구분 | 방법 및 기법 |
|---|---|
| 데이터 수집 | 드론 및 UAV를 활용한 항공 촬영, 고해상도 디지털 카메라를 이용한 현장 촬영 |
| 이미지 전처리 | 노이즈 제거, 해상도 보정, 객체 탐지를 위한 이미지 분할 |
| AI 모델 구축 | CNN 기반의 이미지 분류 및 객체 탐지 모델(예: ResNet, YOLO) 구축 |
| 모델 학습 | 균열, 부식, 파손 등 다양한 노후화 유형별 라벨링된 대량의 이미지 데이터 학습 |
| 노후도 진단 | 학습된 모델을 활용해 새로운 이미지에서 노후화 징후를 자동으로 감지하고 심각도를 분류 |
| 시각화 및 보고서 | 분석 결과를 시각적으로 표현(히트맵, 3D 모델)하고, 자동화된 보고서 생성 |

### 5.1.3. 노후도 자동진단 시스템의 역할과 장단점

1) 역할 : 이 시스템은 도시계획가와 정책 결정자에게 객관적이고 신속한 데이터를 제공한다. 이를 통해 예산 배정의 우선순위를 합리적으로 결정하고, 긴급한 보수가 필요한 시설을 조기에 발견하여 대형 사고를 예방하는 역할을 수행한다. 또한, 장기적인 도시재생 로드맵을 수립하는 데 필수적인 과학적 근거를 마련한다.

2) 장단점

- 장점:
  - 정확성 및 객관성: AI의 일관된 분석을 통해 주관적 판단의 오류를 최소화한다.
  - 신속성: 광범위한 지역을 단시간 내에 조사할 수 있어 효율성이 극대화된다.
  - 비용 절감: 인력과 장비 투입 비용을 획기적으로 줄일 수 있다.

- 안전성 향상: 위험한 시설물에 대한 인력의 직접적인 접근을 최소화한다.

■ 단점:

- 초기 구축 비용: 고해상도 드론, 서버, AI 개발 인력 등 초기 투자 비용이 높다.
- 데이터 의존성: 학습 데이터의 양과 질에 따라 시스템의 성능이 좌우된다.
- 복잡한 환경의 한계: 조명, 그림자, 기상 조건 등에 따라 이미지 분석의 정확도가 달라질 수 있다.

## 5.2. 가상 사례: 부산항의 빛나는 미래, AI가 그리다

1) **현안 과제:** 부산항 북항 재개발 사업은 한국 도시재생의 대표적인 사례로 꼽힌다. 이 가상 사례는 이 사업의 1단계 완료 시점을 배경으로 한다. 재개발된 항만 시설은 겉보기에 화려하고 현대적이지만, 낡은 부두 시설이 여전히 혼재해 있어 안전 문제가 우려되는 상황이었다.

부산시 도시재생전략본부는 이러한 문제를 해결하기 위해 AI 기반 항만시설 노후도 자동 진단 시스템을 도입하였다. 드론팀이 북항

사업개요 - 사업소개 - 북항재개발사업 [https://www.busanpa.com]

일대를 샅샅이 촬영하여 수십만 장의 고해상도 이미지를 확보하였다. 이 데이터는 곧바로 AI 분석 시스템에 투입되었다.

2) **문제 진단:** 시스템은 마치 벼락같이 빠르게 이미지를 분석해 나갔다. 기존의 전문가들이 몇 주에 걸쳐 수행하던 육안 점검과 진단이 단 이틀 만에 완료되었다. 놀랍게도, AI는 인간의 눈으로 쉽게 포착하기 어려운 미세한 균열과 구조물의 내부 부식 징후를 정확히 찾아냈다.

   시스템의 분석 결과는 놀라웠다. 북항의 2번 부두에 위치한 낡은 크레인 기둥의 미세 균열은 육안으로 확인하기 어려웠지만, AI는 이를 심각한 위험 징후로 분류하였다. 또한, 7번 부두 인근의 해상 구조물에서 시작되고 있는 내부 부식을 감지하여 붕괴 위험성을 경고하였다. 이 데이터는 실시간으로 도시재생 전략본부의 대시보드에 시각 화되어, 위험도가 높은 구역이 붉은색으로 표시되었다.

3) **진단결과에 따른 조치:** 이러한 AI의 정밀한 진단 덕분에, 부산시는 예산을 최우선적으로 긴급 보수가 필요한 2번과 7번 부두에 배정하고, 다른 안전한 구역의 보수 시기를 합리적으로 조정할 수 있게 되었다. 더 나아가, AI가 제공한 데이터를 바탕으로 장기적인 유지보수 계획을 수립하고, 향후 도시재생 사업의 방향성을 더욱 과학적으로 설정하는 근거를 마련할 수 있게 된 것이다. 이처럼, AI 알고리즘은 낡은 항만 부두에 새로운 생명을 불어넣는 마법 같은 존재가 되는 것이다.

4) **결론 및 시사점:** CNN 기반의 항만시설 노후도 자동 진단 시스템은 단순히 기술적 혁신을 넘어, 인간의 의사결정을 보완하고 강화하는

미래형 도시관리 패러다임을 제시한다. 이 시스템은 전문가의 역할을 대체하는 것이 아니라, 오히려 전문가들이 더 중요하고 창의적인 도시재생 전략 수립에 집중할 수 있도록 돕는 강력한 조력자가 된다. AI의 눈과 인간의 지혜가 결합된 도시계획은 더욱 안전하고 효율적이며, 지속 가능한 도시의 미래를 약속하는 것이다.

# 6. LSTM(Long Short-Term Memory) 네트워크 기반 항만 물류 수요 패턴 분석 및 예측과 가상사례

## 6.1. AI가 그리는 미래 항만의 풍경

과거의 항만은 단순히 선박이 드나들고 화물을 처리하는 물리적인 공간이었다. 그러나 4차 산업혁명 시대의 항만은 수많은 데이터가 흐르는 디지털 신경망을 통해 새로운 가치를 창출하는 스마트 도시의 핵심 거점으로 변모하고 있다. 특히, 도시재생의 관점에서 볼 때, 노후화된 항만시설을 단순히 재개발하는 것을 넘어 미래의 물류 수요를 정확하게 예측하고 이에 맞는 공간과 시설을 재배치하는 것이 중요하다. 기존의 통계적 예측 방식은 복잡한 물류 흐름의 비선형적 패턴과 불규칙성을 포착하는 데 한계가 있었다.

이러한 문제를 해결하기 위해, 우리는 LSTM(Long Short-Term Memory) 네트워크라는 강력한 AI 도구를 활용할 수 있다. LSTM은 시계열 데이터, 즉 시간의 흐름에 따라 변화하는 데이터를 분석하고 미래를 예측하는 데 탁월한 성능을 보인다. 이 장에서는 LSTM 네트워크를 기반으로 한 항만 물류 수요 분석 기법이 어떻게 도시재생의 혁신적인 전략을 수립하는 데 기여하는지, 그 목표와 기술, 그리고 미래의 가능성을 논한다.

### 6.1.1. 도시의 시간을 읽는 인공지능

도시재생은 단순히 낡은 건물을 허물고 새롭게 짓는 물리적인 행위를 넘어, 도시가 가진 사회, 경제, 문화적 맥락을 이해하고 미래를 설계하는 복합적인 과정이다. 과거에는 도시의 변화를 예측하기 위해 정형화된 통계 모델에 의존해 왔다. 그러나 도시의 성장과 쇠퇴는 선형적인 패턴으로 설명하기 어려운 복잡하고 비 선형적인 시간의 흐름을 가진다. 인구 이동, 부동산 가격 변동, 상권 변화 등은 단기적인 사건 뿐만 아니라 장기적인 트렌드의 영향을 받는다.

이러한 시계열(Time-series) 데이터의 복잡성을 해결하기 위해 등장한 것이 바로 LSTM(Long Short-Term Memory) 네트워크이다. LSTM은 순환 신경망(RNN; Recurrent Neural Network)의 한 종류로, 과거의 정보를 '기억'하고 이를 바탕으로 미래를 예측하는 데 탁월한 능력을 보인다. 이 기술은 도시재생 분야에 새로운 지평을 열어, 데이터 기반의 스마트한 의사결정을 가능하게 하는 것이다.

#### 1) LSTM의 개요 및 알고리즘 원리

LSTM은 순환 신경망(RNN)이 가진 '장기 의존성(Long-term dependency)' 문제를 해결하기 위해 고안된 심층 학습 모델이다. 기존의 RNN은 데이터의 시퀀스가 길어질수록 초기에 입력된 정보를 잊어버리는 '기울기 소실(Vanishing Gradient)' 문제가 발생한다. 이는 도시재생과 같이 수십 년에 걸친 데이터를 분석해야 하는 분야에서 치명적인 단점이었다.

LSTM은 이러한 한계를 극복하기 위해 '셀 상태(Cell State)'와 '게이트(Gate)'라는 독특한 구조를 가진다. 셀 상태는 마치 컨베이어 벨트처럼 시퀀스의 처음부터 끝까지 정보를 전달하며, 이를 통해 장기적인 패턴을 기억한다. 이 셀 상태를 제어하는 것이 세 가지 종류의 게이트이다.

(1) **망각 게이트**(Forget Gate): 과거의 셀 상태에서 어떤 정보를 잊어버릴지 결정한다. 중요도가 낮은 과거의 데이터를 걸러내는 역할을 한다.

(2) **입력 게이트**(Input Gate): 현재 입력된 데이터 중 어떤 정보를 셀 상태에 추가할지 결정한다. 새로운 정보를 선별하여 통합하는 역할을 한다.

(3) **출력 게이트**(Output Gate): 업데이트된 셀 상태에서 어떤 정보를 출력할지 결정한다. 최종 예측 결과에 반영할 정보를 선택하는 역할을 한다.

이러한 게이트 메커니즘을 통해 LSTM은 복잡한 시간적 관계를 효과적으로 학습하고, 과거의 중요한 정보를 잊지 않고 미래를 예측하는 정확도를 향상한다. 이 기술은 마치 도시의 과거사를 꼼꼼하게 기억하고, 이를 토대로 미래를 통찰하는 지혜로운 역사가와 같은 역할을 하는 것이다.

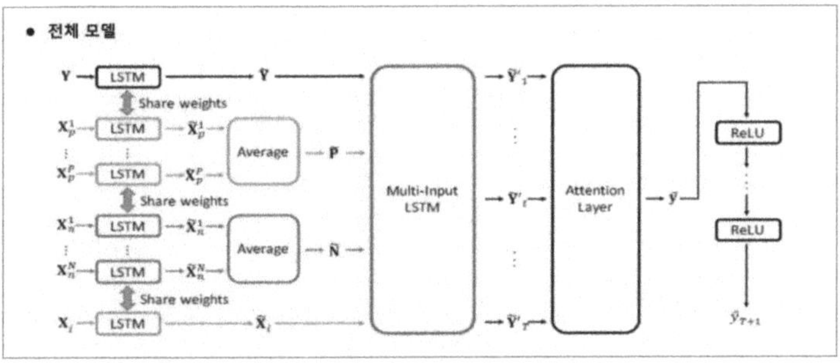


[실시간 온라인] LSTM과 Attention 모델의 분석과 적용
[https://insightcampus.co.kr]

### 2) 도시재생에서의 LSTM 활용도

LSTM은 도시재생 분야에서 다양한 시계열 데이터를 분석하여 혁신적인 활용 방안을 제시한다.

(1) **부동산 가격 및 수요 예측**: 특정 지역의 과거 부동산 거래량, 가격 변동, 인구 유입/유출 추이 등을 LSTM 모델에 학습시켜 미래의 부동산 가치 변화를 예측한다. 이를 통해 재개발 사업의 경제적 타당성을 분석하고, 투자자들에게 합리적인 정보를 제공한다.

(2) **상권 활성화 예측**: 유동인구 데이터, 상점 매출 변화, 공실률 등을 분석하여 특정 상권의 활성화 또는 쇠퇴 시점을 예측한다. 이를 기반으로 상권의 특성을 고려한 맞춤형 도시재생 전략을 수립하고, 소상공인 지원 정책의 효과를 극대화한다.

(3) **인프라 수요 예측**: 미래의 교통량, 에너지 소비량, 물 사용량 등을 예측하여 도로, 상하수도, 전력망 등 도시 인프라의 확장 및 개선 계획을 수립한다. 이는 도시재생이 단순히 건물을 바꾸는 것을 넘어, 지속 가능한 도시 기능을 확보하는 데 필수적이다.

(4) **인구 변화 및 이동 패턴 분석**: 특정 지역의 인구 이동 패턴과 주거 선호도 변화를 예측하여, 주택 공급 계획 및 주거 환경 개선 사업의 방향을 설정한다. 예를 들어, 청년층의 유입이 예상되는 지역에는 창업 지원 공간이나 문화 시설을 확충하는 전략을 수립한다.

LSTM은 이처럼 과거의 데이터를 기반으로 미래의 도시 모습을 예측하는 강력한 도구가 된다. 이는 도시재생사업이 추측과 경험에 의존하는 대신, 과학적이고 데이터 기반의 의사결정을 통해 성공적인 결과를 도출하도록 돕는 것이다.

### 6.1.2. LSTM 네트워크 기반 항만 물류 수요 패턴 분석 기법

#### 1) LSTM 네트워크 기반 항만 물류 수요 패턴 분석 기법의 목표 및 구성

이 시스템의 궁극적인 목표는 항만 물동량의 시계열적 패턴을 정확하게 예측하여, 항만 물류 시스템의 효율성을 극대화하고 도시재생 계획에 필요한 근거를 마련하는 것이다. 과거의 물동량 데이터는 물론, 계절적 요인, 경제 지표, 국제 정세 등 다양한 외부 변수를 복합적으로 분석하여 미래의 물류 수요를 예측하는 것을 목표로 한다. 이 시스템은 데이터 수집 → LSTM 모델 학습 → 수요 예측 및 분석의 세 단계로 구성된다.

#### 2) LSTM 네트워크 기반 항만 물류 수요 패턴 분석 방법 및 기술

시스템 구축을 위한 분석 방법과 기술은 다음과 같다.

| 구분 | 방법 및 기법 |
| --- | --- |
| 목표 | 항만 물동량, 선박 입출항 횟수, 컨테이너 처리량 등 시계열 데이터의 장기적 패턴을 분석하고 미래 물류 수요를 정확하게 예측한다. |
| 분석 방법 및 기술 | - 데이터 수집: 항만 운영 시스템(Port Management System), 국가 통계 자료, IoT 센서 등으로부터 과거 물동량, 선박 정보, 화물 종류, 기상 정보 등 다양한 시계열 데이터를 수집한다.<br>- 데이터 전처리: 결측값 처리, 이상치 제거, 데이터 정규화 등 LSTM 모델 학습에 적합한 형태로 데이터를 가공한다.<br>- LSTM 모델 학습: 시계열 데이터를 입력받아 과거의 패턴을 기억하고 미래를 예측하는 LSTM 모델을 구축 및 학습한다.<br>- 예측 및 시각화: 학습된 모델을 활용하여 향후 물류 수요를 예측하고, 이를 대시보드 및 그래프 형태로 시각화하여 제공한다. |
| 역할 | 항만 운영 효율성을 극대화하고, 도시재생 계획의 합리성을 높이는 핵심적인 역할을 수행한다. 예측된 물류 수요를 기반으로 항만 시설의 확장 또는 재배치 필요성을 판단하며, 물류 인프라(도로, 철도 등)와의 연계성을 최적화하는 데 필요한 정보를 제공한다. 이를 통해 도시의 물류 흐름을 원활하게 하고, 항만 주변 지역의 도시 활성화를 유도한다. |

| | |
|---|---|
| 장단점 | - 장기 기억 능력: 복잡하고 비선형적인 시계열 데이터의 장기적 패턴을 효과적으로 학습하고 예측한다.<br>- 높은 예측 정확도: 다양한 외부 변수를 복합적으로 고려하여 예측 정확성을 높인다.<br>- 다양한 활용 가능성: 물동량 예측 외에도 항만 내 교통량, 선박 정박 시간 예측 등 다양한 분야에 응용될 수 있다. |
| 단점 | - 높은 연산량: 복잡한 네트워크 구조로 인해 학습 및 예측에 많은 연산 자원이 요구된다.<br>- 데이터 의존성: 양질의 대량 데이터가 없으면 예측 정확도가 낮아진다.<br>- 모델 해석의 어려움: 내부 작동 원리가 복잡하여 예측 결과에 대한 명확한 해석이 어려운 경우가 있다. |
| AI 분석 도구 | TensorFlow, PyTorch: LSTM 모델 구축 및 학습에 사용되는 주요 딥러닝 프레임워크다. Python: 데이터 전처리 및 분석 과정 전반에 활용되는 프로그래밍 언어다. pandas, scikit-learn: 데이터 가공 및 통계 분석에 사용되는 라이브러리다. |
| 도시재생 활용 예시 | 인천 내항 재개발 사업: 과거 물동량 및 지역 경제 데이터를 LSTM 모델에 학습시켜, 향후 10년간의 물류 수요를 예측한다. 이 예측 결과를 바탕으로 일부 부두를 주거 및 상업용지로 전환하고, 물류 수요가 지속될 것으로 예상되는 구역은 스마트 물류 허브로 특화하는 재개발 계획을 수립한다. |

## 6.2. LSTM가상 사례: 부산항, 데이터가 이끄는 새로운 항만 생태계

1) **현안 과제:** 부산항 신항은 세계적인 물류 허브로 자리매김했지만, 급변하는 국제 물류 환경 속에서 미래를 예측하고 대응하는 새로운 전략이 필요하였다. 특히, 신항의 물동량 변동성은 복잡하고 불규칙하여 기존의 예측 방식으로는 정확한 운영 계획을 수립하기 어려웠다.

   부산항만공사(BPA)는 이러한 문제를 해결하기 위해 LSTM 네트워크 기반 물류 수요 예측 시스템을 도입하였다. 이 시스템은 지난 20년간의 부산항 물동량 데이터, 전 세계 주요 경제 지표, 계절별 화물 특성, 심지어는 특정 국제 행사에 따른 물류 변동성까지 종합적으로 학습하였다.

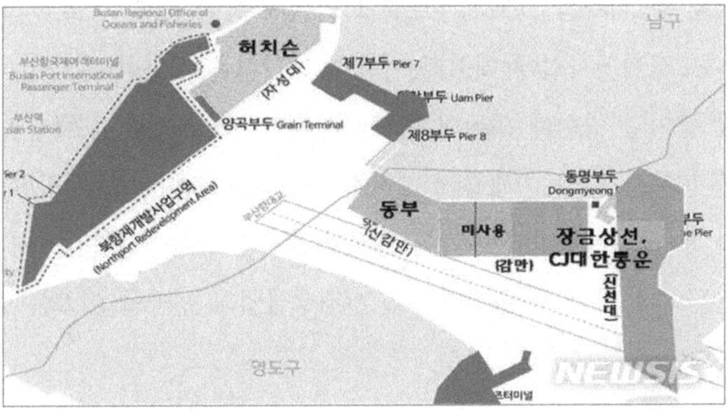


부산항 세계적 물류허브 도약 추진…컨테이너터미널 전면 개편 [https://mobile.newsis.com]

2) **데이터 분석 및 학습:** 시스템은 마치 살아있는 생명체처럼 데이터를 분석하고 학습했다. 그리고 놀랍게도, 2027년 하반기에 예상되는 특정 국가의 컨테이너 물동량 급증을 정확하게 예측하였다. 이는 당시 국제 경제 전문가들도 예측하지 못했던 시나리오였다. 이 AI의 예측 덕분에, 부산항만공사는 사전에 추가 크레인을 배치하고, 선박 입출항 스케줄을 최적화하며, 항만 내 교통 흐름을 미리 조정할 수 있었다. 그 결과, 예상치 못한 물동량 급증에도 불구하고 혼잡 없이 효율적으로 화물을 처리할 수 있었다.

   더 나아가, 이 시스템은 장기적인 예측을 통해 부산항 재개발 계획에도 중요한 영향을 미쳤다. 향후 5년 내에 특정 부두의 물류 수요가 감소할 것으로 예측되자, 부산시는 이 부두를 단순히 방치하는 대신, 물류 기능은 축소하되 시민들을 위한 친수공간과 문화 복합 시설로 전환하는 도시재생 계획을 수립하였다. 이처럼, LSTM 네트워크는 단순한 예측을 넘어 도시의 미래를 설계하고, 물리적 공간에 새로운 가치를 부여하는 데 결정적인 역할을 수행하는 것이다.

3) **결론 및 시사점:** LSTM 네트워크 기반의 항만 물류 수요 분석 기법은 도시재생사업에 데이터 기반의 통찰력을 제공한다. 이는 더 이상 감이나 경험에 의존하는 도시계획이 아닌, 과학적 예측과 분석을 통해 도시의 미래를 설계하는 새로운 패러다임을 제시한다. AI가 제공하는 정확한 예측은 도시의 효율성을 높일 뿐만 아니라, 시민들의 삶의 질을 향상하는 도시재생사업의 성공을 이끄는 중요한 동력이 되는 것이다.

# 제 3 부

# 중심시가지형 도시재생:
# 상업 · 문화 · 지역 거버넌스의 혁신

# 제6장

# 중심시가지형 도시재생 계획 수립의 AI 접근법

## 1. 중심시가지 상권 분석을 위한 지리공간 AI 모델링 기법과 가상사례

### 1.1. 중심시가지 상권 분석을 위한 지리공간 AI 모델링 기법의 특징

이 소주제는 도시재생사업의 성공적인 실행을 위해 필수적인 중심시가지 상권 분석에 AI를 어떻게 적용할 수 있는지에 대해 다룬다. 전통적인 분석 방식의 한계를 넘어서는 AI 모델링 기법을 소개하며, 이를 통해 도시의 맥락을 종합적으로 이해하고 최적의 재생 전략을 수립하는 방법을 제시한다.

| 분류 | 빅데이터 수집 및 전처리 |
|---|---|
| 목표 | 유동 인구, 카드 매출, SNS 언급량 등 다양한 빅데이터를 통합적으로 수집 및 정제한다. |
| 분석 방법 및 기술 | GIS 데이터 처리, ETL(Extract, Transform, Load) 프로세스, 데이터 클리닝 기술을 활용한다. |
| 역할 | 도시의 현재 상권 현황을 정확하게 파악하기 위한 기초 데이터베이스를 구축한다. |
| 장점 | 객관적인 데이터 기반의 분석이 가능하며, 다양한 종류의 데이터를 융합할 수 있다. |
| 단점 | 데이터의 신뢰성과 수집 비용 문제가 발생할 수 있으며, 개인정보 보호 이슈가 제기될 수 있다. |

| AI 분석 도구 | Google BigQuery, AWS Redshift, QGIS, ArcGIS |
|---|---|

| 분류 | 지리공간 AI 모델링 |
|---|---|
| 목표 | 상권 활성화에 영향을 미치는 공간적 요인을 분석하고, 미래 변화를 예측하는 모델을 개발한다. |
| 분석 방법 및 기술 | 딥러닝(CNN, RNN), 머신러닝(랜덤 포레스트, XGBoost), 공간 회귀 분석, 핫스팟 분석 기술을 활용한다. |
| 역할 | 상권의 잠재적 가치를 평가하고, 재생사업의 효과를 시뮬레이션 한다. |
| 장점 | 복잡한 상권의 패턴을 학습하여 정확한 예측을 제공하며, 비선형적인 관계를 파악할 수 있다. |
| 단점 | 모델의 해석 가능성이 낮아 '블랙박스' 문제에 직면할 수 있으며, 대량의 데이터와 컴퓨팅 자원이 필요하다. |
| AI 분석 도구 | TensorFlow, PyTorch, Scikit-learn, GeoPandas |

| 분류 | 상권 활성화 전략 시뮬레이션 |
|---|---|
| 목표 | 다양한 도시재생 시나리오에 따른 상권의 변화를 예측하고, 최적의 전략을 도출한다. |
| 분석 방법 및 기술 | 강화학습, 시뮬레이션 모델링, A/B 테스트 기법을 적용한다. |
| 역할 | 특정 정책(예: 보행자 전용 거리, 공공 미술 설치)이 상권에 미치는 영향을 미리 평가한다. |
| 장점 | 시행착오를 줄여 비용을 절감하며, 여러 대안을 비교하여 가장 효과적인 전략을 선택할 수 있다. |
| 단점 | 현실 세계의 모든 변수를 반영하기 어려워 예측 결과에 한계가 있다. |
| AI 분석 도구 | AnyLogic, GAMA, Python-based custom simulation tools |

| 분류 | 결과 시각화 및 정책 제안 |
|---|---|
| 목표 | 복잡한 분석 결과를 이해하기 쉬운 형태로 시각 화하여 정책 결정에 활용한다. |
| 분석 방법 및 기술 | 대시보드 구축, GIS 기반의 동적 지도, 인포그래픽 디자인 기술을 사용한다. |

| 역할 | 분석 결과를 바탕으로 이해관계자들에게 명확한 정보를 전달하고, 구체적인 정책을 제안한다. |
|---|---|
| 장점 | 복잡한 정보를 직관적으로 전달하여 의사결정을 돕고, 소통의 효율성을 높인다. |
| 단점 | 데이터 시각화 과정에서 정보가 단순화되거나 왜곡될 위험이 있다. |
| AI 분석 도구 | Tableau, Power BI, D3.js, Leaflet |

## 1.2. 중심시가지 상권 분석을 위한 지리공간 AI 모델링 기법 가상 사례: 서울 종로구 숭인동 봉제산업 특화 상권의 재탄생

이코노미스트 - 창신·숭인동 개발…종로구 2번째 큰 대단지 아파트 들어선다 [https://economist.co.kr]

1) **현안 과제:** 서울 종로구 숭인동은 한때 봉제산업의 메카였다. 그러나 시대의 변화와 함께 상권은 쇠퇴의 길을 걸었다. 낡은 건물들 사이로 젊은이들의 발길은 끊겼고, 활기를 잃은 거리는 재개발의 유혹에 시달렸다. 이때, 우리는 이 지역의 잠재력을 재발견하고, AI를 활용한 도시재생사업을 제안했다.

2) **빅데이터 수집과정:** 우선, 빅데이터 수집 및 전처리 단계에서 우리는 다음과 같은 데이터를 수집한다.

(1) **유동 인구 데이터**: 통신사 기지국 데이터와 스마트폰 앱 데이터를 분석하여 요일 및 시간대별 유동 인구 흐름을 파악한다.

(2) **카드 매출 데이터**: 주요 상점들의 카드 결제 데이터를 통해 업종별 매출 추이를 분석하여 실제 상권의 경제 활동을 파악한다.

(3) **SNS 언급량 데이터**: 인스타그램, X(트위터), 블로그 등의 소셜 미디어 데이터를 분석하여 지역에 대한 대중의 관심과 긍정적/부정적 정서를 파악한다.

3) **CNN 모델 적용**: 이렇게 수집된 데이터는 지리공간 AI 모델링을 위한 재료가 된다. 우리는 'CNN(Convolutional Neural Network)' 기반의 모델을 개발하여 숭인동의 지리적 특징(도로망, 건물 밀도, 공원 유무 등)과 앞서 수집된 빅데이터를 결합한다. 이 모델은 "어떤 공간적 요소가 상권 활성화에 가장 큰 영향을 미치는가?"라는 질문에 대한 답을 찾아낸다. 예를 들어, 모델은 기존 상권의 특성상 '좁은 골목길'과 '독특한 디자인의 가게'가 SNS 언급량을 증가시키는 핵심 요소임을 파악할 수 있다.

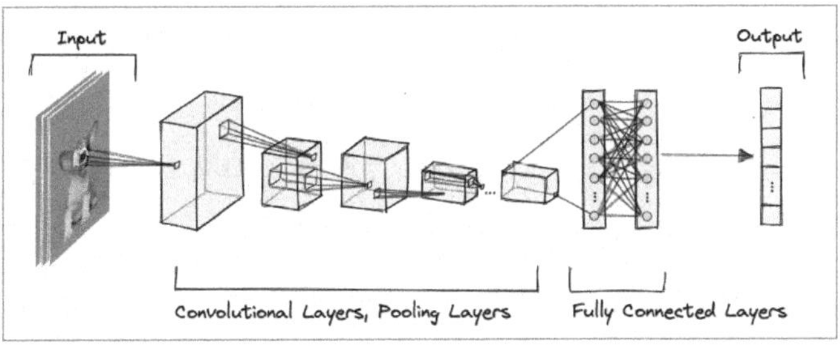


Visual Guide to Applied Convolution Neural Networks | Pinecone [https://www.pinecone.io]

4) **상권 활성화 전략 시뮬레이션:** 이어서 상권 활성화 전략 시뮬레이션 단계에서는 AI 모델을 활용해 다양한 가상 시나리오를 실행한다. 첫 번째 시나리오로 "낡은 봉제 공장을 리모델링하여 디자이너 팝업 스토어와 공예 체험 워크숍을 유치한다"는 계획을 시뮬레이션한다. AI는 이 시나리오가 유동 인구의 연령대를 20-30대 젊은 층으로 변화시키고, 특정 지역의 카드 매출을 30% 증가시킬 것이라고 예측한다. 두 번째 시나리오로 "좁은 골목길에 야간 경관 조명과 벽화를 설치한다"는 계획을 시뮬레이션 한다. AI는 이 시나리오가 SNS 언급 량을 2배 이상 증가시켜 지역의 '힙'한 이미지 형성에 기여할 것이라고 예측한다.

5) **결과 시각화 및 정책 제안:** 최종적으로, 우리는 이 모든 분석 결과를 결과 시각화 및 정책 제안 단계에서 '스마트 도시재생 대시보드'를 통해 한눈에 보여준다. 이 대시보드는 실시간으로 유동 인구 변화와 매출 증감률을 보여주며, 정책 결정권자들이 직관적으로 사업의 효과를 이해하고 최적의 의사결정을 내릴 수 있도록 돕는다. 이 대시보드를 통해 우리는 '단순한 재개발'이 아닌, 지역의 고유성을 보존하면서도 현대적 감각을 입히는 혁신적인 도시재생 전략을 제안할 수 있다.

AI 기반의 분석은 숭인동이 가진 고유한 유산을 훼손하지 않고, 새로운 가치를 창출하는 데 핵심적인 역할을 수행한다. 이처럼 AI는 도시의 맥락을 깊이 이해하고, 지속 가능하고 사람 중심적인 도시재생사업을 실현하는 데 없어서는 안 될 도구가 될 것이다.

# 2. 머신 러닝을 활용한 중심시가지 상업시설 집적효과 분석 모델과 가상사례

## 2.1. 머신 러닝을 활용한 중심시가지 상업시설 집적효과 분석 모델의 특징

이 소주제는 도시재생사업의 핵심 과제 중 하나인 상업시설 집적효과를 머신 러닝 기술로 분석하는 방법을 다룬다. 상업시설이 특정 지역에 모여 있을 때 발생하는 시너지 효과를 정량적으로 분석하고, 이를 통해 상권 활성화 전략을 과학적으로 수립하는 방법을 제시한다.

| 분류 | 데이터 수집 및 전처리 |
|---|---|
| 목표 | 유동 인구, 카드 매출, 사업체 정보, SNS 데이터 등 다양한 상권 관련 빅데이터를 통합하고 정제한다. |
| 분석 방법 및 기술 | GIS 기반 데이터 통합, ETL(Extract, Transform, Load) 프로세스, 데이터 클리닝 기술을 활용한다. |
| 역할 | 분석의 정확성을 높이기 위한 신뢰성 있는 기초 데이터를 구축한다. |
| 장점 | 다양한 형태의 데이터를 융합하여 상권의 복합적인 특성을 파악할 수 있다. |
| 단점 | 데이터의 품질이 낮거나 누락된 경우 분석 결과의 신뢰도가 떨어질 수 있다. |
| AI 분석 도구 | Google BigQuery, AWS Redshift, QGIS, ArcGIS |

| 분류 | 머신 러닝 모델링 |
|---|---|
| 목표 | 상업시설 집적도와 상권 활성화 간의 상관관계를 분석하고, 미래 변화를 예측하는 모델을 개발한다. |
| 분석 방법 및 기술 | 지도학습(Random Forest, XGBoost), 비지도학습(K-means Clustering), 공간 회귀 분석, 딥러닝(ANN) 기술을 활용한다. |
| 역할 | 상권 활성화에 가장 큰 영향을 미치는 요인을 식별하고, 특정 정책의 효과를 예측한다. |
| 장점 | 복잡하고 비선형적인 상권의 패턴을 학습하여 정교한 예측을 제공한다. |
| 단점 | 모델의 '블랙박스' 문제로 인해 예측 결과를 완벽하게 해석하기 어려운 경우가 발생한다. |

| AI 분석 도구 | Scikit-learn, TensorFlow, PyTorch, GeoPandas |
|---|---|

| 분류 | 집적효과 시뮬레이션 |
|---|---|
| 목표 | 다양한 도시재생 시나리오에 따른 상권의 변화를 예측하고, 최적의 집적 전략을 도출한다. |
| 분석 방법 및 기술 | 강화학습(Reinforcement Learning), 에이전트 기반 모델링(Agent-Based Modeling) 기술을 적용한다. |
| 역할 | 특정 업종(예: 카페, 레스토랑, 패션)의 집적도가 상권 전체에 미치는 파급 효과를 미리 평가한다. |
| 장점 | 시행착오를 최소화하여 비용을 절감하며, 다양한 정책 대안을 비교할 수 있다. |
| 단점 | 현실 세계의 모든 변수를 모델에 반영하기 어려워 예측 결과에 한계가 있다. |
| AI 분석 도구 | AnyLogic, GAMA, Python-based custom simulation tools |

| 분류 | 결과 시각화 및 정책 제안 |
|---|---|
| 목표 | 분석 결과를 이해하기 쉬운 형태로 시각 화하여 정책 결정에 활용한다. |
| 분석 방법 및 기술 | 대시보드 구축, GIS 기반의 동적 지도, 인포그래픽 디자인 기술을 사용한다. |
| 역할 | 분석 결과를 바탕으로 이해관계자들에게 명확한 정보를 전달하고, 구체적인 상권 활성화 정책을 제안한다. |
| 장점 | 복잡한 데이터를 직관적으로 표현하여 의사결정의 효율성을 높인다. |
| 단점 | 시각화 과정에서 정보가 단순화되거나 왜곡될 위험이 있다. |
| AI 분석 도구 | Tableau, Power BI, D3.js, Leaflet |

## 2.2. 가상 사례: 쇠퇴한 구도심 상업지구, '힙한' 문화 상권으로의 변신

1) 현안 과제: 한때 지역 경제의 중심이었던 부산의 구도심 상업지구. 수십 년의 세월이 흐르며 젊은이들은 떠나고 텅 빈 가게들이 늘어나고 있다. 지자체는 막대한 예산을 투입해 보행자 전용 거리를 조

성했지만, 효과는 미미하다. 이때, 우리는 머신 러닝 기반의 상업시설 집적효과 분석 모델을 적용하여 이 문제에 접근한다.

2) **데이터 수집 및 전처리:** 먼저, 데이터 수집 및 전처리 단계에서 우리는 다음과 같은 데이터를 수집한다:

  (1) **유동 인구 데이터:** 통신사 데이터를 분석하여 요일 및 시간대별 유동 인구의 연령대 및 성별 분포를 파악한다.

  (2) **카드 매출 데이터:** 지역 상점들의 업종별 매출 데이터를 분석하여 현재 상권의 경제 활동을 파악한다.

  (3) **사업체 데이터:** 상업시설의 업종, 규모, 개업일 등 상세 정보를 수집하여 집적도를 측정한다.

3) **지도학습 모델인 XGBoost 적용:** 이렇게 수집된 데이터는 머신 러닝 모델링 단계에서 핵심적인 역할을 한다. 우리는 지도학습 모델인 XGBoost를 활용하여 '상점의 매출액'을 예측 변수로 설정하고, '주변 상업시설의 집적도', '유동 인구의 연령대', '인근 주택 가격' 등을 예측 요인으로 학습시킨다. 이 모델은 분석 결과 "젊은 층을 타겟으로 하는 소규모 '디저트 카페'와 '개성 있는 소품샵'의 집적도가 일정 수준 이상일 때, 유동 인구가 급증하며 상권 전체 매출이 상승한다"는 인사이트를 도출한다. 이는 단순한 '상점 수의 증가'가 아닌, 특정 업종 간의 시너지가 상권 활성화의 핵심임을 보여주는 것이다.

4) **집적효과 시뮬레이션:** 이어서 집적효과 시뮬레이션: 단계에서는 강화학습 모델을 사용하여 최적의 상권 활성화 전략을 탐색한다. "어떤 업종의 상점을 어느 위치에 몇 개 유치해야 상권 전체의 활성화가 극대화되는가?"라는 질문에 대한 최적의 답을 찾도록 모델을 설

계한다. 시뮬레이션 결과, 모델은 "한 블록에 5개 이상의 디저트 카페를 유치하고, 그 주변에 3개 이상의 소품샵을 배치하는 것이 최적의 전략이다"라는 구체적인 결론을 도출한다.

5) 결과 시각화 및 정책 제안: 최종적으로, 이 모든 분석 결과는 결과 시각화 및 정책 제안 단계에서 '스마트 상권 대시보드'를 통해 직관적으로 제시된다. 대시보드에는 시뮬레이션 결과에 따라 상권이 어떻게 변화할지 예측 지도와 함께, 실제 적용 가능한 상점 유치 전략이 포함된다. 이 모델은 쇠퇴한 상권을 활성화시키기 위한 무 작위적인 투자를 방지하고, 데이터 기반의 과학적인 접근법을 통해 도시재생사업의 성공률을 혁신적으로 높일 것이다.

## 3. 딥러닝 기반 중심시가지 소비행태 및 유동인구 빅데이터 해석방법과 가상사례

### 3.1. 딥러닝 기반 중심시가지 소비행태 및 유동인구 빅데이터 해석방법

이 소주제는 도시재생사업의 성공을 위해 필수적인 중심시가지의 소비행태와 유동인구 패턴을 딥러닝 기술로 심층 분석하는 방법을 다룬다. 복잡하고 방대한 빅데이터 속에서 인간의 행동 양식을 파악하고, 이를 기반으로 최적의 도시재생 전략을 수립하는 방법을 제시한다.

| 분류 | 데이터 수집 및 정제 |
|---|---|
| 목표 | 유동인구, 카드 결제, SNS 데이터 등 다종다양한 빅데이터를 통합하고, 딥러닝 모델 학습에 적합한 형태로 정제한다. |
| 분석 방법 및 기술 | GIS 기반 데이터 통합, ETL(Extract, Transform, Load) 파이프라인, 데이터 클리닝 및 전처리 기술을 활용한다. |
| 역할 | 복잡한 딥러닝 모델의 성능을 극대화하기 위한 고품질의 학습 데이터를 구축한다. |

| | |
|---|---|
| 장점 | 다양한 형태의 데이터를 융합하여 도시의 복합적인 특성을 파악할 수 있다. |
| 단점 | 데이터의 신뢰성과 수집 비용 문제가 발생할 수 있으며, 개인정보 보호 이슈가 제기될 수 있다. |
| AI 분석 도구 | Google BigQuery, AWS Redshift, QGIS, ArcGIS, Python 라이브러리(Pandas) |

| | |
|---|---|
| 분류 | 딥러닝 모델링 |
| 목표 | 시간적, 공간적 변화에 따른 유동인구 패턴과 소비행태의 복잡한 상관관계를 심층적으로 학습하고 예측하는 모델을 개발한다. |
| 분석 방법 및 기술 | 시계열 분석을 위한 RNN(Recurrent Neural Network), 지리공간 데이터 처리를 위한 CNN(Convolutional Neural Network), 복합적 특징 학습을 위한 Graph Neural Network(GNN) 기술을 활용한다. |
| 역할 | 도시의 현재와 미래를 예측하고, 특정 정책이 유발할 변화를 시뮬레이션 한다. |
| 장점 | 복잡하고 비 선형적인 패턴을 깊이 학습하여 매우 정교한 예측을 제공하며, 인간의 직관을 뛰어넘는 인사이트를 도출한다. |
| 단점 | 모델의 '블랙박스' 문제로 인해 예측 결과를 완벽하게 해석하기 어려울 수 있으며, 막대한 컴퓨팅 자원이 필요하다. |
| AI 분석 도구 | TensorFlow, PyTorch, Keras, GeoPandas |

| | |
|---|---|
| 분류 | 행동패턴 시뮬레이션 |
| 목표 | 다양한 도시재생 시나리오에 따른 시민들의 행동 변화를 예측하고, 최적의 공간 계획을 도출한다. |
| 분석 방법 및 기술 | 강화학습(Reinforcement Learning) 및 에이전트 기반 모델링(Agent-Based Modeling)을 적용한다. |
| 역할 | 특정 시설(예: 공원, 문화 공간)의 설치가 주변 상권의 유동인구와 소비행태에 미치는 영향을 미리 평가한다. |
| 장점 | 시행착오를 최소화하여 비용을 절감하며, 다양한 정책 대안을 비교하여 가장 효과적인 전략을 선택할 수 있다. |
| 단점 | 현실 세계의 모든 변수를 반영하기 어려워 예측 결과에 한계가 있을 수 있다. |
| AI 분석 도구 | AnyLogic, GAMA, NetLogo, Python 기반의 커스텀 시뮬레이션 툴 |

| 분류 | 결과 시각화 및 정책 제안 |
|---|---|
| 목표 | 복잡한 분석 결과를 이해하기 쉬운 형태로 시각화하여 정책 결정에 활용한다. |
| 분석 방법 및 기술 | 대시보드 구축, GIS 기반의 동적 지도, 인포그래픽 디자인 기술을 사용한다. |
| 역할 | 분석 결과를 바탕으로 이해관계자들에게 명확한 정보를 전달하고, 구체적인 정책을 제안한다. |
| 장점 | 복잡한 데이터를 직관적으로 표현하여 의사결정의 효율성을 높이고, 소통을 원활하게 한다. |
| 단점 | 데이터 시각화 과정에서 정보가 단순화되거나 왜곡될 위험이 있다. |
| AI 분석 도구 | Tableau, Power BI, D3.js, Leaflet |

## 3.2. 가상 사례: 쇠퇴한 항구 도시의 밤을 되살린 딥 러닝의 마법

바다보다 역동적인 제물포의 근대 - 인천 개항장 근대역사문화지구
[https://ncms.nculture.org]

1) **현안 과제:** 한때 활기가 넘치던 인천의 옛 항구 도시. 산업 구조 변화와 함께 낡은 창고와 부두들은 쓸쓸히 방치되었고, 사람들의 발길은 끊긴 지 오래다. 이 지역을 '예술과 문화가 숨 쉬는 야간 관광 명소'로 재 탄생시키기 위해 우리는 딥러닝 기술을 활용한 빅데이터 해석 프로젝트에 착수한다.

2) **데이터 수집 및 정제:** 먼저, 우리는 데이터 수집 및 정제 단계에서 야간에 초점을 맞춰 다음과 같은 데이터를 수집한다:

(1) **야간 유동인구 데이터:** 통신사 기지국 데이터를 분석하여 18시 이후의 시간대별 유동인구 흐름과 패턴을 파악한다.

(2) **심야 카드 결제 데이터:** 주변 편의점, 술집, 식당의 카드 결제 데이터를 분석하여 심야 시간대 소비 트렌드를 파악한다.

(3) **SNS 키워드 데이터:** 인스타그램과 블로그의 '밤', '야경', '데이트' 등의 키워드와 위치 정보를 결합하여 사람들이 야간에 선호하는 활동과 장소를 분석한다.

3) **딥러닝 모델링:** 이렇게 수집된 데이터는 딥러닝 모델링 단계에서 빛을 발한다. 우리는 RNN과 GNN을 결합한 하이브리드 모델을 구축한다. RNN은 시간 흐름에 따른 유동인구의 변화 패턴을 학습하고, GNN은 상점, 공공시설, 도로망 등 공간적 요소들 간의 복잡한 관계를 학습한다. 이 모델은 "밤 10시 이후, 특정 지역의 유동인구가 급격히 감소하는 이유는 인근에 '야간 조명'이 부족하고, '문화 공연' 시설이 없기 때문이다"와 같은 심층적인 원인을 찾아낸다. 또한, "낡은 창고를 '힙합 클럽'으로 바꾸고, 부두에 '미디어 파사드'를 설치하면 젊은 층 유동인구가 50% 이상 증가할 것이다"라는 혁신적인 예측을 제공한다.

4) **행동패턴 시뮬레이션:** 이어서 행동패턴 시뮬레이션 단계에서는 강화학습 모델을 사용하여 다양한 정책 시나리오를 검증한다. 예를 들어, '야간 푸드트럭 존'을 조성하는 시나리오와 '스트리트 아트 페스티벌'을 개최하는 시나리오를 비교하여, 어떤 전략이 야간 유동인

구를 가장 효율적으로 유입 시킬 수 있는지 최적의 해를 찾아낸다. 모델은 '스트리트 아트 페스티벌'이 야간 유동인구의 체류 시간을 증가시키고, 주변 상권의 매출을 극대화하는 가장 효과적인 전략임을 보여준다.

5) 결과 시각화 및 정책 제안: 최종적으로, 이 모든 분석 결과는 결과 시각화 및 정책 제안 단계에서 '야간 도시재생 대시보드'를 통해 직관적으로 제시된다. 대시보드는 시간대별 유동인구 변화 예측 그래프, 소비 트렌드 지도 등을 실시간으로 보여주며, 정책 결정자들이 데이터 기반의 의사결정을 내릴 수 있도록 돕는다. 딥러닝 기반의 이러한 분석은 쇠퇴한 항구 도시가 단순한 '철거 후 재건축'이 아닌, 데이터가 제시하는 최적의 방향으로 나아가도록 하는 혁신적인 도구가 될 것이다.

## 4. 생성형 AI를 활용한 중심시가지 스마트 상권 재생 시나리오를 설계방법과 가상사례

### 4.1. 생성형 AI를 활용한 중심시가지 스마트 상권 재생 시나리오 설계방법

이 소주제는 도시재생사업의 성공을 위한 혁신적인 접근법으로, "생성형 AI(Generative AI)"를 활용하여 미래의 스마트 상권을 위한 창의적인 시나리오를 설계하는 방법을 다룬다. 단순히 데이터를 분석하는 것을 넘어, AI가 직접 새로운 도시 공간의 모습과 스토리를 제안하는 과정을 통해 도시재생의 가능성을 확장하는 방법을 제시한다.

| 분류 | 데이터 기반의 컨텍스트 이해 |
|---|---|
| 목표 | 쇠퇴한 상권의 역사, 문화, 경제적 특성을 종합적으로 분석하여 재생사업의 기초를 마련한다. |
| 분석 방법 및 기술 | NLP(자연어 처리) 기반의 텍스트 분석, GIS 데이터, 유동 인구, 카드 매출, SNS 언급량 등의 빅데이터를 활용한다. |
| 역할 | 도시의 현재와 잠재력을 AI가 이해할 수 있는 형태로 변환한다. |
| 장점 | 인간의 주관적 판단을 배제하고 객관적인 데이터 기반의 인사이트를 확보한다. |
| 단점 | 데이터의 양과 질에 따라 분석 결과의 신뢰성이 달라진다. |
| AI 분석 도구 | Google BigQuery, AWS Redshift, QGIS, Python(Pandas) |
| 도시재생 활용 예시 | 상권의 역사적 키워드(예: '봉제', '골목', '장인')를 AI에 입력하여 창의적 아이디어의 기초 자료로 활용한다. |

| 분류 | 창의적 시나리오 생성 |
|---|---|
| 목표 | 분석된 컨텍스트를 바탕으로 미래의 상권 모습과 스토리를 담은 다양한 재생 시나리오를 생성한다. |
| 분석 방법 및 기술 | 대규모 언어 모델(LLM), 이미지 생성 모델(Diffusion Model), 시뮬레이션 모델 등을 활용하여 텍스트와 이미지를 생성한다. |
| 역할 | 도시의 미래 모습을 텍스트와 이미지로 구체화하여 제시한다. |
| 장점 | 인간의 상상력을 뛰어넘는 독창적이고 다양한 아이디어를 제안한다. |
| 단점 | 생성된 내용의 현실성이나 타당성이 부족할 수 있으며, 의도하지 않은 결과가 나올 수 있다. |
| AI 분석 도구 | OpenAI GPT, Midjourney, DALL-E, Stable Diffusion, AnyLogic |
| 도시재생 활용 예시 | "전통 시장과 첨단 기술이 융합된 상권", "예술가들의 창작 공간과 팝업 스토어가 공존하는 거리"와 같은 시나리오를 생성한다. |

| 분류 | 시나리오 검증 및 최적화 |
|---|---|
| 목표 | 생성된 시나리오가 현실에서 얼마나 효과적일지 예측하고, 사업 성공률을 높이기 위한 최적의 방안을 도출한다. |
| 분석 방법 및 기술 | 강화학습, 에이전트 기반 모델링을 활용하여 시뮬레이션을 실행한다. |

| 역할 | 생성된 아이디어를 정량적으로 검증하고, 최적의 조합을 찾아낸다. |
|---|---|
| 장점 | 시행착오를 줄여 비용을 절감하며, 여러 대안을 비교하여 가장 효과적인 전략을 선택할 수 있다. |
| 단점 | 현실 세계의 모든 변수를 모델에 반영하기 어려워 예측 결과에 한계가 있다. |
| AI 분석 도구 | AnyLogic, GAMA, Python-based custom simulation tools |
| 도시재생 활용 예시 | AI가 생성한 '아트 스트리트' 시나리오가 유동인구 증가와 매출 증대에 얼마나 기여할지 시뮬레이션 한다. |

| 분류 | 결과 시각화 및 소통 |
|---|---|
| 목표 | 생성된 시나리오와 검증 결과를 이해하기 쉬운 형태로 시각 화하여 이해관계자들에게 전달한다. |
| 분석 방법 및 기술 | 대화형 대시보드, VR/AR 기반의 3D 모델링, 동적 인포그래픽 디자인 기술을 사용한다. |
| 역할 | 복잡한 정보를 직관적으로 전달하고, 시민들의 참여와 공감을 유도한다. |
| 장점 | 도시의 미래 모습을 미리 체험하게 하여 사업에 대한 공감대를 형성한다. |
| 단점 | 시각화 과정에서 정보가 단순화되거나 왜곡될 위험이 있다. |
| AI 분석 도구 | Tableau, Power BI, D3.js, Unity, Unreal Engine |
| 도시재생 활용 예시 | AI가 생성한 '미래 상권'의 VR 체험 공간을 만들어 시민들에게 사업의 비전을 공유한다. |

## 4.2. 가상 사례: 쇠퇴한 부산 영도구 조선소 마을의 재탄생, 'AI가 빚어낸 해양 문화 복합 상권'

1) 현안 과제: 한때 대한민국 조선업의 심장이었던 부산 영도구의 어느 마을. 조선 산업의 쇠퇴와 함께 마을은 활기를 잃었고, 녹슨 철골과 낡은 건물만이 남아 있었다. 젊은이들의 발길은 끊긴 지 오래되었고, 지역 주민들은 변화를 꿈꾸었지만, 어떤 방향으로 나아가야 할지 막막 해했다. 이때, 우리는 생성형 AI를 활용한 도시재생 프로젝트를 제안했다.

부산MICE 하면 '영도' 아이가! … 특별한 섬으로 초대합니다 [https://www.emice.co.kr]

2) **데이터 기반의 컨텍스트 이해:** 우선, 데이터 기반의 컨텍스트 이해 단계에서 우리는 마을의 풍부한 역사적, 문화적 자원을 AI에 입력한다. '조선소', '선박', '바다', '해녀', '산업유산' 등 지역을 상징하는 핵심 키워드들을 빅데이터와 결합하여 AI가 영도 마을의 본질을 이해하도록 한다. 이 과정에서 AI는 과거 조선소 노동자들의 삶과, 그들이 남긴 이야기에서 독특한 감성과 스토리를 찾아낸다.

3) **창의적 시나리오 생성:** 다음으로, 창의적 시나리오 생성 단계에서 우리는 AI에 이렇게 질문한다: "조선소 마을의 역사적 감성을 살리면서, 젊은 세대가 찾아오는 해양 문화 복합 상권을 만들어줘." AI는 이 질문에 다양한 시나리오를 텍스트와 이미지로 생성하기 시작한다. DALL-E와 같은 이미지 생성 모델은 '낡은 조선소를 리모델링한 복합 문화 공간', '녹슨 철제 구조물을 활용한 공공 미술 작품', '해양 컨테이너를 개조한 힙한 카페와 레스토랑' 등의 시각적 아이디어를 제안한다. 또한, GPT-4와 같은 언어 모델은 "해양박물관의 큐레이터가 운영하는 와인바", "선박 부품을 업사이클링하여 만든 예술 작품을 판매하는 갤러리"와 같은 구체적인 스토리와 사업 모델을 제시한다.

4) 시나리오 검증 및 최적화: 이어서 시나리오 검증 및 최적화 단계에서는 가장 매력적인 시나리오를 선택하여 에이전트 기반 모델링으로 시뮬레이션 한다. AI는 '해양 문화 복합 상권' 시나리오를 적용했을 때, 주말 유동인구가 30% 증가하고, 특히 20~30대 방문객의 비율이 높아질 것이라고 예측한다. 또한, 어떤 업종의 상점이 어느 위치에 들어섰을 때 시너지가 극대화되는지 최적의 배치를 찾아낸다.

5) 결과 시각화 및 소통: 최종적으로, 이 모든 과정은 결과 시각화 및 소통 단계에서 완성된다. 우리는 AI가 생성한 가상 상권의 3D 모델을 VR 체험 콘텐츠로 제작하여 주민들에게 선보인다. 주민들은 가상현실 속에서 미래의 마을을 직접 거닐어 보고, 자신들의 의견을 개진한다. 이처럼 생성형 AI는 데이터 분석을 넘어선 창의적인 도시 설계를 가능하게 하고, 시민들이 함께 참여하고 공감하는 도시재생의 새로운 패러다임을 열어갈 것이다.

## 5. 중심시가지 젠트리피케이션(Gentrification) 방지를 위한 예측 모델과 가상사례

### 5.1. 중심시가지 젠트리피케이션 방지를 위한 예측 모델의 특징

이 소주제는 도시재생사업의 부정적인 측면인 젠트리피케이션을 사전에 예측하고 방지하는 데 AI를 활용하는 방법을 다룬다. 젠트리피케이션은 특정 지역의 활성화로 인해 원주민이나 기존 상인들이 임대료 상승 등으로 인해 내몰리는 현상을 의미한다. AI 예측 모델은 이러한 현상의 잠재적 위험을 조기에 파악하고, 지속 가능한 도시재생 전략을 수립하는 데 필수적인 도구가 될 것이다.

| 분류 | 데이터 수집 및 전처리 |
|---|---|
| 목표 | 인구통계, 부동산 거래, 카드 매출, SNS 감성 분석 등 젠트리피케이션 관련 빅데이터를 통합 및 정제한다. |
| 분석 방법 및 기술 | GIS 기반 데이터 통합, ETL(Extract, Transform, Load) 프로세스, 시계열 데이터 분석 기술을 활용한다. |
| 역할 | 젠트리피케이션 예측 모델의 학습을 위한 고품질의 데이터셋을 구축한다. |
| 장점 | 다양한 데이터를 결합하여 젠트리피케이션의 복합적인 원인을 파악할 수 있다. |
| 단점 | 데이터의 신뢰성과 개인정보 보호 이슈가 제기될 수 있다. |
| AI 분석 도구 | Google BigQuery, AWS Redshift, QGIS, Python(Pandas) |
| 도시재생 활용 예시 | 특정 지역의 부동산 거래량, 임대료 변화 추이를 시계열 데이터로 정제하여 분석한다. |

| 분류 | 머신 러닝 모델링 |
|---|---|
| 목표 | 다양한 요인(부동산 가격, 임대료, 소득 수준 변화 등)을 기반으로 젠트리피케이션 발생 가능성을 예측하는 모델을 개발한다. |
| 분석 방법 및 기술 | 지도학습(Random Forest, XGBoost), 회귀 분석, 시계열 예측 모델(LSTM, ARIMA) 기술을 활용한다. |
| 역할 | 젠트리피케이션 위험 지역을 조기에 식별하고, 위험 수준을 정량적으로 예측한다. |
| 장점 | 복잡한 상관관계를 학습하여 정확한 예측을 제공하며, 잠재적 위험을 미리 경고할 수 있다. |
| 단점 | 모델의 '블랙박스' 문제로 인해 예측 결과를 완벽하게 해석하기 어려운 경우가 발생한다. |
| AI 분석 도구 | Scikit-learn, TensorFlow, PyTorch, Statsmodels |
| 도시재생 활용 예시 | 특정 상권의 임대료가 급등할 가능성을 예측하고, 위험 수준을 '높음', '보통', '낮음' 등으로 분류한다. |

| 분류 | 예측 시뮬레이션 및 정책 설계 |
|---|---|
| 목표 | 특정 도시재생 정책(예: 공공 임대 상가 도입)이 젠트리피케이션에 미치는 영향을 시뮬레이션하고, 최적의 방지책을 설계한다. |

| 분석 방법 및 기술 | 강화학습(Reinforcement Learning) 및 에이전트 기반 모델링(Agent-Based Modeling)을 적용한다. |
|---|---|
| 역할 | 다양한 정책 시나리오를 비교하여 젠트리피케이션 방지에 가장 효과적인 전략을 도출한다. |
| 장점 | 시행착오를 줄여 비용을 절감하며, 지속 가능한 도시재생을 위한 과학적 근거를 마련한다. |
| 단점 | 현실 세계의 모든 변수를 모델에 반영하기 어려워 예측 결과에 한계가 있다. |
| AI 분석 도구 | AnyLogic, GAMA, Python-based custom simulation tools |
| 도시재생 활용 예시 | 공공 임대 상가 비율을 5%, 10%, 15%로 설정하여 각각의 젠트리피케이션 방지 효과를 시뮬레이션한다. |

| 분류 | 결과 시각화 및 정책 제안 |
|---|---|
| 목표 | 예측 결과를 이해하기 쉬운 형태로 시각화하여 정책 결정자 및 시민들에게 전달한다. |
| 분석 방법 및 기술 | 대시보드 구축, GIS 기반의 동적 지도, 인포그래픽 디자인 기술을 사용한다. |
| 역할 | 분석 결과를 바탕으로 이해관계자들에게 명확한 정보를 제공하고, 구체적인 정책을 제안한다. |
| 장점 | 복잡한 데이터를 직관적으로 표현하여 의사결정의 효율성을 높이고, 소통을 원활하게 한다. |
| 단점 | 시각화 과정에서 정보가 단순화되거나 왜곡될 위험이 있다. |
| AI 분석 도구 | Tableau, Power BI, D3.js, Leaflet |
| 도시재생 활용 예시 | 젠트리피케이션 위험 지역을 색상(빨간색: 위험, 노란색: 경고)으로 구분한 지도를 제작하여 대중에 공개한다. |

## 5.2. 가상 사례: 서울 성수동 구두 거리, 지속 가능한 재생의 길을 찾다

[똑! 기자 꿀! 정보] 장인의 혼이 숨쉬는 곳…성수동 구두 골목 [https://news.kbs.co.kr]

1) **현안 과제:** 한때 대한민국 수제화 산업의 중심이었던 서울 성수동 구두 거리. 최근 몇 년 사이 카페와 갤러리들이 들어서며 젊은이들의 '핫 플레이스'로 떠올랐다. 그러나 이는 동시에 '젠트리피케이션'이라는 어두운 그림자를 드리우고 있다. 치솟는 임대료에 기존 구두 장인들은 하나둘씩 쫓겨날 위기에 처했다. 이 위기 속에서 우리는 AI 예측 모델을 활용하여 젠트리피케이션을 방지하고 상생을 모색하는 새로운 도시재생 전략을 수립한다.

2) **데이터 수집 및 전처리:** 먼저, 데이터 수집 및 전처리 단계에서 우리는 다음과 같은 데이터를 수집한다:

   (1) **부동산 데이터:** 상권 내 상업용 건물의 임대료, 매매가 변화 추이를 시계열로 수집한다.

   (2) **인구통계 데이터:** 지역 주민의 소득 수준, 인구 이동, 연령대 변화 등을 파악한다.

   (3) **사업체 데이터:** 기존 구두 수제화 업체와 새로 유입된 카페, 갤러리 등의 업종 분포 변화를 분석한다.

3) **머신 러닝 모델링(XGBoost 모델):** 이렇게 수집된 데이터는 머신 러닝 모델링 단계에서 핵심적인 역할을 한다. 우리는 XGBoost 모델을 활용하여 '특정 지역의 임대료가 20% 이상 상승할 가능성'을 예측한다. 모델은 "유동인구의 20대 비중이 30%를 초과하고, 예술 관련 시설의 수가 10개를 넘어설 경우, 젠트리피케이션 위험이 70% 이상 상승한다"는 구체적인 예측 결과를 도출한다. 이 예측은 단순히 '예술가들이 모여들면 임대료가 오른다'는 막연한 가정을 넘어, 정확한 수치와 인과관계를 제시하는 것이다.

4) **예측 시뮬레이션 및 정책 설계:** 다음으로, 예측 시뮬레이션 및 정책 설계 단계에서는 강화학습 모델을 활용하여 다양한 정책 대안을 검증한다. "젠트리피케이션 위험을 낮추기 위한 최적의 방법은 무엇인가?"라는 질문에 대한 답을 찾는다. 모델은 '공공이 매입한 건물에 구두 장인들을 위한 공공 임대 상가를 10개 이상 조성하는 것'이 '임대료 상승률을 15% 이내로 억제하면서 상권의 활기를 유지하는 데' 가장 효과적인 전략임을 도출한다. 이는 AI가 제시하는 최적의 상생 솔루션인 것이다.

5) **결과 시각화 및 정책 제안:** 최종적으로, 이 모든 분석 결과는 결과 시각화 및 정책 제안 단계에서 '젠트리피케이션 예측 대시보드'를 통해 직관적으로 제시된다. 이 대시보드는 임대료 상승률 예측치와 함께, 특정 지역의 젠트리피케이션 위험 수준을 실시간으로 보여준다. 이를 통해 지자체와 상인, 주민들은 데이터 기반의 의사결정을 통해 젠트리피케이션의 위협을 미리 인지하고, 공존의 길을 모색할 수 있게 된다. AI는 도시재생이 단순히 물리적 공간을 바꾸는 것을

넘어, 사회적, 경제적 지속가능성을 함께 추구하는 것임을 보여주는 강력한 도구가 될 것이다.

# 6. 중심시가지 AI 보행 패턴 분석 기반 가로환경 개선 계획 수립과 가상사례

## 6.1. 중심시가지 AI보행 패턴 분석 기반 가로환경 개선 계획 수립 기법

보행자 중심의 가로 만들기 사례 [https://seoulsolution.kr]

이 소주제는 도시재생사업의 핵심인 보행자 중심의 가로환경 개선을 위해 AI를 활용하는 방법을 다룬다. 전통적인 설문조사나 관찰로는 파악하기 어려운 보행자의 실제 이동 패턴과 행동 양식을 빅데이터와 AI 기술로 분석하여, 보행자의 편의성과 안전을 증진하는 과학적인 가로환경 개선 계획을 수립하는 방법을 제시한다.

| 분류 | 데이터 수집 및 정제 |
|---|---|
| 목표 | 유동 인구, GPS 위치 정보, CCTV 영상 등 다양한 보행 관련 빅데이터를 통합 및 정제한다. |
| 분석 방법 및 기술 | GIS 기반 데이터 통합, ETL(Extract, Transform, Load) 프로세스, 데이터 클리닝 기술을 활용한다. |
| 역할 | 보행 패턴 분석의 정확성을 높이기 위한 신뢰성 있는 기초 데이터를 구축한다. |

| | |
|---|---|
| 장점 | 객관적인 데이터 기반의 분석이 가능하며, 대규모 보행자 데이터를 실시간으로 수집할 수 있다. |
| 단점 | 데이터의 신뢰성과 수집 비용 문제가 발생할 수 있으며, 개인정보 보호 이슈가 제기될 수 있다. |
| AI 분석 도구 | Google BigQuery, AWS Redshift, QGIS, ArcGIS, Python 라이브러리(Pandas) |
| 도시재생 활용 예시 | 스마트폰 위치 데이터를 활용하여 시간대별, 요일별 보행자 밀집도를 파악한다. |

| | |
|---|---|
| 분류 | 딥러닝 모델링 |
| 목표 | 보행자의 이동 경로, 체류 시간, 군집 행동 등 복잡한 패턴을 심층적으로 학습하고 예측하는 모델을 개발한다. |
| 분석 방법 및 기술 | CNN(Convolutional Neural Network) 기반의 보행자 밀집도 예측, RNN(Recurrent Neural Network) 기반의 이동 경로 예측, 군집화(Clustering) 알고리즘을 활용한다. |
| 역할 | 도시 보행 환경의 문제점(예: 병목 현상, 위험 지역)을 식별하고, 특정 정책의 효과를 예측한다. |
| 장점 | 복잡하고 비선형적인 보행 패턴을 학습하여 매우 정교한 예측을 제공한다. |
| 단점 | 모델의 '블랙박스' 문제로 인해 예측 결과를 완벽하게 해석하기 어려울 수 있으며, 막대한 컴퓨팅 자원이 필요하다. |
| AI 분석 도구 | TensorFlow, PyTorch, Scikit-learn, GeoPandas |
| 도시재생 활용 예시 | CCTV 영상을 분석하여 보행자가 자주 충돌하거나 불안정한 보행을 보이는 지점을 식별한다. |

| | |
|---|---|
| 분류 | 가로환경 개선 시뮬레이션 |
| 목표 | 다양한 가로환경 개선 시나리오(예: 보행자 전용 거리, 가로수 식재, 벤치 설치)에 따른 보행 패턴 변화를 예측하고, 최적의 방안을 도출한다. |
| 분석 방법 및 기술 | 강화학습(Reinforcement Learning) 및 "에이전트 기반 모델링(Agent-Based Modeling)"을 적용한다. |
| 역할 | 특정 시설물(예: 벤치, 가로등)의 위치가 보행자의 체류 시간 및 만족도에 미치는 영향을 미리 평가한다. |
| 장점 | 시행착오를 최소화하여 비용을 절감하며, 보행자 편의를 극대화하는 최적의 계획을 수립할 수 있다. |

| 단점 | 현실 세계의 모든 변수를 모델에 반영하기 어려워 예측 결과에 한계가 있다. |
|---|---|
| AI 분석 도구 | AnyLogic, GAMA, NetLogo, Python 기반의 커스텀 시뮬레이션 툴 |
| 도시재생 활용 예시 | 교차로에 '보행자 신호등'을 설치하는 시나리오와 '차량 통행 금지' 시나리오를 비교하여 보행자 안전 효과를 시뮬레이션한다. |

| 분류 | 결과 시각화 및 정책 제안 |
|---|---|
| 목표 | 분석 결과를 이해하기 쉬운 형태로 시각화하여 정책 결정자 및 시민들에게 전달한다. |
| 분석 방법 및 기술 | 대시보드 구축, GIS 기반의 동적 지도, 인포그래픽 디자인 기술을 사용한다. |
| 역할 | 분석 결과를 바탕으로 이해관계자들에게 명확한 정보를 제공하고, 구체적인 가로환경 개선 정책을 제안한다. |
| 장점 | 복잡한 데이터를 직관적으로 표현하여 의사결정의 효율성을 높이고, 소통을 원활하게 한다. |
| 단점 | 시각화 과정에서 정보가 단순화되거나 왜곡될 위험이 있다. |
| AI 분석 도구 | Tableau, Power BI, D3.js, Leaflet |
| 도시재생 활용 예시 | 보행자 안전도가 낮은 지역을 '위험'으로 표시한 지도를 제작하여 개선의 필요성을 시각적으로 보여준다. |

## 6.2. 가상 사례: 대구 동성로, '미래 보행자 거리'로의 진화

대구 동성로, 디자인 옷 입은 '보행천국'으로 - 정책포커스 [https://www.korea.kr]

1) **현안 과제:** 대구의 대표적인 상업지구인 동성로. 주말이면 수많은 인파로 북적이지만, 보행자들은 좁은 인도와 복잡한 차도 때문에 불편을 겪는다. 횡단보도를 건너기 위해 기다리는 시간은 길고, 일부 구간에서는 보행자들이 차도까지 내려와 걷는 위험한 상황이 발생하고 있다. 우리는 이 문제를 해결하기 위해 AI 기반의 보행 패턴 분석 프로젝트를 시작한다.

2) **데이터 수집 및 정제:** 먼저, 데이터 수집 및 정제 단계에서 우리는 동성로의 유동인구 데이터를 1분 단위로 수집한다. 이 데이터는 스마트폰 위치 정보, 공공 와이파이 접속 기록, 그리고 주요 교차로의 CCTV 영상 분석을 통해 얻는다. AI는 이 방대한 데이터를 분석하여 '오후 7시~9시, 특정 횡단보도에 보행자 병목 현상이 발생한다'는 사실과, '이 병목 현상의 주된 원인은 보행자 신호 대기 시간과 보행 폭의 부족'임을 정확하게 파악한다.

3) **딥러닝 모델링:** 다음으로, 딥러닝 모델링 단계에서는 CNN 기반의 보행자 밀집도 예측 모델을 구축한다. 이 모델은 동성로의 지리적 특성과 보행 패턴 데이터를 결합하여, 특정 시간대에 보행자 밀집도가 높아질 위험이 있는 '핫스팟'을 예측한다. 예를 들어, 모델은 금요일 저녁 특정 시간, '대백백화점 앞 사거리'에서 보행자 밀집도가 임계치를 초과할 것이라고 예측한다. 또한, RNN 기반의 이동 경로 예측 모델은 보행자들이 주로 어떤 경로로 이동하는지 분석하여 '동성로 중심부의 상점들이 밀집된 골목길'이 가장 선호되는 보행 경로임을 밝혀낸다.

4) **가로환경 개선 시뮬레이션:** 이어서 가로환경 개선 시뮬레이션 단계

에서는 에이전트 기반 모델링을 사용하여 다양한 개선 시나리오를 검증한다. “보행자 신호 대기 시간을 30초 단축하면 보행자 병목 현상이 얼마나 해소될까?”, “가로수를 추가로 식재하고 벤치를 설치하면 보행자들의 체류 시간이 얼마나 증가할까?” 등 다양한 질문을 모델에 던진다. 시뮬레이션 결과, 모델은 ‘대백백화점 앞 사거리’의 보행자 신호등 대기 시간을 10초 단축하고, ‘중심 상가 거리’에 10개의 벤치를 추가로 설치하면, 보행자들의 이동 편의성이 20% 향상되고, 체류 시간이 15분 증가할 것이라고 예측한다.

5) 결과 시각화 및 정책 제안: 최종적으로, 이 모든 분석 결과는 결과 시각화 및 정책 제안 단계에서 ‘동성로 스마트 보행 대시보드’를 통해 직관적으로 제시된다. 대시보드는 실시간으로 보행자 밀집도를 보여주며, 예측된 ‘병목 현상 핫스팟’을 지도에 표시하여 지자체와 상인들에게 개선의 필요성을 명확히 전달한다. 이처럼 AI는 도시재생이 단순히 외관을 바꾸는 것을 넘어, 시민들의 실제 행동과 데이터를 기반으로 삶의 질을 향상하는 혁신적인 방향을 제시할 것이다.

## 7. 딥러닝 기반 중심시가지 이미지·텍스트 데이터를 통한 도시브랜드(City Brand) 분석방법과 가상사례

### 7.1. 딥러닝 기반 중심시가지 이미지·텍스트 데이터를 통한 도시브랜드 분석방법

이 소주제는 도시재생사업의 성공을 위해 필수적인 도시 브랜드를 딥러닝 기술로 분석하는 방법을 다룬다. 도시 브랜드는 단순한 물리적 환경을 넘어, 사람들의 인식과 감성에 의해 형성되는 복합적인 개념이다. 우리는 SNS, 뉴스 기사, 온라인 리뷰 등에서 수집한 이미지와 텍스트 데이

뉴욕은 45년째 'I♥NY'… "정치적 이유 아닌 객관적 평가를"
[https://www.segye.com]

터를 딥 러닝으로 분석하여 도시의 현재 이미지를 객관적으로 파악하고, 이를 바탕으로 차별화된 도시재생 전략을 수립하는 방법을 제시한다.

| 분류 | 데이터 수집 및 정제 |
|---|---|
| 목표 | SNS, 온라인 지도, 뉴스 기사 등에서 도시 관련 이미지와 텍스트 데이터를 대량으로 수집하고 정제한다. |
| 분석 방법 및 기술 | 웹 크롤링, API 연동, 데이터 파싱, OCR(광학 문자 인식), 데이터 클리닝 기술을 활용한다. |
| 역할 | 도시 브랜드 분석을 위한 방대한 원천 데이터를 확보하고, 딥러닝 모델 학습에 적합한 형태로 변환한다. |
| 장점 | 사람들의 인식과 감성을 반영한 데이터를 수집할 수 있으며, 주관적인 판단을 배제하고 객관적으로 분석할 수 있다. |
| 단점 | 데이터 수집 비용이 크고, 비정형 데이터의 정제에 많은 노력이 필요하다. |
| AI 분석 도구 | Python 라이브러리(BeautifulSoup, Scrapy), API(Twitter, Instagram), Google Vision API |
| 도시재생 활용 예시 | 인스타그램의 특정 위치 태그 게시물을 크롤링하여 이미지와 텍스트를 수집한다. |

| 분류 | 딥러닝 모델링 |
|---|---|
| 목표 | 도시 이미지의 시각적 특징(색감, 사물 등)과 텍스트의 감성적 특징(긍정, 부정)을 심층적으로 분석한다. |
| 분석 방법 및 기술 | CNN(Convolutional Neural Network) 기반의 이미지 분류 및 객체 감지, NLP(자연어 처리) 기반의 감성 분석, 토픽 모델링 기술을 활용한다. |

| | |
|---|---|
| 역할 | 도시의 현재 이미지를 '힙한', '전통적인', '활기찬' 등 다양한 키워드로 정의하고, 긍정/부정 감성을 정량화한다. |
| 장점 | 이미지와 텍스트 데이터를 결합하여 도시의 복합적인 이미지를 깊이 있게 이해할 수 있다. |
| 단점 | 모델 학습에 막대한 컴퓨팅 자원이 필요하며, 모델의 해석 가능성이 낮아 '블랙박스' 문제가 발생할 수 있다. |
| AI 분석 도구 | TensorFlow, PyTorch, Scikit-learn, SpaCy, Gensim |
| 도시재생 활용 예시 | 특정 지역의 이미지에서 '낡은', '예쁜', '독특한' 등의 시각적 특징을 분석하고, 텍스트에서 '좋다', '별로다' 등의 감성을 분석한다. |

| 분류 | 브랜드 시나리오 생성 |
|---|---|
| 목표 | 분석된 도시 브랜드 이미지를 바탕으로 새로운 브랜드 컨셉과 스토리를 담은 재생 시나리오를 생성한다. |
| 분석 방법 및 기술 | 생성형 AI(Generative AI) 모델(LLM, Diffusion Model)을 활용하여 텍스트와 이미지를 생성한다. |
| 역할 | 도시의 미래 이미지를 구체화하고, 이를 실현하기 위한 창의적인 아이디어를 제안한다. |
| 장점 | 인간의 상상력을 뛰어넘는 독창적인 아이디어를 제안하며, 다양한 브랜드 컨셉을 시각적으로 구현할 수 있다. |
| 단점 | 생성된 아이디어가 현실성과 타당성이 부족할 수 있으며, 의도하지 않은 결과가 나올 수 있다. |
| AI 분석 도구 | OpenAI GPT, Midjourney, DALL-E, Stable Diffusion |
| 도시재생 활용 예시 | "자연과 예술이 공존하는 치유의 도시", "미래 기술과 과거가 만나는 도시"와 같은 브랜드 시나리오를 생성한다. |

| 분류 | 결과 시각화 및 활용 |
|---|---|
| 목표 | 분석 결과와 생성된 시나리오를 이해하기 쉬운 형태로 시각화하여 정책 결정 및 홍보에 활용한다. |
| 분석 방법 및 기술 | 대시보드 구축, 인포그래픽, 3D 모델링, VR/AR 콘텐츠 제작 기술을 사용한다. |
| 역할 | 도시 브랜드 분석 결과를 직관적으로 전달하고, 새로운 도시 브랜드를 대중에게 효과적으로 홍보한다. |

| 장점 | 도시 브랜드 전략에 대한 공감대를 형성하고, 사업에 대한 시민들의 참여를 유도할 수 있다. |
|---|---|
| 단점 | 시각화 과정에서 정보가 단순화되거나 왜곡될 위험이 있다. |
| AI 분석 도구 | Tableau, Power BI, D3.js, Unity, Unreal Engine |
| 도시재생 활용 예시 | 도시 브랜드 분석 보고서를 웹 기반의 대시보드로 제작하여 누구나 쉽게 접근할 수 있게 한다. |

## 7.2. 가상 사례: 쇠퇴한 군산 항구의 재탄생, '근대 예술의 도시'로의 진화

군산내항 역사 문화 공간 학술 조사 및 종합 정비 계획 수립
[https://www.gangheejae.com]

1) 현안 과제: 일제강점기 시절, 쌀을 실어 나르던 군산 내항. 해방 이후에도 항구의 역할은 계속되었지만, 시대가 변하며 낡은 창고와 부두는 쓸쓸히 방치되었다. 군산시는 이 지역을 도시재생사업 대상지로 선정했으나, 어떤 방향으로 나아가야 할지 막막했다. 이때 우리는 딥러닝 기반의 도시브랜드 분석 프로젝트를 제안했다.

2) 데이터 수집 및 정제: 먼저, 데이터 수집 및 정제 단계에서 우리는 '군산'과 관련된 수십만 장의 이미지와 텍스트를 SNS, 블로그, 뉴스 기사 등에서 수집한다. AI는 이미지에서 '근대 건축물', '바다', '낡은', '아름다운', '시간여행' 등의 키워드를 추출하고, 텍스트에서 '조

용하다', '역사적이다', '감성적이다' 등의 감성적 특징을 분석한다. 이 분석을 통해 AI는 현재 군산의 이미지가 '아름다운 근대 건축물이 있는, 조용하고 평화로운 역사 도시'라는 것을 객관적으로 파악한다.

3) **딥러닝 모델링(CNN기반의 이미지 분류 모델, NLP 기반의 감성 분석 모델):** 다음으로, 딥러닝 모델링 단계에서는 CNN 기반의 이미지 분류 모델을 활용하여 군산의 이미지를 '전통', '근대', '미래' 등 세 가지 카테고리로 분류한다. 모델은 군산 이미지 중 80% 이상이 '근대' 카테고리에 속한다는 것을 확인하고, '근대 건축물'이 도시 브랜드의 핵심임을 재확인한다. 또한, NLP 기반의 감성 분석 모델은 '시간여행', '추억', '감성' 등의 긍정적 키워드가 '근대 건축물'과 함께 언급될 때 가장 높은 긍정적 감성을 보인다는 것을 발견한다.

4) **새로운 브랜드 시나리오를 생성:** 이러한 분석 결과를 바탕으로, 우리는 생성형 AI를 활용하여 새로운 브랜드 시나리오를 생성한다. "군산의 근대 이미지를 활용하여 '근대 예술의 도시'라는 새로운 도시 브랜드를 만들고, 젊은 예술가들을 위한 창작 공간을 제공한다"는 시나리오를 구상한다. AI는 이 시나리오에 맞춰 '낡은 창고를 개조한 미디어 아트 갤러리'와 '과거 선박 부품을 활용한 예술 조형물' 등의 구체적인 시각적 아이디어를 생성한다.

5) **군산 도시브랜드 대시보드에 제시:** 최종적으로, 이 모든 분석 결과는 '군산 도시브랜드 대시보드'를 통해 직관적으로 제시된다. 이 대시보드는 "군산의 잠재력은 '근대'에 있으며, 이를 '예술'과 결합할 때 새로운 가치를 창출할 수 있다"는 명확한 메시지를 전달한다. AI

는 도시의 감춰진 정체성을 발견하고, 이를 현대적인 감각으로 재해석하여 지속 가능하고 매력적인 도시 브랜드를 구축하는 데 핵심적인 역할을 수행할 것이다.

제7장

# 중심시가지 상권 활성화를 위한 생성형 AI 활용

## 1. GPT(Generative Pre-trained Transformer) 기반 중심시가지 브랜딩 콘텐츠 자동 생성 시스템과 가상사례

### 1.1. GPT 기반 중심시가지 브랜딩 콘텐츠 자동 생성 시스템

이 소주제는 도시재생사업의 성공적인 마케팅을 위해 "GPT(Generative Pre-trained Transformer)"와 같은 "대규모 언어 모델(LLM)"을 활용하여 도시의 매력을 효과적으로 전달할 수 있는 콘텐츠를 자동으로 생성하는 방법을 다룬다. 전통적인 방식의 홍보물 제작에서 벗어나, AI가 도시의 고유한 스토리를 발굴하고 이를 다양한 형태의 콘텐츠로 재생산하는 방법을 제시한다.

| 분류 | 데이터 수집 및 분석 |
|---|---|
| 목표 | 도시의 역사, 문화, 특징, 주민 인터뷰, SNS 데이터 등 방대한 텍스트 데이터를 수집하고 분석한다. |
| 분석 방법 및 기술 | 웹 크롤링, 자연어 처리(NLP), 감성 분석, 토픽 모델링 기술을 활용한다. |
| 역할 | 도시의 고유한 정체성과 매력을 AI가 이해할 수 있는 형태로 구조화한다. |
| 장점 | 도시의 잠재적 가치를 객관적으로 발견하고, 인간이 놓치기 쉬운 미세한 감성을 파악한다. |

| | |
|---|---|
| 단점 | 데이터의 양과 질에 따라 분석 결과의 신뢰성이 달라지며, 주관적 감성을 완벽하게 포착하기 어렵다. |
| AI 분석 도구 | Python 라이브러리(BeautifulSoup), Gensim, SpaCy, scikit-learn |
| 도시재생 활용 예시 | 주민들의 '고향 이야기' 인터뷰 텍스트를 분석하여 지역의 핵심 가치(예: '정', '역사', '끈기')를 추출한다. |

| 분류 | 브랜딩 콘텐츠 자동 생성 |
|---|---|
| 목표 | 분석된 데이터를 기반으로 도시의 스토리를 담은 다양한 브랜딩 콘텐츠(슬로건, 홍보 문구, 스토리)를 자동으로 생성한다. |
| 분석 방법 및 기술 | 대규모 언어 모델(LLM) 기반의 텍스트 생성, Diffusion Model 기반의 이미지 생성, TTS(Text-to-Speech) 기술을 활용한다. |
| 역할 | 도시의 매력을 담은 창의적이고 감성적인 콘텐츠를 대량으로 생산한다. |
| 장점 | 인간의 상상력을 뛰어넘는 독창적인 아이디어를 제안하며, 콘텐츠 제작 비용과 시간을 획기적으로 절감한다. |
| 단점 | 생성된 콘텐츠의 진정성 문제가 제기될 수 있으며, 완벽한 결과물을 위해 인간의 검수가 필요하다. |
| AI 분석 도구 | GPT-4, Midjourney, DALL-E, Stable Diffusion, ElevenLabs |
| 도시재생 활용 예시 | "시간이 멈춘 골목, 추억이 흐르는 도시"와 같은 슬로건을 생성하고, 이에 맞는 이미지를 자동으로 제작한다. |

| 분류 | 콘텐츠 검증 및 최적화 |
|---|---|
| 목표 | 생성된 콘텐츠의 효과를 예측하고, 타겟층에 가장 효과적인 콘텐츠를 선별한다. |
| 분석 방법 및 기술 | 강화학습(Reinforcement Learning) 및 A/B 테스트 기법을 적용한다. |
| 역할 | 다양한 콘텐츠 시나리오를 비교하여 마케팅 효과를 극대화할 수 있는 최적의 콘텐츠를 도출한다. |
| 장점 | 시행착오를 줄여 비용을 절감하며, 데이터 기반의 과학적인 마케팅 전략을 수립할 수 있다. |
| 단점 | 모델의 예측이 현실과 완벽하게 일치하지 않을 수 있다. |
| AI 분석 도구 | Optimizely, Google Optimize, Python 기반의 커스텀 A/B 테스트 툴 |

| 도시재생 활용 예시 | AI가 생성한 두 가지 버전의 홍보 포스터를 실제 시민들에게 노출시켜 반응을 측정한다. |
|---|---|

| 분류 | 콘텐츠 배포 및 피드백 |
|---|---|
| 목표 | 최적화된 콘텐츠를 다양한 채널(SNS, 웹사이트, 오프라인 광고)에 배포하고, 사용자 피드백을 수집하여 시스템을 개선한다. |
| 분석 방법 및 기술 | SNS API 연동, 웹사이트 데이터 분석, 자연어 처리 기반의 피드백 분석 기술을 사용한다. |
| 역할 | 도시 브랜드가 대중에게 효과적으로 각인되도록 돕고, 시스템의 성능을 지속적으로 향상시킨다. |
| 장점 | 실시간으로 콘텐츠의 효과를 측정하고, 피드백을 통해 다음 콘텐츠 제작에 반영할 수 있다. |
| 단점 | 피드백 데이터의 양이 충분하지 않거나 왜곡될 수 있다. |
| AI 분석 도구 | Google Analytics, Facebook Analytics, Python 기반의 피드백 분석 시스템 |
| 도시재생 활용 예시 | SNS 게시물의 '좋아요', '공유하기' 횟수를 분석하여 콘텐츠의 반응을 실시간으로 확인한다. |

## 1.2. 가상 사례: 서울 종로구 익선동, 'AI가 쓰고 AI가 그린 힙스터 성지'

익선동의 변신…옛 한옥에 현대를 입힌 젊음의 거리 - 오피니언뉴스 [https://www.opinionnews.co.kr]

1) **현안 과제:** 한때 낡고 허름한 한옥 골목이었던 서울 익선동. 최근 몇 년 사이 독특한 감성의 카페와 맛집들이 들어서면서 '힙스터 성지'로 떠올랐다. 하지만 급작스러운 인기에 콘텐츠는 획일화되고, '그

저 그런' 감성에 질린 사람들의 발길이 점차 줄어들고 있다. 이 위기 속에서 우리는 GPT 기반의 브랜딩 콘텐츠 자동 생성 시스템을 도입하여 익선동에 새로운 생명력을 불어넣는다.

2) **데이터 수집 및 분석**: 우선, 데이터 수집 및 분석 단계에서 우리는 익선동 관련 수십만 개의 SNS 게시글, 블로그 리뷰, 뉴스 기사를 수집한다. AI는 이 방대한 텍스트를 분석하여 익선동의 핵심 키워드를 '한옥', '골목길', '레트로', '감성', '데이트' 등으로 추출한다. 특히, AI는 '낡음 속의 새로움'이라는 익선동만의 독특한 매력을 발견하고, 이 콘셉트를 브랜딩의 핵심으로 삼는다.

Midjourney (미드저니) – AI 매터스 l AI Matters [https://aimatters.co.kr]

3) **브랜딩 콘텐츠 자동 생성**: 다음으로, 브랜딩 콘텐츠 자동 생성 단계에서는 GPT-4 모델에 "익선동의 '낡음 속의 새로움'이라는 콘셉트를 담은 홍보 문구를 생성해줘"라고 요청한다. GPT는 "시간이 쌓인 기와 아래, 트렌드가 꽃피는 곳. 익선동"과 같은 감성적인 슬로건을 수십 개씩 쏟아낸다. 동시에 Midjourney와 같은 이미지 생성 모델은 '낡은 한옥의 창문 사이로 빛이 쏟아지는 이미지', '전통적인 문양과 현대적인 디자인이 공존하는 인테리어'와 같은 시각적 결과물을 수백 장씩 생성한다. 이 시스템은 인간의 상상력을 뛰어넘는 독

창적인 텍스트와 이미지를 결합하여 수많은 브랜딩 콘텐츠를 순식간에 제작한다.

4) **콘텐츠 검증 및 최적화:** 이어서 콘텐츠 검증 및 최적화 단계에서는 강화학습 모델을 활용하여 생성된 콘텐츠의 효과를 예측한다. AI는 "시간이 쌓인 기와 아래…"라는 슬로건과 한옥 이미지를 결합한 콘텐츠가 20대 여성에게 가장 높은 반응을 보일 것이라고 예측하고, "익선동에서 인생샷 남기는 법"과 같은 가이드 콘텐츠는 10대와 20대 초반에게 더 효과적일 것이라고 예측한다.

5) **최적화된 콘텐츠를 SNS와 온라인 광고에 배포:** 최종적으로, 우리는 이러한 분석 결과를 바탕으로 최적화된 콘텐츠를 SNS와 온라인 광고에 배포한다. 시스템은 실시간으로 콘텐츠의 반응(좋아요, 공유, 댓글)을 분석하여 다음 콘텐츠 제작에 반영한다. 이처럼 GPT 기반의 시스템은 익선동의 본질적인 매력을 AI의 창의력과 결합하여 도시를 하나의 브랜드로 만들어내고, 그 브랜드의 가치를 지속적으로 높이는 데 핵심적인 역할을 수행할 것이다.

## 2. 이미지 생성 AI를 활용한 중심시가지 상가 파사드(Facade) 디자인 기법과 가상사례

### 2.1. 이미지 생성 AI를 활용한 중심시가지 상가 파사드 디자인(Facade Design) 기법

이 소주제는 도시재생사업의 가장 눈에 띄는 변화를 가져오는 상가 파사드 디자인에 이미지 생성 AI를 활용하는 방법을 다룬다. 전통적으로 디자이너의 직관과 경험에 의존했던 디자인 과정을 AI를 통해 혁신함으로

독특한 외관의 세종시 상가 '눈길' | 동아일보 [https://www.donga.com]

써, 지역의 정체성을 살리면서도 창의적이고 다양한 디자인 시안을 신속하게 도출하는 방법을 제시한다.

| 분류 | 데이터 수집 및 정제 |
|---|---|
| 목표 | 대상 지역의 기존 상가 이미지, 역사적 건축물 사진, 주변 환경 이미지 등 디자인에 필요한 데이터를 수집하고 정제한다. |
| 분석 방법 및 기술 | 웹 크롤링, GIS 데이터 연동, 이미지 클리닝 및 전처리 기술을 활용한다. |
| 역할 | 디자인 방향을 설정하기 위한 시각적 기초 자료를 AI가 이해할 수 있는 형태로 구축한다. |
| 장점 | 객관적인 데이터 기반으로 지역의 고유한 시각적 특성을 파악할 수 있다. |
| 단점 | 저작권 문제가 발생할 수 있으며, 이미지 데이터의 품질이 낮을 경우 결과물의 완성도가 떨어진다. |
| AI 분석 도구 | Python 라이브러리(Scrapy, OpenCV), Google Vision API, ArcGIS |
| 도시재생 활용 예시 | 도시의 역사적 감성을 담은 건축물 이미지를 수집하여 AI 학습 데이터로 활용한다. |

| 분류 | 이미지 생성 AI 모델링 |
|---|---|
| 목표 | 수집된 데이터를 바탕으로 대상 지역에 적합한 상가 파사드 디자인을 생성하는 모델을 구축한다. |
| 분석 방법 및 기술 | Diffusion Model, GAN(Generative Adversarial Network), Style Transfer 기술을 활용한다. |

| 역할 | 디자이너의 창의성을 보조하고, 물리적 제약을 뛰어넘는 다양한 디자인 시안을 생성한다. |
|---|---|
| 장점 | 인간의 상상력을 뛰어넘는 독창적인 디자인을 제안하며, 디자인 프로세스를 획기적으로 단축한다. |
| 단점 | 생성된 이미지가 현실성과 타당성이 부족할 수 있으며, 의도하지 않은 결과가 나올 수 있다. |
| AI 분석 도구 | Midjourney, DALL-E, Stable Diffusion, RunwayML |
| 도시재생 활용 예시 | "낡은 건물의 파사드를 모던하면서도 한국적인 감성을 담아 디자인해줘"와 같은 프롬프트로 이미지를 생성한다. |

| 분류 | 디자인 시뮬레이션 및 평가 |
|---|---|
| 목표 | 생성된 디자인 시안을 실제 환경에 적용했을 때의 효과를 시뮬레이션하고, 주민과 전문가의 피드백을 반영하여 최적의 디자인을 선정한다. |
| 분석 방법 및 기술 | VR/AR 기반의 3D 시뮬레이션, 사용자 피드백 분석, A/B 테스트 기법을 적용한다. |
| 역할 | 디자인의 현실 적용 가능성을 검증하고, 이해관계자들의 공감대를 형성한다. |
| 장점 | 시행착오를 줄여 디자인 변경 비용을 절감하며, 시뮬레이션을 통해 다양한 대안을 비교할 수 있다. |
| 단점 | 현실 세계의 모든 변수를 시뮬레이션에 완벽하게 반영하기 어렵다. |
| AI 분석 도구 | Unity, Unreal Engine, Python 기반의 피드백 분석 시스템 |
| 도시재생 활용 예시 | AI가 생성한 디자인을 VR 환경에서 직접 체험하게 하여 주민들의 의견을 수렴한다. |

| 분류 | 최종 디자인 적용 및 홍보 |
|---|---|
| 목표 | 선정된 최종 디자인을 실제 시공에 적용하고, 디자인 과정 및 결과를 홍보 콘텐츠로 활용한다. |
| 분석 방법 및 기술 | 3D 모델링, 인포그래픽, 영상 제작 기술을 사용한다. |
| 역할 | 도시재생사업의 가시적인 성과를 보여주고, 시민들의 참여와 관심을 유도한다. |
| 장점 | 도시재생사업의 성공적인 사례를 효과적으로 홍보하고, 지역의 새로운 이미지를 구축한다. |

| 단점 | 디자인 결과가 기대에 미치지 못할 경우, 홍보 효과가 반감될 수 있다. |
|---|---|
| AI 분석 도구 | Blender, SketchUp, Adobe Creative Suite, DaVinci Resolve |
| 도시재생 활용 예시 | AI가 디자인한 상가 파사드의 '비포&애프터' 영상을 제작하여 SNS에 홍보한다. |

## 2.2. 가상 사례: AI상가 파사드 디자인, '미래 디자인'을 입고 다시 빛나다

범일동 귀금속거리 4 | 부산광역시 동구 범일동 830-252 [https://ffw.purpleo.co.kr]

1) **현안 과제(이미지 생성 AI를 활용한 파사드 디자인):** 한때 '부산의 명동'이라 불렸던 부산 범일동 귀금속 거리. 수십 년의 세월이 흐르며 낡고 획일적인 상가 파사드는 거리를 쇠퇴하게 했다. 화려한 보석들이 빛을 잃어가던 이때, 우리는 이미지 생성 AI를 활용한 파사드 디자인 프로젝트를 제안했다.

2) **데이터 수집 및 정제:** 우선, 데이터 수집 및 정제 단계에서 우리는 귀금속 거리의 기존 상가 이미지, 부산의 바다와 항구, 그리고 젊은 세대에게 인기 있는 '빈티지'와 '레트로' 감성의 이미지를 대량으로 수집한다. AI는 이 방대한 데이터를 학습하여 '부산 바다의 푸른색', '낡은 골목의 질감', '보석의 반짝임' 등 다양한 시각적 요소들을 파악한다.

3) **이미지 생성 AI 모델링(Midjourney):** 다음으로, 이미지 생성 AI 모델링 단계에서는 Midjourney를 활용하여 디자인 시안을 생성한다. 우리는 AI에 이렇게 프롬프트를 입력한다: "부산 범일동 귀금속 거리의 파사드를 디자인해줘. 부산의 푸른 바다 색과 귀금속의 반짝임을 담고, 낡은 건물의 질감을 살리면서도 현대적인 감성을 더해줘." AI는 이 요청에 따라 수백 개의 독창적인 디자인 시안을 순식간에 쏟아낸다. 어떤 시안은 '바다의 파도'를 형상화한 곡선 디자인을, 또 다른 시안은 '보석의 다면체'를 모티브로 한 기하학적 디자인을 제안한다.
4) **디자인 시뮬레이션 및 평가:** 이어서 디자인 시뮬레이션 및 평가 단계에서는 가장 매력적인 디자인 시안을 선정하여 VR 시뮬레이션을 제작한다. 주민들과 상인들은 VR 헤드셋을 착용하고, AI가 디자인한 미래의 거리를 직접 거닐며 의견을 나눈다. "파란색 디자인은 너무 차가워 보여요", "이 조명은 밤에 너무 밝을 것 같아요"와 같은 구체적인 피드백을 얻고, 이를 바탕으로 AI는 디자인을 수정하고 보완한다.
5) **'AI 디자인 솔루션 보고서'로 완성:** 최종적으로, 이 모든 과정은 'AI 디자인 솔루션 보고서'로 완성된다. 보고서에는 AI가 생성한 최종 디자인 시안과 함께, 디자인이 지역 경제에 미칠 긍정적인 효과에 대한 시뮬레이션 결과가 포함된다. 이처럼 이미지 생성 AI는 쇠퇴한 도시의 물리적 환경을 단순히 바꾸는 것을 넘어, 지역의 정체성과 가치를 시각적으로 재해석하여 사람들의 마음을 움직이는 혁신적인 도시재생을 가능하게 할 것이다.

# 3. 음성 AI 기반 중심시가지 다국어 관광 안내 서비스 개발과 가상사례

## 3.1. 음성 AI 기반 중심시가지 다국어 관광 안내 서비스 개발 과정

이 소주제는 도시재생사업의 주요 목표 중 하나인 관광 활성화를 위해 음성 AI 기술을 활용하는 방법을 다룬다. 외국인 관광객이 증가하는 추세에 맞춰, AI 기반의 다국어 관광 안내 시스템을 구축함으로써 언어의 장벽을 허물고, 관광객들에게 더욱 편리하고 풍부한 경험을 제공하는 방법을 제시한다.

| 분류 | 데이터 수집 및 정제 |
|---|---|
| 목표 | 도시의 역사, 문화, 주요 관광지, 맛집, 상점 등에 대한 정보를 다국어(한국어, 영어, 중국어, 일본어 등)로 수집하고 정제한다. |
| 분석 방법 및 기술 | 웹 크롤링, API 연동, 자연어 처리(NLP), 번역 기술을 활용한다. |
| 역할 | 음성 AI 모델의 학습과 질의응답 시스템 구축을 위한 방대한 지식 데이터베이스를 마련한다. |
| 장점 | 다양한 언어와 문화권에 대한 정보를 통합적으로 구축할 수 있다. |
| 단점 | 번역의 정확성 문제가 발생할 수 있으며, 최신 정보 업데이트에 지속적인 노력이 필요하다. |
| AI 분석 도구 | Python 라이브러리(BeautifulSoup), Google Translate API, Papago API |
| 도시재생 활용 예시 | 지역의 역사적 사건, 숨겨진 맛집 정보 등을 다국어 텍스트 데이터로 변환하여 저장한다. |

| 분류 | 음성 AI 모델링 |
|---|---|
| 목표 | 사용자의 음성 질의를 인식하고, 그에 맞는 최적의 답변을 생성하여 자연스러운 음성으로 변환하는 모델을 구축한다. |
| 분석 방법 및 기술 | STT(Speech-to-Text) 기술 기반의 음성 인식, LLM(대규모 언어 모델) 기반의 답변 생성, TTS(Text-to-Speech) 기술 기반의 음성 합성을 활용한다. |
| 역할 | 관광객의 질문에 즉각적이고 정확하게 응답하여 편의성을 극대화한다. |

| | |
|---|---|
| 장점 | 언어의 장벽을 허물어 외국인 관광객 유치에 기여하며, 24시간 서비스 제공이 가능하다. |
| 단점 | 다양한 억양과 발음의 음성 인식에 한계가 있으며, 복잡한 질문에 대한 답변 정확도가 떨어질 수 있다. |
| AI 분석 도구 | OpenAI Whisper, GPT-4, ElevenLabs, Google Text-to-Speech API |
| 도시재생 활용 예시 | 관광객이 "이 건물은 뭐하는 곳이에요?"라고 질문하면, "이 건물은 1930년대에 지어진 옛 창고입니다."라고 답변한다. |

| | |
|---|---|
| 분류 | 서비스 시스템 구축 및 운영 |
| 목표 | 음성 AI 모델을 실제 관광지 키오스크, 스마트폰 앱 등에 연동하여 서비스를 제공하고, 사용자 데이터를 분석한다. |
| 분석 방법 및 기술 | 클라우드 컴퓨팅 플랫폼, API 게이트웨이, 데이터베이스 관리 시스템(DBMS)을 활용한다. |
| 역할 | 음성 AI 서비스를 안정적으로 제공하고, 사용자들의 행동 패턴과 피드백을 수집한다. |
| 장점 | 하드웨어 인프라 구축 비용을 절감하며, 실시간 데이터 분석을 통해 서비스 개선에 활용할 수 있다. |
| 단점 | 시스템 오류 발생 시 즉각적인 대응이 필요하며, 사용자의 개인정보 보호 문제에 주의해야 한다. |
| AI 분석 도구 | AWS, Google Cloud Platform, Microsoft Azure |
| 도시재생 활용 예시 | 특정 키오스크의 이용률, 가장 많이 질문하는 내용 등을 분석하여 서비스 콘텐츠를 개선한다. |

| | |
|---|---|
| 분류 | 결과 시각화 및 홍보 |
| 목표 | 서비스 이용 데이터를 바탕으로 관광객의 행동 패턴을 분석하고, 서비스 홍보 콘텐츠를 제작한다. |
| 분석 방법 및 기술 | 대시보드 구축, 인포그래픽, 영상 제작 기술을 사용한다. |
| 역할 | 도시재생사업의 성과를 객관적으로 보여주고, 서비스의 장점을 효과적으로 홍보한다. |
| 장점 | 데이터 기반의 마케팅 전략을 수립하고, 도시의 새로운 이미지를 대중에게 각인시킨다. |

| | |
|---|---|
| 단점 | 시각화 과정에서 정보가 단순화되거나 왜곡될 위험이 있다. |
| AI 분석 도구 | Tableau, Power BI, D3.js, Adobe Creative Suite |
| 도시재생 활용 예시 | AI 관광 안내 서비스를 통해 관광객이 가장 많이 방문한 장소를 분석하여 홍보 지도에 반영한다. |

## 3.2. 가상 사례: 대전의 쇠퇴한 구도심 골목, 'AI가 안내하는 추억의 거리'로 재탄생하다

대전 구도심 목척시장 골목 [https://brunch.co.kr]

1) **현안 과제(음성 AI 기반의 다국어 관광 안내 시스템 도입):** 한때 상업의 중심지였던 대전의 한 구도심 골목. 낡고 오래된 건물들 사이로 젊은 이들의 발길은 끊겼고, 텅 빈 가게들이 늘어났다. 지자체는 이 지역을 활성화하기 위해 '추억의 거리'라는 테마를 설정하고, 음성 AI 기반의 다국어 관광 안내 시스템을 도입한다.

2) **데이터 수집 및 정제:** 우선, 데이터 수집 및 정제 단계에서 우리는 이 골목에 얽힌 다양한 이야기를 수집한다. 50대 이상 주민들의 구술사를 녹취하여 텍스트로 변환하고, 1960년대부터 현재까지의 신문 기사와 사진 자료를 디지털 화한다. 또한, 각 가게의 역사와 특징을 상세히 기록하여 한국어, 영어, 일본어, 중국어로 번역한다.

3) **음성 AI 모델링**: 다음으로, 음성 AI 모델링 단계에서는 이 데이터를 활용하여 AI 모델을 학습시킨다. 골목 곳곳에 설치된 'AI 스마트 스피커'는 관광객의 음성 질문을 인식한다. 예를 들어, 한 외국인 관광객이 특정 건물 앞에서 "What is this building?"이라고 질문하면, 음성 AI는 즉시 "This building used to be a traditional Korean stationery store from the 1970s. You can see the old-style advertisements on the wall."이라고 유창한 영어로 답변한다. AI는 단순히 건물의 용도를 설명하는 것을 넘어, '1970년대', '전통적인 문방구', '옛 광고'와 같은 역사적이고 감성적인 정보까지 함께 제공한다.
4) **서비스 시스템 구축 및 운영**: 이어서 서비스 시스템 구축 및 운영 단계에서는 스마트폰 앱과 연동된 'AI 골목 탐험 가이드' 서비스를 제공한다. 관광객이 앱을 실행하고 특정 위치에 가면, AI는 자동으로 "지금 당신이 서 있는 곳은 1980년대 청춘들의 만남의 장소였던 '은하수 다방'이 있던 자리입니다."와 같은 음성 안내를 들려준다. 이 서비스는 관광객들이 마치 시간 여행을 하는 듯한 특별한 경험을 선사한다.
5) **'스마트 관광 대시보드'를 통해 실시간으로 관리**: 최종적으로, 이 모든 과정은 '스마트 관광 대시보드'를 통해 실시간으로 관리된다. 대시보드는 관광객들이 가장 많이 질문한 장소, 가장 오래 머문 지점 등을 분석하여, 어떤 장소가 인기가 있는지, 어떤 콘텐츠를 추가로 개발해야 하는지에 대한 귀중한 정보를 제공한다. 이처럼 음성 AI는 쇠퇴한 도시에 새로운 이야기를 입히고, 그 이야기를 효과적으로 전달하여 도시의 관광 경쟁력을 혁신적으로 높이는 데 핵심적인 역할을 수행할 것이다.

# 4. 챗봇(Chatbot)을 활용한 중심시가지 상인회, 도시재생센터, 도시재생부서 간 소통 플랫폼 구축 방안과 가상사례

## 4.1. 챗봇(Chatbot)을 활용한 중심시가지 상인회, 도시재생센터, 도시재생부서 간 소통 플랫폼 구축 방안

인플렉션AI, 인간과 상호작용하는 AI 챗봇 출시 [https://www.aitimes.com]

이 소주제는 도시재생사업의 핵심 성공 요인인 이해관계자 간의 원활한 소통에 AI 챗봇을 활용하는 방법을 다룬다. 복잡한 도시재생사업 과정에서 발생하는 정보 불균형과 소통의 비효율성을 해소하기 위해, 챗봇을 통해 필요한 정보를 실시간으로 제공하고 의견을 수렴하는 방안을 제시한다.

| 분류 | 데이터 수집 및 정제 |
|---|---|
| 목표 | 도시재생 관련 법규, 사업 추진 일정, 예산 집행 내역, 상인회 회의록 등 다양한 텍스트 데이터를 수집 및 정제한다. |
| 분석 방법 및 기술 | 웹 크롤링, API 연동, 데이터 파싱, 자연어 처리(NLP) 기술을 활용한다. |
| 역할 | 챗봇이 정확한 답변을 제공하기 위한 방대한 지식 기반을 구축한다. |
| 장점 | 복잡한 문서를 자동으로 학습하여 정보 검색의 효율성을 높인다. |
| 단점 | 데이터의 최신성 유지가 어려울 수 있으며, 잘못된 정보가 포함될 경우 오답을 생성할 수 있다. |

| | |
|---|---|
| AI 분석 도구 | Python 라이브러리(BeautifulSoup), Elasticsearch, MongoDB |
| 도시재생 활용 예시 | 도시재생사업 관련 공고문, 보도자료, Q&A 내용을 텍스트 데이터로 변환하여 저장한다. |

| 분류 | 챗봇 AI 모델링 |
|---|---|
| 목표 | 사용자의 질의 의도를 파악하고, 방대한 데이터베이스에서 최적의 답변을 찾아 대화 형태로 제공하는 모델을 구축한다. |
| 분석 방법 및 기술 | LLM(대규모 언어 모델), RAG(Retrieval-Augmented Generation), Intent Classification 기술을 활용한다. |
| 역할 | 상인, 주민, 공무원 등 다양한 이해관계자의 질의에 맞춤형 답변을 제공한다. |
| 장점 | 24시간 실시간 응대가 가능하며, 복잡한 문의에 대한 답변 정확도가 높다. |
| 단점 | 답변의 맥락적 오류가 발생할 수 있으며, 시스템 구축 및 유지보수 비용이 높다. |
| AI 분석 도구 | OpenAI GPT, Llama, LangChain, Hugging Face Transformers |
| 도시재생 활용 예시 | 상인이 "이번 사업의 보조금 신청 기간이 언제인가요?"라고 질문하면 정확한 기간을 알려준다. |

| 분류 | 소통 플랫폼 구축 |
|---|---|
| 목표 | 챗봇을 웹사이트, 메신저 앱 등 다양한 플랫폼에 연동하여 접근성을 높인다. |
| 분석 방법 및 기술 | API 게이트웨이, 클라우드 컴퓨팅 플랫폼, 사용자 인터페이스(UI) 디자인 기술을 활용한다. |
| 역할 | 이해관계자들이 언제 어디서나 쉽A게 소통할 수 있는 통로를 마련한다. |
| 장점 | 사용 편의성을 극대화하여 소통의 참여율을 높인다. |
| 단점 | 플랫폼 간 연동에 기술적 문제가 발생할 수 있으며, 사용자의 디지털 격차를 고려해야 한다. |
| AI 분석 도구 | AWS, Google Cloud Platform, Telegram API, KakaoTalk API |
| 도시재생 활용 예시 | 카카오톡 채널에 챗봇을 연동하여 상인들이 편하게 질문할 수 있도록 한다. |

| 분류 | 피드백 분석 및 활용 |
|---|---|
| 목표 | 챗봇 이용 기록, 대화 내용, 사용자 피드백을 분석하여 소통 현황을 파악하고 사업 방향에 반영한다. |
| 분석 방법 및 기술 | 자연어 처리(NLP) 기반의 토픽 모델링, 감성 분석, 데이터 시각화 기술을 활용한다. |
| 역할 | 이해관계자들의 주요 관심사, 불만 사항, 건의 사항을 파악하여 사업 개선에 활용한다. |
| 장점 | 데이터 기반의 객관적인 의사결정이 가능하며, 사업의 투명성과 신뢰도를 높인다. |
| 단점 | 사용자 개인정보 보호에 대한 주의가 필요하며, 분석 결과가 편향될 수 있다. |
| AI 분석 도구 | Google Analytics, Power BI, Python 라이브러리(SpaCy, NLTK) |
| 도시재생 활용 예시 | 챗봇 질문 데이터를 분석하여 '주차 문제'에 대한 문의가 가장 많다는 것을 파악하고, 주차 해결 방안을 우선적으로 논의한다. |

부산 영도에 커피특화거리…봉래나루로 일대 600m 구간 - 경향신문 [https://www.khan.co.kr]

## 4.2. 가상 사례: 부산 영도구 봉래동, 'AI 챗봇 비서'가 함께하는 도시재생

1) 현안 과제(AI 챗봇 기반의 소통 플랫폼을 구축): 한때 선박 수리업의 중심지였던 부산 영도구 봉래동. 산업 쇠퇴와 함께 마을은 활기를 잃었고, 지자체는 '봉래동 도시재생사업'을 추진한다. 그러나 사업 추

진 과정에서 젠트리피케이션에 대한 상인들의 불안감, 복잡한 행정 절차에 대한 주민들의 불만, 그리고 잦은 회의로 인한 공무원들의 업무 부담 등 다양한 문제가 발생한다. 이때 우리는 AI 챗봇 기반의 소통 플랫폼을 구축하여 이 문제를 해결한다.

2) **데이터 수집 및 정제:** 우선, 데이터 수집 및 정제 단계에서 우리는 봉래동 도시재생센터에 쌓여 있던 수많은 회의록, 사업 보고서, 공고문, 그리고 주민들의 질의응답 내용을 텍스트 데이터로 변환한다. 이 데이터는 챗봇의 지식 기반이 되어, 어떤 질문에도 즉시 답변할 수 있도록 만든다.

3) **챗봇 AI 모델링(RAG(Retrieval-Augmented Generation) 기술 활용):** 다음으로, 챗봇 AI 모델링 단계에서는 RAG기술을 활용한다. 이 기술은 방대한 데이터베이스에서 가장 적합한 정보를 검색하고, 이를 바탕으로 GPT와 같은 LLM이 자연스러운 문장으로 답변을 생성하도록 한다. 예를 들어, 한 상인이 챗봇에 "이달의 보조금 신청 서류는 어디서 받을 수 있나요?"라고 물으면, 챗봇은 곧바로 "2025년 10월 상인 지원 보조금 신청 서류는 봉래동 도시재생센터 홈페이지에서 다운로드 가능합니다."라고 답변한다.

4) **소통 플랫폼 구축:** 이어서 소통 플랫폼 구축 단계에서는 이 챗봇을 카카오톡 채널과 연동한다. 상인들은 별도의 앱을 설치할 필요 없이, 평소 사용하던 카카오톡에서 챗봇에게 궁금한 점을 묻고 답변을 받는다. 챗봇은 공지사항이 있을 경우 자동으로 메시지를 보내고, 주민 설문조사 링크를 공유하여 참여율을 높인다.

5) **피드백 분석 및 활용:** 최종적으로, 피드백 분석 및 활용 단계에서는

챗봇 대화 데이터를 분석한다. 챗봇은 매주 '가장 많이 질문 받은 Top 5'를 도시재생부서에 보고하고, '젠트리피케이션' 관련 문의가 급증하면 긴급 회의를 소집하도록 알림을 보낸다. 이를 통해 공무원들은 주민들의 불만 사항을 사전에 파악하고, 선제적으로 대응할 수 있게 된다. 이처럼 챗봇은 단순한 질의응답 도구를 넘어, 이해관계자들의 목소리를 실시간으로 듣고 분석하여 도시재생사업의 투명성과 효율성을 혁신적으로 높이는 데 핵심적인 역할을 수행할 것이다.

## 5. 가상현실과 AI의 융합을 통한 중심시가지 상권 체험 서비스 설계와 가상사례

### 5.1. 가상현실과 AI의 융합을 통한 중심시가지 상권 체험 서비스 설계

이 소주제는 도시재생사업의 계획 및 홍보 단계에서 가상현실(VR)과 AI 기술을 융합하여 미래의 도시 공간을 미리 체험할 수 있는 혁신적인 방법을 다룬다. 단순히 텍스트와 2D 이미지로만 제시되던 도시재생 계획을 몰입감 높은 가상현실로 구현하고, AI를 활용하여 상권의 미래를 시뮬레이션 함으로써 이해관계자들의 참여와 공감대를 극대화하는 방법을 제시한다.

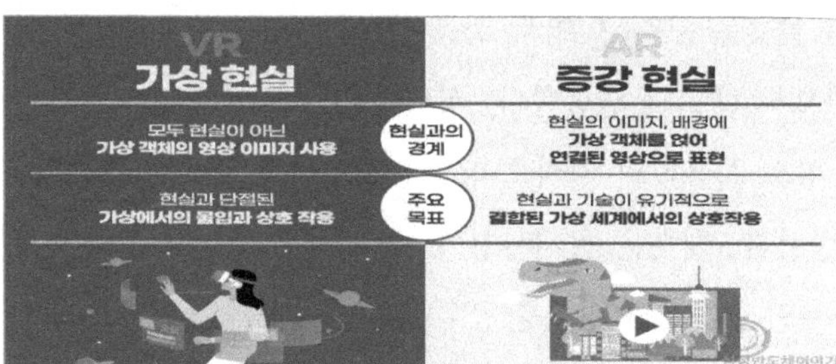


현실에서 디지털 세계를 만나다, 가상현실(VR)과 증강현실(AR)의 경계는?
[https://news.samsungsemiconductor.com]

| 분류 | 데이터 수집 및 모델링 |
|---|---|
| 목표 | 기존 도시의 물리적 환경(건물, 도로, 지형)과 경제적, 사회적 빅데이터를 통합하여 가상현실 환경을 구축한다. |
| 분석 방법 및 기술 | 3D 스캐닝, 드론 촬영, GIS 데이터, 유동 인구 및 소비 데이터, 자연어 처리(NLP) 기술을 활용한다. |
| 역할 | 가상현실 환경의 기초가 되는 3D 모델과 AI 시뮬레이션에 필요한 데이터를 구축한다. |
| 장점 | 현실과 거의 동일한 가상 환경을 구축할 수 있으며, 방대한 데이터를 시각적으로 통합한다. |
| 단점 | 데이터 수집 및 3D 모델링에 막대한 비용과 시간이 소요된다. |
| AI 분석 도구 | LiDAR 스캐너, 드론, QGIS, ArcGIS, Python 라이브러리(Pandas) |
| 도시재생 활용 예시 | 낡은 골목을 3D 스캔하여 가상현실 환경의 기반을 마련한다. |

| 분류 | AI 기반의 가상현실 시뮬레이션 |
|---|---|
| 목표 | 가상현실 내에서 AI 에이전트(Agent)들이 보행하고 소비하는 행태를 시뮬레이션 하여 미래의 상권 변화를 예측한다. |
| 분석 방법 및 기술 | 에이전트 기반 모델링(Agent-Based Modeling), 강화학습(Reinforcement Learning), 지리공간 AI 모델링을 활용한다. |
| 역할 | 도시재생 계획이 상권에 미치는 영향을 가상으로 실험하고, 최적의 계획을 도출한다. |
| 장점 | 시행착오를 최소화하여 비용을 절감하며, 계획의 효과를 시각적으로 보여줄 수 있다. |
| 단점 | 모델의 예측이 현실과 완벽하게 일치하지 않을 수 있으며, 복잡한 시뮬레이션에 많은 컴퓨팅 자원이 필요하다. |
| AI 분석 도구 | Unity, Unreal Engine, AnyLogic, GAMA |
| 도시재생 활용 예시 | 가상현실 속 AI 에이전트들이 특정 상점 앞에서 모여드는 행태를 시뮬레이션하여 '핫 플레이스'를 예측한다. |

| 분류 | 가상현실 체험 콘텐츠 설계 |
|---|---|
| 목표 | AI 시뮬레이션 결과를 가상현실 체험 콘텐츠로 제작하여 사용자에게 몰입감 높은 경험을 제공한다. |

| 분석 방법 및 기술 | VR/AR 기술, 사용자 인터페이스(UI) 디자인, 스토리텔링 기술을 활용한다. |
|---|---|
| 역할 | 시민, 상인, 투자자 등 다양한 이해관계자들에게 도시재생의 비전을 효과적으로 전달한다. |
| 장점 | 복잡한 도시계획 내용을 쉽게 이해시키고, 사업에 대한 공감대를 형성한다. |
| 단점 | VR 장비의 접근성 문제와 어지러움(멀미) 등의 문제가 발생할 수 있다. |
| AI 분석 도구 | Unity, Unreal Engine, Oculus SDK, HTC Vive SDK |
| 도시재생 활용 예시 | 재건축 예정인 건물을 VR로 구현하고, 사용자가 직접 미래의 상점을 둘러보게 한다. |

| 분류 | 피드백 수집 및 분석 |
|---|---|
| 목표 | 가상현실 체험 중 사용자들의 행동 데이터(시선 추적, 이동 경로, 체류 시간 등)와 피드백을 수집하고 분석한다. |
| 분석 방법 및 기술 | 시선 추적 기술, 자연어 처리(NLP) 기반의 피드백 분석, 데이터 시각화 기술을 활용한다. |
| 역할 | 사용자의 선호도를 객관적으로 파악하고, 도시재생 계획에 대한 개선점을 도출한다. |
| 장점 | 데이터 기반으로 사용자 중심의 도시재생 계획을 수립할 수 있다. |
| 단점 | 사용자 개인정보 보호 문제에 주의해야 하며, 피드백 데이터의 양이 부족할 수 있다. |
| AI 분석 도구 | Tobii Pro VR, Python 라이브러리(NLTK, SpaCy) |
| 도시재생 활용 예시 | 사용자가 VR 환경에서 특정 디자인에 시선을 오래 머무는 것을 분석하여 선호도를 파악한다. |

### 5.2. 가상 사례: 쇠퇴한 부산역 구도심, '미래 상권의 VR 투어'로 다시 태어나다

1) 현안 과제(가상현실과 AI를 융합한 도시재생 프로젝트를 제안): 부산역 인근의 낡은 상가와 골목길. 오랫동안 방치되어 활력을 잃은 이 구도심에 우리는 가상현실과 AI를 융합한 도시재생 프로젝트를 제안한다.

부산역 가볼 만한 곳 초량 이바구길 168계단 걸어보아요
[https://blog.naver.com]

목표는 시민과 투자자들에게 '미래의 부산역 구도심'을 직접 체험하게 함으로써, 도시재생사업의 비전을 명확하게 전달하고 투자를 유치하는 것이다.

2) **데이터 수집 및 모델링:** 우선, 데이터 수집 및 모델링 단계에서 우리는 드론과 3D 스캐너를 사용하여 부산역 구도심의 현재 모습을 정밀하게 디지털 화한다. 동시에 유동 인구, 카드 매출, SNS 데이터 등을 AI 모델링에 필요한 데이터로 변환한다. 이 데이터들을 활용하여 우리는 낡은 건물들이 '미래형 복합 문화 공간'으로 변모하고, 좁은 골목길이 '야간 미식 거리'로 탈바꿈한 가상현실 환경을 구축한다.

3) **AI 기반의 가상현실 시뮬레이션:** 다음으로, AI 기반의 가상현실 시뮬레이션 단계에서는 이 가상현실 속에서 AI 에이전트들이 자유롭게 움직이도록 설정한다. AI 에이전트들은 다양한 연령대와 소비 성향을 가진 사람들을 모델링한 것이다. 우리는 'AI 에이전트들이 어떤 상점을 가장 많이 방문하고, 어디에서 가장 오래 머무는지' 시뮬레이션 한다. 그 결과, AI는 '낡은 창고를 개조한 갤러리와 루프 탑 바'

에 가장 많은 에이전트들이 모여들고, 이 지역의 상권 매출이 가장 높게 예측된다는 것을 밝혀낸다.

4) **가상현실 체험 콘텐츠 설계**: 이어서 가상현실 체험 콘텐츠 설계 단계에서는 이 모든 시뮬레이션 결과를 VR 콘텐츠에 반영한다. 시민들은 VR 헤드셋을 착용하고, AI가 예측한 '미래의 핫 플레이스'를 직접 걸어보고, 루프탑 바에서 가상의 음료를 주문하며 미래를 체험한다. 이 과정에서 가이드 AI 챗봇이 "지금 서 계신 곳은 3년 후 부산의 대표적인 '미식 거리'가 될 곳입니다."와 같은 음성 안내를 들려준다.

5) **프로젝트의 성공은 'VR 투어'를 통해 입증**: 최종적으로, 이 모든 프로젝트의 성공은 'VR 투어'를 통해 입증된다. 투자자들은 VR 투어를 체험한 후 사업의 성공 가능성을 확신하고 투자를 결정하며, 주민들은 도시의 미래에 대한 막연한 불안감 대신 기대감을 갖게 된다. 이처럼 가상현실과 AI의 융합은 "도시재생의 계획을 단순히 '보여주는 것'을 넘어, '경험하게 하는 것"으로 혁신하며, 사업의 성공 가능성을 획기적으로 높이는 핵심적인 도구가 될 것이다.

## 6. 생성형 AI로 구현되는 중심시가지 문화공간·관광 콘텐츠 기획방법과 가상사례

### 6.1. 생성형 AI로 구현되는 중심시가지 문화공간·관광 콘텐츠 기획방법

이 소주제는 도시재생사업의 핵심인 문화공간과 관광 콘텐츠 기획에 "생성형 AI(Generative AI)"를 활용하는 방법을 다룬다. 도시의 정체성과 스토리를 AI가 학습하고, 이를 바탕으로 기존에는 상상할 수 없었던 독창적이고 매력적인 문화공간 및 관광 콘텐츠를 제안하는 혁신적인 기획 방법을 제시한다.

| 분류 | 데이터 수집 및 분석 |
|---|---|
| 목표 | 도시의 역사, 문화, 건축물, 예술작품, 주민들의 이야기 등 다양한 비정형 데이터를 수집하고 분석한다. |
| 분석 방법 및 기술 | 자연어 처리(NLP), 이미지 인식, 토픽 모델링 기술을 활용한다. |
| 역할 | 도시의 잠재적 가치와 고유한 스토리를 AI가 이해할 수 있는 형태로 구조화한다. |
| 장점 | 사람의 주관적 판단을 배제하고 객관적 데이터 기반의 인사이트를 확보한다. |
| 단점 | 데이터의 양과 질에 따라 분석 결과의 신뢰성이 달라지며, 미세한 문화적 맥락을 완벽하게 파악하기 어렵다. |
| AI 분석 도구 | Python 라이브러리(BeautifulSoup), Gensim, SpaCy |
| 도시재생 활용 예시 | 지역 주민 인터뷰 텍스트를 분석하여 '이야기'와 '감정'을 추출한다. |

| 분류 | 창의적 콘텐츠 생성 |
|---|---|
| 목표 | 분석된 데이터를 기반으로 도시의 정체성을 담은 문화공간, 이벤트, 관광 코스를 텍스트, 이미지, 음성 등 다양한 형태로 생성한다. |
| 분석 방법 및 기술 | 대규모 언어 모델(LLM), 이미지 생성 모델(Diffusion Model), "음성 합성 기술(TTS)"을 활용한다. |
| 역할 | 인간의 상상력을 보조하고, 물리적 제약을 뛰어넘는 독창적이고 다양한 콘텐츠 아이디어를 제안한다. |
| 장점 | 기획 과정의 시간과 비용을 획기적으로 절감하며, 인간이 놓칠 수 있는 새로운 조합을 발견한다. |
| 단점 | 생성된 콘텐츠의 현실성과 타당성이 부족할 수 있으며, 의도하지 않은 결과가 나올 수 있다. |
| AI 분석 도구 | OpenAI GPT, Midjourney, DALL-E, Stable Diffusion, ElevenLabs |
| 도시재생 활용 예시 | "옛날 간이역을 '별밤 영화관'으로 재탄생시키는 아이디어"와 이에 맞는 시각적 콘텐츠를 생성한다. |

| 분류 | 콘텐츠 시뮬레이션 및 검증 |
|---|---|
| 목표 | 생성된 콘텐츠가 실제 방문객 유치 및 상권 활성화에 얼마나 효과적일지 예측하고, 최적의 콘텐츠를 선별한다. |
| 분석 방법 및 기술 | 강화학습(Reinforcement Learning), 에이전트 기반 모델링(Agent-Based Modeling), A/B 테스트 기법을 적용한다. |
| 역할 | 다양한 콘텐츠 시나리오를 비교하여 마케팅 효과를 극대화할 수 있는 최적의 방안을 도출한다. |
| 장점 | 시행착오를 줄여 비용을 절감하며, 데이터 기반의 과학적인 기획 전략을 수립할 수 있다. |
| 단점 | 모델의 예측이 현실과 완벽하게 일치하지 않을 수 있으며, 복잡한 시뮬레이션에 많은 컴퓨팅 자원이 필요하다. |
| AI 분석 도구 | AnyLogic, GAMA, Optimizely |
| 도시재생 활용 예시 | AI가 기획한 '음악 축제'와 '미식 축제' 중 어느 것이 더 많은 유동 인구를 유치할지 시뮬레이션한다. |

| 분류 | 결과 시각화 및 활용 |
|---|---|
| 목표 | 기획된 콘텐츠와 시뮬레이션 결과를 가상현실, 웹사이트, 영상 등 다양한 매체를 통해 시각적으로 구현하고 홍보한다. |
| 분석 방법 및 기술 | 3D 모델링, VR/AR 기술, 인포그래픽, 영상 제작 기술을 사용한다. |
| 역할 | 도시재생의 비전을 명확하게 전달하고, 시민 및 투자자들의 참여와 공감대를 유도한다. |
| 장점 | 도시의 새로운 이미지를 효과적으로 홍보하고, 사업의 성공 가능성을 높인다. |
| 단점 | 시각화 과정에서 정보가 단순화되거나 왜곡될 위험이 있다. |
| AI 분석 도구 | Blender, Unity, Unreal Engine, Tableau |
| 도시재생 활용 예시 | AI가 기획한 '미래 문화공간'을 VR 콘텐츠로 제작하여 대중에게 공개한다. |

## 6.2. 가상 사례: 쇠퇴한 부산 동구의 '이바구길', AI가 쓰고 AI가 그리는 미래

부산 동구 '이바구 길' 2017 지역문화브랜드 '최우수상' | 서울경제
[https://www.sedaily.com]

1) **현안 과제**(생성형 AI를 활용한 문화 콘텐츠 기획 프로젝트 제안): 부산 동구의 '이바구길'은 부산의 근현대사를 고스란히 담고 있는 낡은 골목길이다. 피란민들의 애환이 서린 좁고 가파른 길은 이제 관광지로 변모했지만, 획일적인 콘텐츠와 쇠퇴하는 상권으로 인해 활력을 잃어가고 있다. 우리는 이 지역의 고유한 스토리를 다시 살리기 위해 생성형 AI를 활용한 문화 콘텐츠 기획 프로젝트를 제안한다.
2) **데이터 수집 및 분석**: 먼저, 데이터 수집 및 분석 단계에서 우리는 '이바구길'과 관련된 수십만 개의 사진, 주민들의 구술사, 그리고 역사 문헌을 AI에 입력한다. AI는 이 방대한 데이터를 분석하여 '피란민', '골목길', '계단', '바다', '힘든 삶' 등 지역의 정체성을 나타내는 핵심 키워드를 추출한다. AI는 또한 '어머니의 강인함', '이웃 간의 정'과 같은 숨겨진 감성적 요소를 발견한다.
3) **창의적 콘텐츠 생성**(GPT 모델, Midjourney): 다음으로, 창의적 콘텐츠 생성 단계에서는 우리는 AI에 이렇게 질문한다: "이바구길의 '피란민들의 삶과 희망'이라는 스토리를 담은 독창적인 관광 콘텐츠를 기

획해줘." GPT 모델은 "이바구길 곳곳에 설치된 'AI 스토리텔러' 키오스크는 방문객의 얼굴을 인식하고, 그들에게 맞는 과거의 이야기를 들려주는 콘텐츠를 제안한다". 또한, Midjourney와 같은 이미지 생성 AI는 '좁은 골목길에 매달린 빛나는 등불', '부산항의 야경을 배경으로 펼쳐지는 홀로그램 쇼'와 같은 환상적인 시각적 아이디어를 생성한다.

4) **콘텐츠 시뮬레이션 및 검증:** 이어서 콘텐츠 시뮬레이션 및 검증 단계에서는 AI 모델이 "AI 스토리텔러가 설치된 후 방문객의 체류 시간이 20% 증가하고, SNS 공유량이 2배 이상 늘어날 것"이라고 예측한다. 또한, AI는 "홀로그램 쇼가 특정 시간대에 진행될 때, 주변 상점의 매출이 10% 상승할 것"이라고 예측하며, 가장 효과적인 콘텐츠의 조합과 시간대를 제시한다.

5) **'이바구길 AI 콘텐츠 보고서' 완성:** 최종적으로, 이 모든 기획은 '이바구길 AI 콘텐츠 보고서'로 완성된다. 보고서에는 AI가 제안한 다양한 콘텐츠 시안과 함께, 각 콘텐츠가 지역 경제에 미칠 긍정적인 효과에 대한 시뮬레이션 결과가 담긴다. 이처럼 생성형 AI는 도시의 숨겨진 이야기를 발굴하고, 그 이야기를 현대적인 감각으로 재해석하여 도시재생을 위한 창의적이고 매력적인 문화 콘텐츠를 기획하는 데 핵심적인 역할을 수행할 것이다.

# 제 4 부

# 근린재생형 도시재생: 생활 · 주거 · 공동체의 회복

# 제8장

# 근린재생형 도시재생의 기초 데이터 분석

## 1. 근린지역 인구구조 변화와 주거환경 만족도 상관관계 분석방법과 가상사례

### 1.1. 근린지역 인구구조 변화와 주거환경 만족도 상관관계 분석 방법

이 절에서는 도시재생사업의 성공을 위한 가장 근본적인 목표인 주민 만족도 증진에 AI를 활용하는 방법을 다룬다. 전통적으로 설문조사에 의존했던 주민 만족도 분석을 넘어, 인구 구조 변화와 주거 환경 만족도 간의 복잡한 상관관계를 AI로 분석하여 주민들의 실제 필요와 요구를 과학적으로 파악하는 방법을 제시한다.

| 분류 | 데이터 수집 및 정제 |
|---|---|
| 목표 | 인구통계(연령, 가구 구성), 부동산 데이터(주택 유형, 가격), 주거환경 데이터(공원, 편의시설), SNS 감성 데이터 등 다종다양한 데이터를 수집하고 정제한다. |
| 분석 방법 및 기술 | GIS 기반 데이터 통합, 웹 크롤링, 자연어 처리(NLP), 데이터 클리닝 기술을 활용한다. |
| 역할 | 주거환경 만족도 분석을 위한 신뢰성 있는 기초 데이터를 구축한다. |
| 장점 | 다양한 데이터를 결합하여 주민 만족도의 복합적인 원인을 파악할 수 있다. |
| 단점 | 데이터의 신뢰성과 개인정보 보호 이슈가 제기될 수 있다. |
| AI 분석 도구 | Google BigQuery, AWS Redshift, QGIS, ArcGIS, Python(Pandas) |

| 도시재생 활용 예시 | 특정 지역의 1인 가구 수 변화와 SNS의 '불만족' 키워드 언급량을 통합하여 분석한다. |
|---|---|

| 분류 | 머신 러닝 모델링 |
|---|---|
| 목표 | 인구구조 변화와 주거환경 만족도 간의 복잡한 상관관계를 분석하고, 만족도 변화를 예측하는 모델을 개발한다. |
| 분석 방법 및 기술 | 지도학습(Random Forest, XGBoost) 기반의 상관관계 분석, 비지도학습(K-means Clustering) 기반의 만족도 그룹 분류, 회귀 분석 기술을 활용한다. |
| 역할 | 특정 요인(예: 공원 면적)이 주거 만족도에 미치는 영향을 정량적으로 식별한다. |
| 장점 | 복잡한 요인들의 상호작용을 학습하여 정확한 예측을 제공한다. |
| 단점 | 모델의 '블랙박스' 문제로 인해 예측 결과를 완벽하게 해석하기 어려운 경우가 발생한다. |
| AI 분석 도구 | Scikit-learn, TensorFlow, PyTorch, Statsmodels |
| 도시재생 활용 예시 | '1인 가구'의 주거 만족도에 가장 큰 영향을 미치는 요인(예: 편의점, 배달 식당 수)을 분석한다. |

| 분류 | 주거환경 개선 시뮬레이션 |
|---|---|
| 목표 | 다양한 도시재생 시나리오(예: 공원 조성, 노인 복지 시설 확충)가 주민 만족도에 미치는 영향을 예측하고, 최적의 방안을 도출한다. |
| 분석 방법 및 기술 | 강화학습(Reinforcement Learning) 및 에이전트 기반 모델링(Agent-Based Modeling)을 적용한다. |
| 역할 | 특정 정책이 주거 만족도에 미치는 파급 효과를 미리 평가한다. |
| 장점 | 시행착오를 줄여 비용을 절감하며, 데이터 기반의 과학적인 정책 결정을 지원한다. |
| 단점 | 현실 세계의 모든 변수를 모델에 반영하기 어려워 예측 결과에 한계가 있다. |
| AI 분석 도구 | AnyLogic, GAMA, Python-based custom simulation tools |
| 도시재생 활용 예시 | '공원 조성' 시나리오와 '주차 공간 확충' 시나리오 중 어느 것이 주민 만족도에 더 큰 영향을 미칠지 시뮬레이션한다. |

| 분류 | 결과 시각화 및 정책 제안 |
|---|---|

| | |
|---|---|
| 목표 | 분석 결과를 이해하기 쉬운 형태로 시각화하여 정책 결정자 및 주민들에게 전달한다. |
| 분석 방법 및 기술 | 대시보드 구축, GIS 기반의 동적 지도, 인포그래픽 디자인 기술을 사용한다. |
| 역할 | 분석 결과를 바탕으로 이해관계자들에게 명확한 정보를 제공하고, 구체적인 주거환경 개선 정책을 제안한다. |
| 장점 | 복잡한 데이터를 직관적으로 표현하여 의사결정의 효율성을 높인다. |
| 단점 | 시각화 과정에서 정보가 단순화되거나 왜곡될 위험이 있다. |
| AI 분석 도구 | Tableau, Power BI, D3.js, Leaflet |
| 도시재생 활용 예시 | '주거 만족도'가 낮은 지역을 색상(빨간색: 낮음, 초록색: 높음)으로 표시한 지도를 제작한다. |

## 1.2. 가상 사례: 쇠퇴한 서울 금천구 독산동의 '맞춤형' 주거 재생

1) **현안 과제(AI 기반의 '인구-만족도 상관관계' 분석 모델 적용)**: 서울 금천구 독산동의 한 오래된 주거 지역. 산업단지였던 곳이 주거지역으로 바뀌면서 주민들의 연령대와 가구 구성이 매우 다양 해졌다. 1인 가구의 젊은 직장인부터 수십 년간 거주한 노년층까지 공존한다. 그러나 획일적인 주거 환경은 모두의 만족을 충족시키지 못했고, 도시재생사업의 방향 설정에 어려움을 겪고 있다. 이 문제 해결을 위해 우리는 AI 기반의 '인구-만족도 상관관계' 분석 모델을 적용한다.

2) **데이터 수집 및 정제**: 먼저, 데이터 수집 및 정제 단계에서 우리는 독산동의 인구통계 데이터를 수집하고, 주민 설문조사 데이터와 SNS 데이터를 결합한다. AI는 이 데이터를 분석하여 "20대 1인 가구는 '편의시설'과 '대중교통 접근성'에 대한 만족도가 낮고, 60대 이상 노년층은 '공원'과 '병원 접근성'에 대한 만족도가 낮다"는 사실을 발견한다. 이 분석은 획일적인 주민 만족도가 아닌, 세대별 맞춤

형 만족도를 파악하는 중요한 단서가 된다.

3) **머신 러닝 모델링(XGBoost 모델을 활용하여 '특정 인구 그룹의 주거 만족도'를 예측)**: 다음으로, 머신 러닝 모델링 단계에서는 XGBoost 모델을 활용하여 '특정 인구 그룹의 주거 만족도'를 예측한다. 모델은 "20대 1인 가구의 500m 이내에 편의점이 3개 이상 있을 경우, 주거 만족도가 20% 상승할 것"이라고 예측하고, "60대 이상 노년층의 1km 이내에 소규모 공원이 2개 이상 조성될 경우, 주거 만족도가 15% 상승할 것"이라고 예측한다. 이 예측은 단순한 상관관계를 넘어, 구체적인 수치로 정책의 효과를 제시하는 것이다.

4) **주거환경 개선 시뮬레이션(에이전트 기반 모델링을 사용)**: 이어서 주거환경 개선 시뮬레이션 단계에서는 에이전트 기반 모델링을 사용하여 다양한 시나리오를 검증한다. '1인 가구 밀집 지역에 소규모 상업시설을 확충하는 시나리오'와 '노년층 밀집 지역에 작은 쉼터와 공원을 조성하는 시나리오'를 비교하여, 어떤 전략이 전체 주민의 주거 만족도를 가장 효과적으로 높일 수 있는지 최적의 해를 찾아낸다. 시뮬레이션 결과, 두 전략을 병행하는 '투 트랙 맞춤형 재생 전략'이 가장 효과적임을 보여준다.

5) **'독산동 주민 만족도 대시보드'를 통해 제시**: 최종적으로, 이 모든 분석 결과는 '독산동 주민 만족도 대시보드'를 통해 직관적으로 제시된다. 대시보드는 세대별 만족도 변화 예측 그래프와 함께, 각 세대가 선호하는 시설물을 지도에 표시하여 지자체와 주민들이 데이터 기반의 의사결정을 내릴 수 있도록 돕는다. 이처럼 AI는 도시재생이 단순히 물리적 환경을 개선하는 것을 넘어, 다양한 주민들의 목

소리를 듣고, 그들의 삶의 질을 향상하는 사람 중심의 지속 가능한 도시를 만드는 데 핵심적인 역할을 수행할 것이다.

## 2. 근린지역의 생활서비스 접근성 지표 개발 및 공간분포 시각화와 가상사례

### 2.1. 근린 생활서비스 접근성 분석 방법론 비교

AI 알고리즘은 복잡한 도시 데이터를 분석하여 과거에는 파악하기 어려웠던 도시의 숨겨진 패턴과 문제점을 발견하고, 이를 통해 데이터에 기반한 정밀한 도시재생 전략을 수립하는 데 핵심적인 역할을 수행한다. 특히 근린지역의 생활서비스 접근성 지표를 개발하고 이를 공간적으로 시각화라는 과정에서 AI의 능력은 극대화된다.

| 접근성 분석방법 | 특정 시설까지의 물리적 접근성 측정 및 시각화 |
|---|---|
| 작동원리 및 기술 | GIS 네트워크 분석(Network Analysis) |
| 역할 | 도로망 데이터를 기반으로 특정 지점에서 생활 SOC(공원, 도서관 등)까지의 최단 거리 또는 최소 소요 시간을 계산한다. |
| 장점 | 직관적이고 정량적인 결과 도출. 공간적 불평등 지역을 명확히 식별한다. |
| 단점 | 실제 인구의 이동 행태나 교통수단의 다양성을 반영하기 어렵다. |
| AI 분석 도구 | - QGIS, ArcGIS Pro<br>- Python(GeoPandas, NetworkX) |
| 도시재생 활용 예시 | 노인복지관, 공공 어린이집 등 특정 계층을 위한 필수 시설의 최적 입지를 선정하는 데 활용된다. |

| 접근성 분석방법 | 실제 생활권 및 공간 이용 행태 파악 |
|---|---|
| 작동원리 및 기술 | 빅데이터 분석(유동인구, 카드매출 데이터) |

| 역할 | 통신사 기지국 데이터나 신용카드 사용 내역을 분석하여 사람들이 실제로 어느 지역에서 시간을 보내고 소비하는지를 파악한다. |
|---|---|
| 장점 | 현실 세계의 동적인 도시 활동을 반영하여 실효성 높은 분석이 가능하다. |
| 단점 | 데이터 구매 비용이 높고, 개인정보 보호 문제가 발생할 수 있다. |
| AI 분석 도구 | - Python(Pandas, Scikit-learn)<br>- R - Apache Spark |
| 도시재생 활용 예시 | 유동인구가 많지만 상권이 침체된 지역을 '야간 경제 활성화 구역'으로 지정하거나, 특정 시간대에 보행량이 집중되는 경로를 보행자 우선도로로 개선하는 사업에 활용된다. |

| 접근성 분석방법 | 잠재적 수요 예측 및 서비스 불균형 진단 |
|---|---|
| 작동원리 및 기술 | 머신러닝 기반 수요 예측(회귀, 군집분석) |
| 역할 | 인구통계, 소득수준, 주택유형 등 다양한 변수를 학습하여 미래의 생활서비스 수요를 예측하거나, 비슷한 특성을 가진 지역을 그룹화(Clustering)한다. |
| 장점 | 미래 변화에 선제적으로 대응하는 계획 수립이 가능하다. 데이터 기반의 잠재적 문제 지역을 발굴한다. |
| 단점 | 예측 모델의 정확도는 학습 데이터의 질에 크게 좌우된다. |
| AI 분석 도구 | - Python(TensorFlow, PyTorch)<br>- Scikit-learn 라이브러리 |
| 도시재생 활용 예시 | 인구 고령화 속도가 빠른 지역에 미래의 의료 및 돌봄 서비스 수요를 예측하여 선제적으로 커뮤니티 케어 시설을 공급하는 계획을 수립한다. |

| 접근성 분석방법 | 주민의 주관적 만족도 및 요구사항 분석 |
|---|---|
| 작동원리 및 기술 | 자연어 처리(NLP) 기반 텍스트 마이닝 |
| 역할 | 지역 커뮤니티 게시판, 소셜 미디어, 민원 데이터 등 비정형 텍스트에서 주민들의 주요 관심사와 불만사항을 추출하고 감성 분석을 수행한다. |
| 장점 | 정량적 데이터로 파악하기 어려운 주민의 실제 목소리와 미충족 수요를 발견할 수 있다. |
| 단점 | 데이터에 편향이 존재할 수 있으며, 분석의 객관성을 확보하기 어렵다. |

| AI 분석 도구 | - Python(KoNLPy, Scikit-learn) - Word2Vec |
| --- | --- |
| 도시재생 활용 예시 | '불법주차', '쓰레기 무단투기', '어두운 골목길' 등 특정 키워드가 자주 언급되는 지역을 대상으로 생활안심디자인(CPTED) 사업을 우선적으로 추진한다. |

## 2.2. 가상사례: AI '어반-아이(URBAN-i)'가 되살린 구도심, 희망동 이야기

[트래블맵-서울] 이곳에 가면 내가 영화의 주인공 | 중앙일보 [https://www.joongang.co.kr]

1) **현안 과제:** 수십 년간 시간이 멈춘 듯한 도시 '희망동'. 이곳은 가파른 언덕과 미로 같은 골목길로 이루어진 전형적인 구도심이다. 고령 인구 비율이 높고, 낡은 주택이 밀집해 있지만 최근 저렴한 주거비용 때문에 신혼부부와 젊은 예술가들이 조금씩 유입되며 새로운 변화의 가능성이 싹트고 있었다. 하지만 시청의 도시재생 예산은 한정되어 있었고, 어디에 무엇을 만들어야 주민 모두를 만족시킬 수 있을지 결정하는 것은 매우 어려운 과제였다.

2) **도시의 건강 상태를 진단하고 미래를 처방하는 AI도입:** 이때 도시재생지원센터는 AI 기반 도시 분석 솔루션 '어반-아이(URBAN-i)'를 도입하게 된다. '어반-아이'는 단순한 지도 제작 도구가 아니었다. 도시의 건강 상태를 진단하고 미래를 처방하는 인공지능 의사였다.

■ 1단계: 도시의 신경망을 스캔하다

'어반-아이'는 먼저 희망동의 모든 데이터를 흡수했다. 인구, 건축물대장과 같은 정형 데이터는 물론, 통신사의 유동인구 데이터, SNS에 표출된 주민들의 민원, 배달 앱의 주문 기록까지 방대한 양의 비정형 데이터를 학습하기 시작했다.

그 결과, 흥미로운 사실들이 드러났다. GIS 네트워크 분석상으로는 경로당과 유일한 소아과가 동네 중앙에 위치해 접근성이 양호해 보였다. 하지만 '어반-아이'가 통신사 데이터를 통해 파악한 노년층의 실제 이동 경로는 경로당을 비껴가고 있었고, 젊은 부모들은 유모차를 끌고 30분 이상 걸리는 옆 동네 소아과를 이용하고 있었다.

■ 2단계: 숨겨진 욕구를 발견하다

'어반-아이'는 머신 러닝의 군집분석(Clustering)을 통해 희망동 주민을 '가파른 언덕에 고립된 독거노인 그룹', '유모차 이동이 힘든 영유아 부모 그룹', '야간 작업 공간이 필요한 청년 예술가 그룹' 등 7개의 주요 그룹으로 분류했다.

자연어 처리(NLP) 기술로 지역 온라인 커뮤니티의 글들을 분석한 결과, '가파른 언덕', '유모차', '어두운 골목', '카페'라는 단어가 반복적으로 함께 언급되는 패턴을 발견했다. 이는 주민들이 단순히 시설 부족을 넘어, '안전하고 편리한 보행 환경'과 '소통할 수 있는 공간'에 대한 강한 잠재적 욕구를 가지고 있음을 의미하는 것이었다. 기존의 설문조사 방식으로는 결코 발견할 수 없었던 깊은 속내였다.

■ 3단계: 데이터 기반의 맞춤형 처방을 내리다

3) **시각화 된 최종 보고서 제출:** 모든 분석을 마친 '어반-아이'는 놀라운 최종 보고서를 시각 화하여 제출했다.

- **처방 1: '10분의 행복길' 조성:**

  단순히 경로당을 새로 짓는 대신, 노인들의 실제 주거지와 기존 경로당을 잇는 가장 경사가 완만한 길을 찾아내 '10분의 행복길'이라는 보행자 전용도로를 제안했다. 이 길에는 스마트 가로등과 중간 쉼터 벤치를 설치하고, 길 끝에는 작은 마을 텃밭을 함께 조성하여 노인들의 자연스러운 활동과 교류를 유도하도록 설계했다.

- **처방 2: '공유 아지트' 설립:**

  영유아 부모 그룹과 청년 예술가 그룹의 활동 반경이 겹치는 지역의 방치된 빈집을 찾아냈다. '어반-아이'는 이곳을 리모델링하여 1층에는 유모차를 편히 보관하고 부모들이 쉴 수 있는 '맘스 라운지'를, 2층에는 청년 예술가들이 저렴한 비용으로 사용할 수 있는 '공유 작업실'을 만드는 복합 커뮤니티 공간을 제안했다. 낮에는 아이들의 웃음소리가, 밤에는 창작의 열정이 가득한 공간으로 탈바꿈시키는 전략이었다.

4) **결론 및 시사점:** 이처럼 '어반-아이'는 한정된 예산을 가장 필요한 곳에, 가장 효과적인 방식으로 투입할 수 있는 데이터 기반 의사결정의 청사진을 제시했다. AI 알고리즘은 차가운 기술이 아니라, 도시의 목소리를 듣고 주민의 삶에 온기를 불어넣는 혁신적인 도구임을 증명한 것이다. 희망동의 사례는 AI가 어떻게 도시재생의 패러다임을 바꾸고, 환상적인 미래 도시를 현실로 만들어가는지를 보여주는 생생한 증거이다.

# 3. 커뮤니티 네트워크(Community Network) 분석을 통한 사회적 결속력 측정방법과 가상사례

## 3.1. 커뮤니티 네트워크 분석을 통한 사회적 결속력 측정 방법론 비교

AI 알고리즘을 활용한 커뮤니티 네트워크 분석은 도시재생 사업에서 눈에 보이지 않는 주민 간의 사회적 관계망을 과학적으로 측정하고 시각화하는 혁신적인 방법론이다. 이를 통해 공동체의 숨겨진 구조를 파악하고, 사회적 결속력을 강화하여 지속가능한 도시재생의 성공 가능성을 높이는 핵심 전략을 도출할 수 있다.

| 결속력 측정방법 | 주민 간 상호작용 구조 및 핵심 인물 파악 |
|---|---|
| 분석방법 및 기술 | 사회 연결망 분석(SNA)(Social Network Analysis) |
| 역할 | 주민 간의 교류(누구와 대화하고 협력하는지) 데이터를 기반으로 연결 구조, 중심성(Centrality), 밀도(Density) 등을 분석하여 공동체의 구심점 역할을 하는 '오피니언 리더'나 그룹 간의 매개자를 식별한다. |
| 장점 | 공동체의 사회적 자본과 정보 흐름을 직관적으로 시각화하고 정량화할 수 있다. |
| 단점 | 설문조사 등 데이터 수집 과정이 복잡하고, 응답자의 주관이 개입될 수 있다. |
| AI 분석 도구 | - Python(NetworkX, igraph)<br>- Gephi, NodeXL |
| 도시재생 활용 예시 | 도시재생 주민협의체 구성 시, 분석을 통해 발굴된 핵심 '연결자(Broker)'를 포함시켜 다양한 집단 간의 소통과 합의를 원활하게 촉진한다. |

| 결속력 측정방법 | 온라인상의 주민 관심사 및 여론 형성 과정 분석 |
|---|---|
| 분석방법 및 기술 | 온라인 커뮤니티 텍스트 마이닝 및 토픽 모델링(LDA 등) |
| 역할 | 지역 기반 온라인 카페, SNS 그룹의 게시글과 댓글 데이터를 분석하여 주요 관심사(토픽)를 도출하고, 특정 이슈에 대한 여론이 어떻게 형성되고 확산되는지를 추적한다. |

| | |
|---|---|
| 장점 | 오프라인에서 드러나지 않는 주민들의 솔직한 의견과 잠재된 갈등 요인을 파악할 수 있다. |
| 단점 | 온라인 활동 인구에 편중될 수 있으며, 익명성에 따른 의견 왜곡이 발생할 수 있다. |
| AI 분석 도구 | - Python(Scikit-learn, Gensim, KoNLPy) |
| 도시재생 활용 예시 | 주민들이 온라인에서 가장 많이 논의하는 '주차 문제'나 '층간소음'과 같은 핵심 이슈를 파악하여, 이를 해결하는 생활밀착형 소규모 재생사업을 우선 추진한다. |

| 결속력 측정방법 | 시공간적 활동 패턴에 기반한 사회적 교류 가능성 측정 |
|---|---|
| 분석방법 및 기술 | 시공간 데이터 분석(Spatio-temporal Analysis) |
| 역할 | 통신사 유동인구 데이터, 대중교통 이용 기록 등을 활용하여 특정 시간과 장소에 함께 머무르는 '병존(Co-presence)' 패턴을 분석함으로써 잠재적인 사회적 교류의 핫스팟(Hotspot)을 도출한다. |
| 장점 | 실제 주민들의 생활 동선을 기반으로 객관적인 교류 잠재력을 측정할 수 있다. |
| 단점 | 함께 있는 것이 반드시 교류를 의미하지는 않으며, 데이터의 해석에 주의가 필요하다. |
| AI 분석 도구 | - Python(GeoPandas, MovingPandas)<br>- ArcGIS(Space Time Pattern Mining) |
| 도시재생 활용 예시 | 출퇴근 시간대에 주민들의 동선이 가장 많이 겹치는 골목길을 '만남의 광장'으로 조성하거나, 주말에 공원 이용률이 높은 시간대에 맞춰 주민 참여 프로그램을 기획한다. |

| 결속력 측정방법 | 공동체의 동질성 및 이질성 그룹 식별 |
|---|---|
| 분석방법 및 기술 | 머신러닝 기반 군집분석(Clustering) |
| 역할 | 주민들의 인구통계학적 특성(연령, 가구 구성 등)과 사회경제적 데이터, 활동 패턴 데이터를 결합하여 유사한 특성을 가진 하위 그룹(Sub-group)들을 자동으로 식별하고 이들 간의 관계를 분석한다. |
| 장점 | 복잡하고 다차원적인 데이터를 기반으로 공동체 내의 숨겨진 구조와 잠재적 단절 지점을 발견할 수 있다. |

| 단점 | 군집의 특성을 명확히 정의하고 해석하는 데 전문성이 요구된다. |
|---|---|
| AI 분석 도구 | - Python(Scikit-learn, Keras)<br>- R |
| 도시재생 활용 예시 | 원주민 고령층 그룹과 새로 유입된 청년층 그룹 간의 교류가 거의 없다는 점을 발견하고, 세대 간 교류를 촉진하는 '마을 텃밭 가꾸기'나 'IT 교육 멘토링' 프로그램을 기획한다. |

## 3.2. 가상사례: AI '소시오-맵(SOCIO-MAP)'이 연결한 마음의 지도, 다정동 커뮤니티

1) **현안 과제:** '다정동'은 대규모 아파트 단지와 오래된 저층 주거지가 뒤섞여 있는 동네였다. 겉보기에는 평온했지만, 아파트 주민과 빌라 주민 사이에는 보이지 않는 벽이 존재했다. 도시재생 사업의 일환으로 주민 화합을 위한 커뮤니티 센터 건립이 추진되었지만, 참여율은 저조했고 서로 다른 목소리만 내며 사업은 표류하고 있었다.

2) **사회적 관계 분석 AI, '소시오-맵(SOCIO-MAP)'의 활용:** 프로젝트팀은 이 문제를 해결하기 위해 사회적 관계 분석 AI, '소시오-맵(SOCIO-MAP)'을 활용하기로 결정했다. '소시오-맵'은 주민들의 마음속에 숨겨진 연결의 길을 찾아내는 인공지능 탐험가였다.

- **1단계: 관계의 파편들을 수집하다**

  '소시오-맵'은 먼저 다정동의 관계 데이터를 수집했다. 주민센터 프로그램 참여자 명단, 지역 온라인 카페의 회원 활동 데이터(누가 누구의 글에 '좋아요'를 누르고 댓글을 다는지), 그리고 동의를 얻은 주민들을 대상으로 진행한 "어려운 일이 생겼을 때 누구와 상의하십니까?"와 같은 간단한 관계 설문 데이터를 학습했다. 데이터는 모두 익명화 처리되어 개인정보를 철저히 보호했다.

■ 2단계: 보이지 않는 네트워크를 그리다

'소시오-맵'은 수집된 데이터를 바탕으로 사회 연결망 분석(SNA)을 시작했다. 곧이어 스크린에는 다정동의 사회적 관계가 별자리처럼 펼쳐졌다. 결과는 충격적이었다.

아파트 단지 주민들은 그들끼리 촘촘하게 연결된 하나의 거대한 성운(星雲)을 이루고 있었고, 저층 주거지 주민들 역시 별도의 성운을 형성하고 있었다. 두 개의 성운 사이에는 거의 연결선이 존재하지 않았다. 공동체는 사실상 둘로 나뉘어 있었던 것이다. 그런데 '소시오-맵'은 이 단절된 두 개의 성운을 희미하게 잇는 몇몇 '별'들을 발견했다. 바로 '연결자(Broker)'들이었다. 아파트 단지에 살면서 동네 사진 동호회 활동을 하는 50대 주부, 빌라에 거주하며 아파트 단지 상가에서 작은 공방을 운영하는 30대 청년 등이 그들이었다. 이들은 자신도 모르는 사이에 두 공동체 사이의 유일한 다리 역할을 하고 있었다.

■ 3단계: 마음의 길을 잇는 솔루션을 설계하다

3) 커뮤니티 센터 활성화를 위한 맞춤형 전략 제시: '소시오-맵'은 이 분석 결과를 바탕으로 커뮤니티 센터 활성화를 위한 맞춤형 전략을 제시했다.

■ 전략 1: '연결자'를 '커뮤니티 큐레이터'로 기존의 획일적인 프로그램 대신, 분석을 통해 발굴된 '연결자'들을 '커뮤니티 큐레이터'로 위촉했다. 사진 동호회 주부에게는 '우리 동네 골목길 사진전'을, 공방 청년에게는 '주민과 함께하는 목공예 클래스'를 기획하고 운영할 권한과 예산을 지원했다. 그들이 가진 기존의 네트워크를 통해 자연스럽게 아파트와 빌라 주민들의 참여를 유도한 것이다.

- **전략 2:** 데이터 기반 '관심사 매칭' 프로그램 온라인 커뮤니티의 게시글을 토픽 모델링으로 분석하여 '반려견 산책', '육아용품 나눔', '주말 등산'이라는 공통 관심사를 도출했다. 이를 기반으로 커뮤니티 센터는 '다정동 댕댕이 산책 모임', '육아용품 플리마켓', '주말 뒷산 함께 오르기' 등 구체적인 소모임 프로그램을 기획했다. 주거 형태와 상관없이 공통의 관심사를 가진 주민들이 자연스럽게 만나 교류할 수 있는 접점을 만들어준 것이다.

4) **결론 및 시사점:** 결과는 놀라웠다. '연결자'들이 기획한 프로그램은 입소문을 타며 큰 성공을 거두었고, 관심사 기반의 소모임들을 통해 주민들은 서로의 얼굴을 익히고 대화를 나누기 시작했다. '소시오-맵'이 그린 마음의 지도를 따라 새로운 관계의 길이 열리자, 차갑게 단절되었던 다정동에는 이름처럼 다정한 온기가 돌기 시작했다. 이는 AI 기술이 단순히 건물을 짓고 길을 넓히는 물리적 재생을 넘어, 공동체의 사회적 자본을 회복시키고 사람의 마음을 연결하는 '관계의 도시재생'을 가능하게 함을 보여주는 강력한 사례이다.

## 4. 근린지역 주택시장 가격 예측 모델과 가상사례

### 4.1. 근린지역 주택가격 예측 모델 방법론 비교

AI 기반의 주택가격 예측 모델은 도시재생 사업이 지역 부동산 시장에 미치는 영향을 과학적으로 분석하고, 젠트리피케이션과 같은 부작용을 사전에 예측하여 지속가능하고 포용적인 도시 발전을 유도하는 핵심적인 데이터 분석 도구이다. 이는 과거의 경험적 판단을 넘어, 정밀한 데이터 시뮬레이션에 기반한 정책 결정을 가능하게 한다.

| 가격 예측모델 | 주택의 물리적·입지적 특성이 가격에 미치는 영향 분석 |
|---|---|
| 분석방법 및 기술 | 특성가격모형(Hedonic Price Model) |
| 역할 | 주택을 구성하는 여러 특성(면적, 층수, 지하철 접근성, 학군 등)들이 각각 가격에 얼마나 기여하는지를 회귀분석을 통해 계량적으로 추정한다. |
| 장점 | 특정 요인의 가격 기여도를 명확히 해석할 수 있어 정책 효과 분석에 용이하다. |
| 단점 | 변수 간의 비선형적 관계나 공간적 이질성을 반영하기 어렵다. |
| AI 분석 도구 | - Python(Statsmodels, Scikit-learn)<br>- R, STATA |
| 도시재생 활용 예시 | 도시재생으로 공원이 조성될 경우, 주변 주택가격이 평균적으로 얼마나 상승할 것인지 그 '공원 프리미엄' 효과를 사전에 추정하는 데 활용된다. |

| 가격 예측모델 | 가격 영향 요인의 공간적 이질성 파악 |
|---|---|
| 분석방법 및 기술 | 지리가중회귀분석(GWR, Geographically Weighted Regression) |
| 역할 | 모든 지역에 동일한 회귀식을 적용하는 대신, 분석 지점마다 주변 데이터를 기반으로 별도의 회귀식을 도출하여 동일한 요인이라도 위치에 따라 가격 영향력이 어떻게 달라지는지를 시각화한다. |
| 장점 | 가격 결정 요인의 공간적 패턴을 지도 위에 명확히 표현하여 지역별 맞춤형 정책 수립의 근거를 제공한다. |
| 단점 | 분석 단위 설정에 따라 결과가 민감하게 변할 수 있다. |
| AI 분석 도구 | - QGIS, ArcGIS Pro<br>- Python(PySAL, mgwr) |
| 도시재생 활용 예시 | 동일한 지하철역이라도 A 구역에서는 집값에 미치는 영향이 크지만, B 구역에서는 영향이 미미한 현상을 발견하고 그 원인을 심층 분석하는 데 활용된다. |

| 가격 예측모델 | 복잡한 비선형 관계를 학습하여 예측 정확도 극대화 |
|---|---|
| 분석방법 및 기술 | 머신러닝 회귀 모델(XGBoost, LightGBM 등) |
| 역할 | 수많은 변수 간의 복잡하고 비선형적인 패턴을 스스로 학습하여 높은 정확도로 미래 가격을 예측한다. 변수의 중요도를 파악하여 핵심 가격 결정 요인을 식별한다. |

| | |
|---|---|
| 장점 | 전통적 통계 모델보다 월등히 높은 예측 정확도를 보인다. |
| 단점 | 모델의 내부 작동 원리를 완벽히 이해하기 어려운 '블랙박스' 특성이 있다. |
| AI 분석 도구 | - Python(Scikit-learn, XGBoost, LightGBM)<br>- R(Caret) |
| 도시재생 활용 예시 | 도시재생 사업 시행 후 특정 필지의 1년 뒤 주택가격을 높은 정확도로 예측하여 '젠트리피케이션 발생 위험도'를 산정하고 조기 경보 시스템을 구축한다. |

| 가격 예측모델 | 비정형 데이터까지 활용하여 잠재적 가치 평가 |
|---|---|
| 분석방법 및 기술 | 딥러닝 모델(CNN, RNN 등) |
| 역할 | 수치 데이터뿐만 아니라 위성사진, 스트리트 뷰 이미지, 텍스트 데이터 등을 함께 분석하여 물리적 환경의 질, 동네 분위기, 시간적 변화 추세 등 잠재적 가치를 가격 예측에 반영한다. |
| 장점 | 정량화하기 어려운 도시의 '매력도'나 '품질'을 분석에 포함시킬 수 있다. |
| 단점 | 방대한 양의 데이터와 고성능 컴퓨팅 자원을 필요로 한다. |
| AI 분석 도구 | - Python(TensorFlow, PyTorch, Keras) |
| 도시재생 활용 예시 | 스트리트 뷰 이미지를 CNN으로 분석하여 가로 경관이 잘 정비된 블록의 잠재적 가치를 높게 평가하고, 이를 기반으로 가로환경 개선사업의 우선순위를 결정한다. |

## 4.2. 가상사례: AI 예측 모델 'H-PAS'가 제시한 상생의 도시재생 시나리오

1) 현안 과제: 오랜 역사를 간직한 채 쇠락해가던 '시간동'. 구불구불한 골목길과 낡지만 개성 있는 상점들이 남아있어 잠재력은 높았지만, 무분별한 투기 자본 유입이 우려되는 곳이었다. 시 정부는 이곳의 역사성을 보존하면서 활력을 불어넣는 도시재생을 꿈꿨지만, 자칫 잘못하면 급격한 임대료 상승으로 원주민과 소상공인들이 쫓겨나는 '젠트리피케이션'이라는 재앙을 맞을 수도 있었다.

연트럴파크'에서 '기생충 속 슈퍼'까지…마포 골목 여행
[https://www.news1.kr]

2) AI 주택가격 시뮬레이션 모델 도입: 고심 끝에 도시계획팀은 AI 주택가격 시뮬레이션 모델, 'H-PAS(Housing Price Analytic Simulator)'를 도입한다. H-PAS는 미래를 내다보는 수정구슬과 같았다.

■ 1단계: 도시의 모든 정보를 흡수하다

H-PAS는 먼저 시간동의 과거 20년간의 모든 부동산 실거래 데이터, 건축물 정보, 공시지가 등 기본적인 데이터는 물론, 위성사진을 통한 녹지 비율 변화, SNS에 언급된 '시간동' 관련 키워드 빈도, 골목길의 보행량 데이터, 심지어 스트리트 뷰 이미지를 딥러닝(CNN)으로 분석한 '가로 경관 심미성 점수'까지 학습했다. 도시의 과거와 현재를 입체적으로 이해하기 시작한 것이다.

■ 2단계: 여러 개의 미래를 시뮬레이션하다

계획팀은 H-PAS에게 각기 다른 도시재생 시나리오를 입력했다.

① 시나리오 A(대규모 상업 개발): "시간동 중심부의 낡은 시장을 허물고, 대형 쇼핑몰을 짓는다면?"

- H-PAS의 예측: H-PAS의 화면에 시간동 지도가 붉게 물들었다. "3년 내 주변 상업지 임대료 50% 폭등, 주거지 35% 상승. 원주민의 40%가 이주할 것으로 예측됩니다." 가장

빠르고 극적인 변화지만, 공동체 붕괴라는 치명적 부작용이 예고되었다.

② 시나리오 B(공공 인프라 확충): "마을 중앙에 대규모 공원과 공공도서관을 짓는다면?"

• H-PAS의 예측: 지도 위에 녹색과 노란색이 완만하게 퍼져나갔다. "5년에 걸쳐 주택가격 15% 안정적 상승. 젠트리피케이션 위험도는 낮지만, 지역 상권 활성화 효과는 미미할 것입니다." 공동체는 지킬 수 있지만, 경제적 활력을 불어넣기엔 부족했다.

③ 시나리오 C(점진적 환경 개선): "모든 골목길을 보행자 친화적으로 바꾸고, 낡은 상점들의 간판과 외관 개선을 지원하며, 작은 커뮤니티 공간들을 곳곳에 만든다면?"

• H-PAS의 예측: 가장 흥미로운 결과였다. "초기 2년간은 가격 변화가 거의 없으나, 3년 차부터 '방문객 만족도'와 'SNS 언급량'이 급증하며 완만한 가격 상승 곡선이 시작됩니다. 10년 후 주택가격은 25% 상승하지만, 소상공인 매출은 40% 동반 상승하여 임대료 부담을 상쇄할 것입니다."

■ 3단계: 최적의 정책 조합을 처방하다

3) **'보행 만족도'와 '독특한 상점의 밀도'가 시간동의 잠재가치를 깨우는 핵심 변수:** H-PAS는 단순히 미래를 보여주는 데 그치지 않았다. 시나리오 C가 가장 이상적인 이유로 '보행 만족도'와 '독특한 상점의 밀도'가 시간동의 잠재가치를 깨우는 핵심 변수임을 증명해냈다.

4) **시 정부는 'AI 연동형 상생 도시재생'이라는 혁신적인 정책의 수립:** 이를 바탕으로 시 정부는 'AI 연동형 상생 도시재생'이라는 혁신적

인 정책을 수립했다. H-PAS의 예측을 기반으로 젠트리피케이션 위험이 가장 높은 구역의 영세 상인들에게는 선제적으로 저금리 대출과 임대료 보조금을 지원하고, 건물주에게는 임대료를 동결하는 조건으로 리모델링 비용을 지원하는 '상생 협약' 모델을 도입했다.

5) **결론 및 시사점**: 결과적으로 H-PAS는 단순한 가격 예측기를 넘어, 도시의 미래를 두고 다양한 이해관계자들이 데이터에 기반하여 합리적인 대안을 탐색하고 사회적 합의를 이끌어내는 '정책 시뮬레이션 플랫폼'이 되었다. AI 알고리즘이 빚어낸 정교한 예측은 시간동을 투기 자본의 먹이 감이 아닌, 과거와 현재가 공존하며 모두가 상생하는 매력적인 동네로 거듭나게 하는 가장 중요한 나침반이 된 것이다.

## 5. 근린지역 환경 데이터 기반 거주 쾌적성 지수 산출 방법과 가상사례

### 5.1. 환경 데이터 기반 거주 쾌적성 지수 산출 방법론 비교

AI 알고리즘은 위성영상, 사물인터넷(IoT) 센서 등 도시 곳곳에 퍼져 있는 방대한 환경 데이터를 실시간으로 분석하여, 과거에는 측정하기 어려웠던 '거주 쾌적성'을 객관적인 지수로 산출하는 것을 가능하게 한다. 이는 도시재생 사업의 목표를 물리적 개선을 넘어 주민의 삶의 질 향상으로 확장시키는 혁신적인 접근법이다.

| 쾌적성지수 산출방법 | 녹지·수변 공간 분포 및 열환경 분석 |
|---|---|
| 분석방법 및 기술 | 위성/드론 영상 분석(Computer Vision) |

| | |
|---|---|
| 역할 | 위성사진의 식생지수(NDVI)를 분석하여 녹지 분포를 정량화하거나, 열적외선 카메라로 지표면 온도를 측정하여 도시 열섬(Heat Island) 현상이 심각한 지역을 탐지한다. |
| 장점 | 넓은 지역을 주기적으로 모니터링할 수 있으며, 비용 효율적이다. |
| 단점 | 기상 조건에 영향을 받으며, 지상의 미세한 환경 변화를 파악하기 어렵다. |
| AI 분석 도구 | - Python(OpenCV, TensorFlow, Rasterio)<br>- Google Earth Engine |
| 도시재생 활용 예시 | 도시 열섬 현상이 가장 심각하게 나타나는 주거 밀집 지역을 '쿨링포그(Cooling Fog)' 시스템이나 쿨루프(Cool Roof) 시공 우선 지원 사업 대상지로 선정한다. |

| | |
|---|---|
| 쾌적성지수 산출방법 | 대기질, 소음 등 생활환경 실시간 측정 |
| 분석방법 및 기술 | IoT 센서 데이터 시계열 분석 |
| 역할 | 지역 내에 설치된 IoT 센서를 통해 미세먼지(PM2.5) , 소음, 온습도 등 환경 데이터를 실시간으로 수집하고, 시간대별·계절별 변화 패턴을 분석한다. |
| 장점 | 매우 정밀하고 동적인 데이터를 확보하여 즉각적인 환경 문제에 대응할 수 있다. |
| 단점 | 센서 설치 및 유지보수 비용이 많이 들고, 측정 지점이 제한적이다. |
| AI 분석 도구 | - Python(Pandas, Prophet, Keras)<br>- InfluxDB, Grafana |
| 도시재생 활용 예시 | 특정 시간대에 특정 도로에서 발생하는 소음이 기준치를 초과하는 패턴을 발견하고, 해당 시간대에만 소음 저감 시설을 가동하거나 저속 운행을 유도하는 정책을 시행한다. |

| | |
|---|---|
| 쾌적성지수 산출방법 | 물리적 환경의 쾌적성 종합 평가 |
| 분석방법 및 기술 | 딥러닝 기반 이미지 분석(CNN) |
| 역할 | 스트리트 뷰, CCTV, SNS 사진 등 지상 레벨의 이미지를 학습한 AI가 가로의 개방감, 녹시율(Green View Index), 보행 친화성, 디자인 품질 등을 종합적으로 평가하여 점수화한다. |
| 장점 | 인간이 주관적으로 느끼는 '분위기'나 '인상'과 같은 정성적 요소를 정량화할 수 있다. |

| | |
|---|---|
| 단점 | AI 모델의 학습 데이터에 따라 평가 결과에 편향이 발생할 수 있다. |
| AI 분석 도구 | - Python(TensorFlow, PyTorch)<br>- YOLO, SegNet |
| 도시재생 활용 예시 | AI가 '걷고 싶은 거리'로 평가한 골목길들을 연결하여 '마을 산책 코스'를 개발하고, '불쾌하고 지저분한' 이미지로 평가된 지역은 CPTED(범죄예방디자인) 사업을 우선 적용한다. |

| | |
|---|---|
| 쾌적성지수 산출방법 | 다양한 환경 요인을 결합한 통합 지수 개발 |
| 분석방법 및 기술 | 다중 데이터 융합 및 머신러닝 모델링 |
| 역할 | 위성, IoT 센서, 이미지 데이터 등 이종의 데이터들을 모두 결합하고, 실제 주민 만족도 조사 결과와 연계하여 각 요인별 가중치를 학습시킨 통합 쾌적성 지수(Index)를 개발한다. |
| 장점 | 단일 데이터의 한계를 극복하고 가장 종합적이고 신뢰도 높은 쾌적성 평가가 가능하다. |
| 단점 | 데이터 통합 및 모델 설계 과정이 매우 복잡하고 고도의 전문성이 요구된다. |
| AI 분석 도구 | - Python(Scikit-learn, GeoPandas)<br>- R |
| 도시재생 활용 예시 | 개발된 통합 쾌적성 지수를 기준으로 도시재생 사업의 '전(Before)'과 '후(After)'를 비교 평가하여 사업의 실질적인 삶의 질 개선 효과를 과학적으로 검증한다. |

## 5.2. 가상사례: AI '에코-스코어(ECO-SCORE)'가 숨 쉬게 한 회색 도시, 숨편동 이야기

1) 현안 과제: 공장지대와 고가도로에 둘러싸인 '숨편동'. 이곳 주민들에게 '쾌적함'은 사치와 같은 단어였다. 여름에는 아스팔트 열기가 숨 막히게 피어 오르고, 창문을 열면 자동차 소음과 매캐한 공기가 밀려 들어왔다. 시청에서도 문제를 인지하고 있었지만, 한정된 예산으로 어디부터 손대야 할지 막막하기만 했다. "공원을 만들자", "방음벽을 세우자" 등 의견만 분분할 뿐, 과학적 근거가 부족했다.

2) **도시환경 분석 AI 도입:** 이때, 도시환경 분석 AI '에코-스코어(ECO-SCORE)'가 투입되었다. '에코-스코어'는 도시의 건강 상태를 진단하는 인공지능 주치의였다.

- **1단계: 도시의 건강검진을 시작하다**

  '에코-스코어'는 숨편동의 환경 데이터를 입체적으로 빨아들였다. 인공위성은 동네 전체의 지표면 온도를 스캔해 '도시 열섬'의 진원지를 찾아냈고, 가로등마다 부착된 초소형 IoT 센서들은 실시간으로 미세먼지와 소음 수치를 전송했다. 또한, 스트리트 뷰 이미지를 딥 러닝으로 분석해 쓰레기가 방치된 곳, 녹지가 부족해 삭막한 골목, 보도가 파손되어 걷기 힘든 길 등을 픽셀 단위로 식별해냈다.

- **2단계: 보이지 않는 환경의 불평등을 그리다**

  이 모든 데이터를 융합하자, 숨편동의 '거주 쾌적성 지도'가 스크린 위에 펼쳐졌다. 결과는 놀라웠다. 동네 전체가 똑같이 불편한 것이 아니었다.

  고가도로 인근 주택가는 소음과 대기오염이 집중된 '적색경보(Red Zone)' 지역으로, 학교와 인접한 블록은 아이러니하게도 녹지가 전혀 없어 여름철 폭염에 가장 취약한 '열섬 코어(Heat Core)' 지역으로 나타났다. 반면, 사람들의 눈에 잘 띄지 않던 낡은 연립주택 뒤편의 공터는 의외로 소음과 공해의 영향이 적은 '청정 포켓(Clean Pocket)'으로 분석되었다.

- **3단계: 데이터를 기반으로 한 환경 수술을 집도하다**

3) **AI는 환경 개선 처방전'을 제시:** '에코-스코어'는 이 지도를 바탕으로, 최소 비용으로 최대 효과를 낼 수 있는 '환경 개선 처방전'을 제시했다.

- **처방 1(적색경보 지역):** "대규모 방음벽은 효과가 제한적입니다. 대신, 고가도로와 주택가 사이에 미세먼지 저감 효과가 뛰어난 수종으로 '다층 식생 필터 숲'을 조성하고, 특정 시간대 소음이 극심해지는 패턴을 분석하여 해당 시간대에만 '소음 정보 알림 시스템'을 가동하십시오."
- **처방 2(열섬 코어 지역):** "학교 운동장 지하에 빗물 저장 시설을 만들어, 폭염 시 이 물을 활용한 '쿨링 로드' 시스템을 가동하고, 건물 벽면에는 '벽면 녹화'를 적용하여 복사열을 차단하는 것이 가장 효율적입니다."
- **처방 3(청정 포켓 지역):** "이 숨겨진 공간을 주민들이 직접 가꾸는 '커뮤니티 정원'으로 만드십시오. 이곳은 동네의 환경적 피난처이자, 주민들의 휴식 공간이 될 잠재력이 가장 큰 곳입니다."

4) **시 정부는 AI 처방에 따라 도시재생 사업 착수:** 시 정부는 이 처방에 따라 도시재생 사업을 진행했다. 거대한 예산이 드는 단일 사업 대신, 마치 외과 의사가 환부를 정확히 도려내듯, AI가 지목한 문제 지역에 꼭 필요한 조치들을 정밀하게 시행했다. 몇 년 후, 숨편동은 몰라보게 달라졌다. 주민들은 시원해진 골목길을 산책하고, 아이들은 안전해진 통학로를 걸으며, 커뮤니티 정원에서는 주민들의 웃음소리가 끊이지 않았다.

5) **시사점:** '에코-스코어'의 사례는 AI가 어떻게 도시의 보이지 않는 병을 진단하고, 데이터라는 메스로 정교한 환경 수술을 집도하여 도시를 다시 숨 쉬게 하는지를 보여준다. 이는 도시재생이 단순한 건설을 넘어, 시민의 건강과 행복을 증진시키는 과학이자 예술이 될 수 있음을 증명하는 것이다.

# 6. 빈집 및 유휴공간 현황 조사를 위한 AI 객체 탐지 기법과 가상사례

## 6.1. 빈집 및 유휴공간 조사를 위한 AI 객체 탐지 기법 비교

버려진 공간을 문화로 채우다 '유휴공간 문화재생 사업'
[https://press.jldnews.co.kr]

AI 객체 탐지 기술은 항공사진, 스트리트 뷰 이미지 등 방대한 시각 데이터를 자동으로 분석하여, 도시 곳곳에 숨겨진 빈집과 유휴공간을 신속하고 정확하게 찾아내는 혁신적인 방법론이다. 이는 인력에 의존하던 기존의 현황 조사를 자동화하여 도시재생의 효율성을 극대화하고, 잊혔던 공간에 새로운 가치를 부여하는 데이터 기반 정책의 출발점이 된다.

| AI객체 탐지 기법 | 광범위한 지역의 빈집 후보군 신속 스크리닝 |
|---|---|
| 분석방법 및 기술 | 위성/항공 영상 분석(CNN 기반) |
| 역할 | 정기적으로 촬영된 고해상도 위성·항공 사진을 비교 분석하여, 지붕 파손, 마당의 무성한 잡초, 장기 방치된 폐기물 등 빈집의 징후를 원격으로 탐지한다. |
| 장점 | 접근이 어려운 지역까지 넓은 범위를 단시간에 조사하여 비용과 시간을 획기적으로 절감한다. |
| 단점 | 건물의 외관 상태나 세부적인 현황 파악에는 한계가 있다. |

| AI 분석 도구 | - Python(TensorFlow, PyTorch)<br>- QGIS, ArcGIS Pro |
|---|---|
| 도시재생 활용 예시 | 도시 전체를 대상으로 빈집이 밀집된 '클러스터'를 우선적으로 찾아내어, 해당 지역을 도시재생 활성화 지역으로 지정하는 근거 자료로 활용한다. |

| 쾌적성지수 산출방법 | 개별 건물의 상태를 정밀하게 진단 |
|---|---|
| 분석방법 및 기술 | 지상 레벨 이미지 분석(객체 탐지: YOLO, Faster R-CNN) |
| 역할 | 스트리트 뷰 차량이나 드론이 촬영한 건물 정면·측면 이미지에서 깨진 유리창, 훼손된 출입문, 어지러운 우편물, '임대' 현수막 등의 객체를 AI가 자동으로 인식하고 분류한다. |
| 장점 | 사람의 눈으로 직접 확인하는 수준의 상세한 정보를 얻을 수 있어 빈집 여부를 높은 정확도로 판별한다. |
| 단점 | 이미지 데이터 수집 및 분석에 상대적으로 많은 시간이 소요된다. |
| AI 분석 도구 | - Python(OpenCV, Darknet) - YOLO, SSD, Faster R-CNN |
| 도시재생 활용 예시 | 탐지된 빈집의 위험도(붕괴 위험, 청소년 탈선 장소화 등)를 외관 상태에 따라 자동으로 등급화하고, 안전조치가 시급한 건물부터 우선적으로 관리한다. |

| 쾌적성지수 산출방법 | 비어있음을 비시각적 데이터로 교차 검증 |
|---|---|
| 분석방법 및 기술 | 에너지/수도 데이터 이상 탐지(Anomaly Detection) |
| 역할 | 각 필지별 전기, 수도, 가스 사용량 데이터를 시계열로 분석하여, 사용량이 비정상적으로 장기간 '0'에 가까운 건물을 빈집으로 강력하게 추정한다. |
| 장점 | 시각적으로 드러나지 않는 공실 상태를 객관적인 데이터로 확인할 수 있어 신뢰도가 매우 높다. |
| 단점 | 개인정보보호 문제로 데이터 접근이 어렵고, 건물의 물리적 상태는 알 수 없다. |
| AI 분석 도구 | - Python(Scikit-learn, Prophet) - Isolation Forest, LSTM |
| 도시재생 활용 예시 | AI 영상 분석으로 '빈집 의심' 판정을 받은 건물 리스트를 에너지 데이터와 교차 검증하여, 최종 빈집 목록의 정확도를 99% 이상으로 끌어올린다. |

| 쾌적성지수 산출방법 | 숨겨진 유휴공간 발굴 및 잠재력 평가 |
|---|---|
| 분석방법 및 기술 | 건축 도면 및 실내 이미지 분석(Semantic Segmentation) |
| 역할 | 건축 도면(CAD)이나 실내 촬영 이미지를 AI가 분석하여, 건물의 구조를 이해하고 사용되지 않는 창고, 옥상, 공용 공간 등 잠재적 유휴공간을 자동으로 식별하고 면적을 계산한다. |
| 장점 | 외부에서 보이지 않는 건물 내부의 숨은 자산을 발굴하여 공간 활용도를 극대화할 수 있다. |
| 단점 | 분석을 위한 데이터(도면 등) 확보가 매우 제한적이다. |
| AI 분석 도구 | - Python(TensorFlow, PyTorch)<br>- Mask R-CNN, U-Net |
| 도시재생 활용 예시 | 공공기관 건물의 비효율적인 공간을 AI가 찾아내어, 그 공간을 지역 주민을 위한 '작은 도서관'이나 '청년 창업 지원 공간'으로 전환하는 사업을 추진한다. |

## 6.2. 가상사례: AI '스페이스 스캐너(SPACE SCANNER)'가 잠든 도시의 기억을 깨우다

1) 현안 과제: 한때 활기 넘치던 공업지대였던 '기억동'. 공장들이 하나 둘 문을 닫고 젊은이들이 떠나가면서, 동네에는 주인 없는 공장과 텅 빈 상점, 빛 바랜 주택 들만이 시간의 먼지를 뒤집어쓴 채 남겨졌다. 시청의 공무원들이 수기로 작성한 빈집 대장은 실제와 달랐고, 잠재력 있는 공간들은 사람들의 기억 속에서 잊혀 갔다.

2) 디지털 트윈(Digital Twin)만들기: 이때, 도시의 숨은 공간을 찾아내는 AI 탐사 시스템 '스페이스 스캐너(SPACE SCANNER)'가 기억동의 디지털 트윈(Digital Twin)을 만들기 시작했다.

- 1단계: 도시를 입체적으로 스캔하다

  '스페이스 스캐너'는 기억동을 하늘과 땅, 양쪽에서 샅샅이 훑었다.

3D 스캔으로 드론으로 [https://www.seouland.com]

드론은 하늘에서 지붕이 내려앉은 공장과 잡초가 무성한 주택을 찾아냈고, 360도 카메라를 장착한 차량은 모든 골목길을 누비며 깨진 유리창과 굳게 닫힌 상점 셔터를 기록했다. 여기에 익명 화된 전력 사용량 데이터가 결합되자, 도시의 어느 혈관이 막혀 있는지 선명하게 드러나기 시작했다.

■ 2단계: AI의 눈, 공간의 잠재력을 읽다

'스페이스 스캐너'의 진정한 힘은 단순한 '빈집 찾기'를 넘어섰다. 수십만 장의 이미지를 학습한 AI는 각 공간의 특징을 읽고 그 잠재력을 자동으로 분류했다.

- 녹슨 기계들이 남겨진 낡은 공장을 스캔한 AI는 '#높은층고 #인더스트리얼 #복합문화공간_최적' 이라는 태그를 달았다.
- 골목길에 나란히 비어있는 작은 상점들에는 '#소규모점포 #청년창업 #팝업스토어_클러스터' 라는 태그를 붙였다.
- 심지어 튼튼한 건물의 사용되지 않는 옥상을 발견하고는 '#평지붕 #일조량_우수 #도시농업_잠재' 라는 태그를 생성했다.

■ 3단계: 꿈과 공간을 연결하는 플랫폼이 되다

3) **'기억동 유휴공간 맵 탄생:** 분석 결과는 보고서로 잠자는 대신, 살아 움직이는 '기억동 유휴공간 맵'으로 태어났다. 웹사이트에 접속한 사용자들은 이 인터랙티브 맵을 통해 도시의 숨겨진 보물들을 탐험할 수 있었다.

(1) **젊은 예술가는 '#복합문화공간_최적' 태그가 붙은 폐공장을 발견하고 가상 투어를 통해 그 가능성에 매료됨:** 연극을 올릴 장소를 찾던 젊은 예술가는 '#복합문화공간_최적' 태그가 붙은 폐공장을 발견하고 가상 투어를 통해 그 가능성에 매료되었다. 자신만의 작은 책방을 꿈꾸던 청년은 '#소규모점포' 클러스터를 보고 비슷한 꿈을 가진 다른 청년들과 함께 '테마 서점 거리'를 만들 아이디어를 떠올렸다.

(2) **AI가 분석한 건물의 훼손 정도를 바탕으로 예상 리모델링 비용을 자동으로 산출:** '스페이스 스캐너'는 여기서 한 걸음 더 나아갔다. AI가 분석한 건물의 훼손 정도를 바탕으로 예상 리모델링 비용을 자동으로 산출해주고, 해당 공간에 적용 가능한 시 정부의 지원 정책까지 연결해주었다. 단순한 정보 제공을 넘어, 실행을 위한 구체적인 솔루션까지 제시한 것이다.

4) **시사점:** '스페이스 스캐너'는 느리고 부정확했던 아날로그 행정을 종식시켰다. AI는 기억동이라는 도시의 잊혔던 잠재력을 데이터로 증명해냈고, 새로운 꿈을 가진 사람들과 잠자고 있던 공간을 연결하는 똑똑한 중개인이 되었다. 텅 비었던 공장에서는 다시 기계 소리 대신 음악 소리가 울려 퍼지기 시작했다. 이는 AI 기술이 어떻게 도시의 죽은 공간을 찾아내어 새로운 생명을 불어넣고, 도시재생의 속도와 패러다임을 바꾸는지를 보여주는 명백한 증거이다.

# 제9장

# 일반 근린형 재생사업의 머신 러닝 의사결정 지원

## 1. 일반 근린지역 인구구조 변화와 주거환경 만족도 상관관계 분석방법과 가상사례

### 1.1. 근린지역 인구구조 변화와 주거환경 만족도 상관관계 분석 방법

이 절에서는 도시재생사업의 성공을 위한 가장 근본적인 목표인 주민 만족도 증진에 AI를 활용하는 방법을 다룬다. 전통적으로 설문조사에 의존했던 주민 만족도 분석을 넘어, 인구 구조 변화와 주거 환경 만족도 간의 복잡한 상관관계를 AI로 분석하여 주민들의 실제 필요와 요구를 과학적으로 파악하는 방법을 제시한다.

| 최적입지선정 알고리즘 비교 | 다수의 입지 기준을 만족하는 후보지 도출 |
|---|---|
| 분석방법 및 기술 | GIS 중첩 분석 (Overlay Analysis) |
| 역할 | 개발 가능 부지, 공원 서비스 소외 지역, 인구 밀집 지역, 저렴한 지가 등 여러 조건의 레이어(지도)를 중첩하여 모든 조건을 만족하는 최종 후보지를 필터링한다. |
| 장점 | 분석 과정이 직관적이고 이해하기 쉬우며, 기본적인 입지 요건을 충족하는 지역을 빠르게 식별할 수 있다. |
| 단점 | 각 조건의 가중치를 객관적으로 설정하기 어렵고, 최적해가 아닌 '적합지'를 찾는 데 그친다. |

| AI 분석 도구 | - QGIS, ArcGIS Pro<br>- Python (GeoPandas) |
|---|---|
| 도시재생 활용예시 | 공원 조성 시 '기존 공원에서 500m 이상 떨어지고', '주거지역에 있으며', '국공유지인' 땅을 동시에 만족하는 필지를 찾아내는 1차 후보지 선정에 활용된다. |

| 최적입지선정 알고리즘 비교 | 접근성 극대화 또는 이동 거리 최소화 |
|---|---|
| 분석방법 및 기술 | 입지-배분 모델 (Location-Allocation Model) |
| 역할 | 주어진 수의 시설로 가장 많은 주민을 서비스하거나(서비스 범위 최대화), 모든 주민의 시설까지의 평균 이동 거리를 최소화(이동 저항 최소화)하는 지점을 수학적으로 계산한다. |
| 장점 | '효율성'과 '형평성'이라는 명확한 목표 아래 수학적 최적해를 도출한다. |
| 단점 | 실제 사람들의 복잡한 행태나 선호도를 반영하지는 못한다. |
| AI 분석 도구 | - ArcGIS (Network Analyst)<br>- Python (pysal, spopt) |
| 도시재생 활용예시 | 3개의 작은 '쌈지공원'을 새로 만들 때, 공원 서비스 혜택을 받지 못하는 주민의 수를 최소화하는 최적의 조합을 찾아내는 데 활용된다. |

| 최적입지선정 알고리즘 비교 | 주민들의 실제 이용 행태 시뮬레이션 |
|---|---|
| 분석방법 및 기술 | 행위자 기반 모델링 (Agent-Based Modeling) |
| 역할 | 가상의 주민(Agent)들에게 연령, 직업, 선호도 등의 특성을 부여하고, 이들이 가상 도시 공간 내에서 어떻게 이동하고 시설을 이용할지를 시뮬레이션 하여 시설의 실제 활용도를 예측한다. |
| 장점 | 다양한 정책 시나리오에 따른 주민들의 반응과 시설 이용 패턴의 변화를 동적으로 예측할 수 있다. |
| 단점 | 모델 설계가 매우 복잡하고, 결과의 신뢰도를 확보하기 위해 방대한 데이터가 필요하다. |
| AI 분석 도구 | - NetLogo, Mesa (Python)<br>- GAMA Platform |
| 도시재생 활용예시 | 노인복지관을 A, B 두 후보지에 지었을 경우, 가상 노인들의 하루 동선을 시뮬레이션 하여 어느 쪽이 더 높은 이용률과 만족도를 보일지 사전에 비교 분석한다. |

| 최적입지선정 알고리즘 비교 | 복잡한 조건 속에서 최적의 전략 학습 |
|---|---|
| 분석방법 및 기술 | 강화학습 (Reinforcement Learning) |
| 역할 | AI 에이전트가 가상 도시 환경 속에서 수백만 번의 시뮬레이션을 통해 시설을 임의의 장소에 배치해보면서, '주민 만족도 총합'이라는 보상(Reward)을 최대로 하는 입지 전략을 스스로 학습한다. |
| 장점 | 인간이 생각하지 못한 창의적이고 비직관적인 최적해를 발견할 수 있다. |
| 단점 | 학습 과정에 막대한 컴퓨팅 자원이 필요하며, 모델의 의사결정 과정을 해석하기 어렵다. |
| AI 분석 도구 | - Python (TensorFlow, PyTorch)<br>- OpenAI Gym |
| 도시재생 활용예시 | 접근성, 비용, 환경적 요인, 주민 그룹 간의 상충하는 요구 등 복잡한 조건들을 모두 고려하여 종합적인 '사회적 효용'을 극대화하는 단 하나의 지점을 찾아낸다. |

## 1.2. 가상사례: AI '로커스(LOCUS)'가 찾아낸 모두를 위한 최적의 장소

복합 문화복지커뮤니티센터 [http://www.ispa.kr/bbs]

1) **현안 과제:** 아파트 단지와 빌라촌, 노년층과 신혼부부가 공존하는 '새롬동'. 이곳에 주민들의 오랜 숙원이었던 '세대 공감 커뮤니티 센터' 건립 예산이 확정되었다. 하지만 기쁨도 잠시, 입지를 둘러싼 갈등이 불거졌다. 노년층은 경로당과 가까운 곳을, 젊은 부모들은 어린이집과 가까운 곳을 주장했다. 구청은 소외된 저소득층 밀집

지역까지 고려해야 했다. 모두의 주장은 일리가 있었고, 담당자의 고민은 깊어만 갔다.

2) **AI 최적 입지 분석 시스템 도입:** 결국, 도시계획팀은 AI 최적 입지 분석 시스템 '로커스(LOCUS: Location Optimization & Community Utility Simulator)'의 도움을 받기로 했다. '로커스'는 데이터 속에서 모두가 만족하는 최적의 해답을 찾아내는 인공지능 협상가였다.

■ **1단계: '최적'의 의미를 정의하다**

팀은 '로커스'에게 단순히 "좋은 곳을 찾아줘"라고 명령하지 않았다. 대신, 성공적인 커뮤니티 센터의 조건을 구체적인 '가중치'로 입력했다.

- 65세 이상 인구의 도보 접근성 (가중치 40%)
- 10세 미만 아동 가구의 도보 접근성 (가중치 30%)
- 반경 500m 내 최대 서비스 인구 (가중치 20%)
- 사회적 고립 지수가 높은 지역과의 인접성 (가중치 10%)

■ **2단계: 도시의 모든 정보를 학습하다**

'로커스'는 새롬동의 디지털 트윈 위에서 분석을 시작했다. 단순한 지도가 아니었다. 언덕과 계단까지 반영된 보행 네트워크, 건물 단위의 인구 데이터, 이용 가능한 공공 부지 목록, 심지어 주민들의 통행량 빅데이터까지 모두 흡수하여 도시를 완벽하게 이해했다.

■ **3단계: 수백만 번의 시뮬레이션으로 답을 찾다**

'로커스'는 강화학습 알고리즘을 가동했다. AI는 가상의 센터를 새롬동의 수천 개 지점에 무작위로 놓아보며 점수를 계산했다. 처음에는 낮은 점수만 받았다. 하지만 AI는 실패를 통해 학습했다. 버스정류장 근처에 센터를 놓자 노년층 접근성 점수가 크게 오르고, 완만한 경사로에 놓자 유모차를 끄는 부모들의 접근성 점수가 높아지는 패턴을 발견했다.

수백만 번의 시뮬레이션을 반복한 후, '로커스'는 인간의 직관으로는 상상하기 어려웠던 최적의 장소를 찾아냈다.

- 4단계: 누구도 생각지 못한 최적의 해답

3) 최종 추천한 장소는 동네 외곽의 낡은 공영주차장 부지: '로커스'가 최종 추천한 장소는 모두의 예상을 깬, 동네 외곽의 낡은 공영주차장 부지였다. 처음에는 모두가 의아해했다. 하지만 '로커스'가 제시한 시각화 자료는 명쾌했다.

**"이곳은 노년층이 주로 거주하는 빌라촌과 젊은 부부들이 사는 아파트 단지의 정확한 중간 지점입니다. 현재는 단절되어 있지만, 단 10m의 보행자 전용 다리를 설치하면 두 그룹의 평균 도보 시간을 5분 이내로 단축시킬 수 있습니다. 또한, 사회적 고립 지역과는 버스 노선으로 직접 연결되어 가장 높은 포용성 점수를 기록합니다."**

4) 시사점: '로커스'는 단순히 점이 아닌, '연결'이라는 솔루션을 함께 제시한 것이다. AI는 데이터 분석을 통해 각기 다른 주민 그룹의 이해관계를 모두 충족시키는 접점을 찾아냈고, 이를 실현할 최소한의 기반 시설 투자까지 제안했다.

이 데이터 기반의 명확한 근거 앞에서 주민들의 갈등은 눈 녹듯 사라졌다. '로커스'가 추천한 부지에 세워진 커뮤니티 센터는 새롬동의 새로운 심장이 되었다. AI는 기술적 도구를 넘어, 복잡한 도시 문제 속에서 정치적 논쟁과 편견을 배제하고, 공동의 이익을 극대화하는 가장 공정하고 현명한 중재자 역할을 수행할 수 있음을 증명했다.

## 2. 일반 근린지역 주민참여 수준 예측을 위한 분류 모델 개발과 가상사례

### 2.1. 주민참여 수준 예측을 위한 분류 모델 비교

AI 분류 모델은 주민의 인구통계학적 특성, 과거 참여 이력, 거주 환경 등 다양한 데이터를 학습하여, 도시재생 사업에 대한 주민들의 참여 수준을 사전에 예측하는 혁신적인 기술이다. 이는 '깜깜이'식의 주민 홍보에서 벗어나, 주민 그룹별 특성에 맞는 맞춤형 소통 전략을 수립하여 사업의 수용성과 성공률을 획기적으로 높이는 데이터 기반 거버넌스의 핵심 도구이다.

| 주민참여 수준예측을 위한 분류모델 | 참여에 영향을 미치는 핵심 요인 해석 |
|---|---|
| 분석방법 및 기술 | 로지스틱 회귀분석 (Logistic Regression) |
| 역할 | 연령, 거주 기간, 주택 소유 여부 등 각 변수가 주민참여 '확률'에 얼마나 영향을 미치는지 통계적으로 분석한다. 참여/불참 여부를 예측하는 가장 기본적인 모델이다. |
| 장점 | 모델의 해석이 매우 용이하여, 어떤 요인이 중요한지 명확히 설명할 수 있다. |
| 단점 | 변수 간의 복잡한 비선형 관계를 반영하기 어려워 예측 정확도에 한계가 있다. |
| AI 분석 도구 | - Python (Scikit-learn, Statsmodels)<br>- R, SPSS |
| 도시재생 활용예시 | 분석 결과 '10년 이상 장기 거주자' 그룹의 참여 확률이 유의미하게 높게 나타나면, 이들을 사업 초기 핵심 의견 그룹으로 설정하고 집중적으로 소통한다. |

| 주민참여 수준예측을 위한 분류모델 | 참여/불참으로 이어지는 의사결정 구조 파악 |
|---|---|
| 분석방법 및 기술 | 의사결정나무 (Decision Tree) / 랜덤 포레스트 (Random Forest) |
| 역할 | '만약 40대이고, 자가 주택에 거주한다면 참여할 것이다'와 같은 'IF-THEN' 규칙의 조합으로 참여 여부를 예측한다. 랜덤 포레스트는 다수의 의사결정나무를 결합하여 정확도를 높인 모델이다. |
| 장점 | 예측 과정이 시각적으로 명확하여 정책 담당자들이 쉽게 이해하고 활용할 수 있다. |
| 단점 | 단일 나무 모델은 과적합(Overfitting)의 위험이 있다. |
| AI 분석 도구 | - Python (Scikit-learn)<br>- R (rpart, randomForest) |
| 도시재생 활용예시 | 주민참여를 이끄는 가장 중요한 분기점이 '자녀 유무'로 나타나면, 주민설명회에서 '아이들을 위한 공원 조성'과 같은 의제를 핵심적으로 부각시킨다. |

| 주민참여 수준예측을 위한 분류모델 | 고차원 데이터 속에서 참여 그룹 간 경계 탐색 |
|---|---|
| 분석방법 및 기술 | 서포트 벡터 머신 (SVM, Support Vector Machine) |
| 역할 | 수많은 데이터 특성으로 이루어진 고차원 공간에서 '적극 참여 그룹'과 '무관심 그룹'을 가장 잘 구분하는 최적의 경계면(결정 경계)을 찾아내어 새로운 주민을 분류한다. |
| 장점 | 변수가 매우 많은 복잡한 데이터에서도 높은 분류 성능을 보인다. |
| 단점 | 대용량 데이터 학습 속도가 느리고, 모델의 내부 작동을 직관적으로 이해하기 어렵다. |
| AI 분석 도구 | - Python (Scikit-learn)<br>- R (e1071) |
| 도시재생 활용예시 | 인구통계, 거주환경, 생활패턴 등 수십 개의 변수를 종합적으로 고려하여, 잠재적 참여 가능성이 높은 숨겨진 주민 그룹을 정밀하게 타겟팅하는 데 활용된다. |

| 주민참여 수준예측을 위한 분류모델 | 예측 정확도를 극한으로 끌어올리는 모델 |
|---|---|

| 분석방법 및 기술 | 그래디언트 부스팅 머신<br>(Gradient Boosting Machine: XGBoost, LightGBM) |
|---|---|
| 역할 | 성능이 낮은 여러 개의 예측 모델(Weak Learner)을 반복적으로 결합하면서 이전 모델의 오류를 보완해 나가는 방식으로, 현재 분류 문제에서 가장 높은 성능을 내는 알고리즘이다. |
| 장점 | 매우 높은 예측 정확도를 자랑하며, 대용량 데이터 처리 속도가 빠르다. |
| 단점 | 모델이 매우 복잡하여 결과를 해석하기 어려운 대표적인 '블랙박스' 모델이다. |
| AI 분석 도구 | - Python (XGBoost, LightGBM)<br>- R (xgboost) |
| 도시재생 활용예시 | 개발된 예측 모델을 활용하여 도시재생 사업 홍보물을 발송할 때, '잠재적 참여 그룹'으로 예측된 주민들에게는 일반 홍보물 대신 참여를 독려하는 문자 메시지를 추가로 발송한다. |

## 2.2. 가상사례: AI '시빅(C.I.V.I.C.)'이 잠자는 공동체를 깨우는 법

1) **현안 과제**: 과거 몇 차례의 일방적인 개발 계획으로 주민 갈등의 상처가 깊은 '화답동'. 이곳에 새로운 도시재생 사업이 계획되자, 담당 공무원들의 가장 큰 고민은 '주민참여'였다. 무작정 설명회를 열자니 반대하는 목소리에 휩쓸릴 것이 뻔했고, 모두를 일일이 만날 시간과 인력은 턱없이 부족했다. 어떻게 하면 진정한 소통의 물꼬를 틀 수 있을까?

2) **도시재생지원센터는 주민참여 예측 AI도입**: 도시재생지원센터는 주민참여 예측 AI, '시빅(C.I.V.I.C. - Community Involvement & Viability Insight Classifier)'을 도입했다. '시빅'은 주민들의 마음을 미리 읽어내는 인공지능 소통 전략가였다.

- **1단계: 과거의 데이터에서 성공 공식을 배우다**

  '시빅'은 먼저 인근 도시들에서 시행됐던 수십 개의 도시재생 사업 데이터를 학습했다. 당시 주민들의 연령, 거주 기간, 소득 수준, 주택 유형과 같은 기본 정보는 물론, 어떤 방식(전단지, 설명회, 문자메시지)으로 소통했을 때 어떤 그룹이 실제 참여로 이어졌는지에 대한 성공과 실패의 패턴을 딥러닝으로 분석했다.

■ 2단계: 화답동 주민들의 마음을 예측하다

학습을 마친 '시빅'은 화답동의 데이터를 분석하여, 각 가구를 세 그룹으로 분류한 '주민참여 성향 지도'를 생성했다.

- 그린 그룹 (적극 참여 예상): 공동체 활동 경험이 많고, 사업에 대한 관심이 높아 핵심 리더가 될 잠재력이 큰 그룹.
- 옐로우 그룹 (잠재적 참여): 마음은 있으나, 생업, 육아, 정보 부족 등의 장벽으로 참여를 망설이는 그룹. 사업 성공의 캐스팅보트를 쥔 핵심 그룹이다.
- 레드 그룹 (참여 무관심/반대 예상): 과거의 부정적 경험으로 인해 사업에 냉소적이거나 반대할 가능성이 높은 그룹.

■ 3단계: 예측을 넘어 맞춤형 전략을 처방하다

이 지도는 단순한 예측을 넘어, 주민참여 전략의 혁신을 가져왔다. 센터는 획일적인 홍보를 중단하고, '시빅'의 분석에 기반한 '초정밀 타겟 소통'을 시작했다.

- 그린 그룹에게는: "화답동의 미래를 함께 설계할 '주민 총괄계획가'로 참여해주세요."라는 메시지를 보내 책임감과 자부심을 부여했다.
- 옐로우 그룹에게는: 의사결정나무 분석을 통해 드러난 참여의 가장 큰 걸림돌을 공략했다. '30대 맞벌이 부부'에게는 "설명회 시간 동안 아이 돌봄 서비스를 제공합니다"라는 문자를,

'상가 임차인'에게는 "젠트리피케이션 방지 상생 협약 설명회를 별도로 개최합니다"라는 안내문을 발송했다.

- 레드 그룹에게는: 설명회 참석을 강요하는 대신, 소규모 '찾아가는 골목 간담회'를 열어 그들의 불만과 요구사항을 먼저 경청하며 신뢰를 쌓아갔다.

3) **결과 및 시사점:** 전략은 적중했다. 자신의 장벽이 해소된 옐로우 그룹이 대거 설명회에 참석하며 분위기를 바꿨고, 리더로 위임 받은 그린 그룹이 회의를 이끌었다. 닫혔던 레드 그룹의 마음도 서서히 열리기 시작했다. 화답동 도시재생 사업은 유례없는 주민들의 지지 속에서 순항하게 되었다.

'시빅'의 사례는 AI가 인간의 소통을 대체하는 것이 아니라, 오히려 더 똑똑하고 세심하게 만들 수 있음을 보여준다. 잠재적 참여자를 정확히 예측하고 그들의 장벽을 이해함으로써, 행정력 낭비를 막고 갈등을 예방하며 '주민 주도'라는 구호를 현실로 만드는 것. 이것이 바로 AI 알고리즘이 빚어내는 도시재생의 환상적인 혁신이다.

## 3. 일반 근린지역 베이지안 네트워크(Bayesian Network)를 활용한 도시재생 사업 리스크 평가 기법과 가상사례

### 3.1. 베이지안 네트워크를 활용한 도시재생 리스크 평가 기법

베이지안 네트워크(Bayesian Network)는 도시재생 사업에 내재된 다양한 리스크 요인들의 복잡한 인과관계를 확률적으로 모델링하고, 불확실성 하에서 최적의 의사결정을 지원하는 강력한 AI 기법이다. 이는 각 리스크가 서로 어떻게 영향을 미치는지 시각적으로 파악하고, 특정 리스크

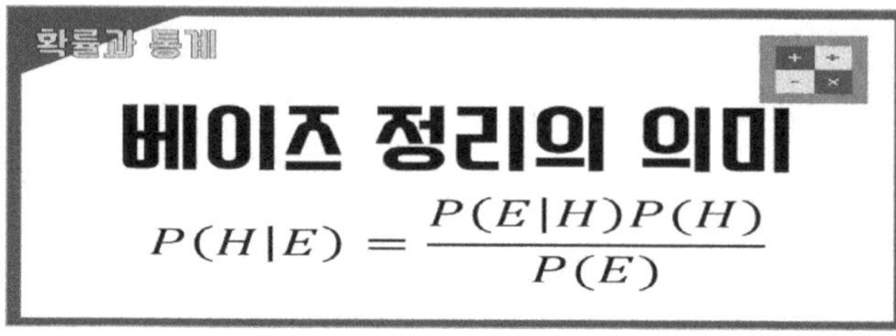


베이즈 정리의 의미 - YouTube

관리 정책의 파급 효과를 과학적으로 시뮬레이션 하여 사업 실패 확률을 최소화하는 지능형 리스크 관리 시스템을 구축하게 한다.

| 베이지안 네트워크 활용 기법 | 리스크 요인 간의 인과관계 구조화 |
|---|---|
| 분석방법 및 기술 | 네트워크 구조 학습 (Structure Learning) |
| 역할 | 전문가 집단의 브레인스토밍이나 과거 데이터 분석을 통해 'A라는 사건이 일어나면 B라는 사건에 영향을 미친다'와 같은 리스크 요인(노드) 간의 인과적 연결고리(엣지)를 정의하여 전체적인 리스크 맵(Map)을 설계한다. |
| 장점 | 복잡하게 얽힌 리스크의 전체 구조를 직관적으로 시각화하고 이해관계자 간의 공감대를 형성할 수 있다. |
| 단점 | 전문가의 주관이 개입될 여지가 크며, 잘못된 인과관계 설정은 분석 전체의 신뢰도를 떨어뜨린다. |
| AI 분석 도구 | - Python (pgmpy, bnlearn)<br>- GeNIe, Netica |
| 도시재생 활용예시 | '과도한 공공 투자'가 '지가 상승'을 유발하고, 이는 다시 '젠트리피케이션'으로 이어지는 리스크 전이 과정을 시각적 네트워크 모델로 구축한다. |

| 베이지안 네트워크 활용 기법 | 불확실성의 정량적 측정 |
|---|---|
| 분석방법 및 기술 | 조건부 확률 파라미터 학습 (Parameter Learning) |
| 역할 | 과거 유사 사업 데이터, 설문조사, 전문가 평가 등을 통해 각 리스크 요인 간의 조건부 확률표(CPT)를 작성한다. (예: 지가가 상승했을 때, 젠트리피케이션이 발생할 확률은 70%) |

| | |
|---|---|
| 장점 | 데이터와 전문가의 직관적 판단을 결합하여 리스크의 불확실성을 구체적인 '확률' 값으로 정량화한다. |
| 단점 | 신뢰도 높은 확률 값을 도출하기 위한 충분한 데이터나 전문 지식이 부족할 수 있다. |
| AI 분석 도구 | - Python (pgmpy)<br>- R (bnlearn)<br>- GeNIe |
| 도시재생 활용예시 | 과거 100개의 도시재생 사업 데이터를 학습시켜, '주민협의체 참여율'이 50% 미만일 경우 '사업 만족도'가 '낮음' 상태일 확률 값을 자동으로 계산한다. |

| 베이지안 네트워크 활용 기법 | 리스크 발생 확률 예측 및 시나리오 분석 |
|---|---|
| 분석방법 및 기술 | 확률적 추론 및 민감도 분석 (Probabilistic Inference) |
| 역할 | 완성된 네트워크 모델을 사용하여 특정 리스크(예: 원주민 이주율 증가)의 최종 발생 확률을 계산하거나, 특정 정책(예: 임대료 안정 조례)을 시행했을 때 최종 리스크 확률이 어떻게 변하는지 'What-if' 시나리오 시뮬레이션을 수행한다. |
| 장점 | 다양한 정책 대안의 리스크 저감 효과를 사전에 비교·분석하여 최적의 의사결정을 지원한다. |
| 단점 | 네트워크의 규모가 커질수록 계산이 복잡해지고 처리 시간이 길어진다. |
| AI 분석 도구 | - Python (pgmpy)<br>- Netica |
| 도시재생 활용예시 | '상가 공실률 20% 이상'이라는 증거가 관측되었을 때, 최종적으로 '사업 실패' 확률이 기존 15%에서 45%로 어떻게 급증하는지 실시간으로 추론한다. |

## 3.2. 가상사례: AI '오라클(ORACLE)'이 예측한 미래동의 성공 방정식

1) 현안 과제: 첨단 산업단지 배후에 위치해 개발 압력이 높은 '미래동'. 시 정부는 이곳의 낡은 주거환경을 개선하면서도, 공동체를 지키는 명품 도시재생을 추진하고자 했다. 하지만 프로젝트에는 수많

은 불확실성이 도사리고 있었다. '사업비가 부족해지면 어떡하지?', '주민들이 갑자기 반대하면?', '젠트리피케이션이 발생하면?' 등 리스크들은 거미줄처럼 얽혀 있었다.

2) **베이지안 네트워크 기반 리스크 분석 AI 가동:** 프로젝트팀은 이 복잡한 불확실성의 매듭을 풀기 위해 베이지안 네트워크 기반 리스크 분석 AI, '오라클(ORACLE: Objective Risk Analysis & Causal Likelihood Engine)'을 가동했다. '오라클'은 미래의 여러 갈래 길을 확률로 보여주는 인공지능 예언 가였다.

- **1단계: 리스크의 인과 지도(Causal Map)를 그리다**

  먼저, 계획가, 주민 대표, 상인, 외부 전문가들이 한자리에 모여 '오라클'의 인터페이스 위에 미래동의 리스크 인과 지도를 함께 그렸다. 마치 마인드맵처럼, '미디어의 과도한 홍보'가 '투기 자본 유입'을 부추기고, 이는 '임대료 급등'을 거쳐 최종적으로 '원주민 내몰림'이라는 리스크로 이어지는 경로를 시각적으로 완성해 나갔다. 이 과정 자체만으로도 참여자들은 프로젝트의 복잡성을 함께 이해하고 공감대를 형성할 수 있었다.

- **2단계: 불확실성에 확률의 옷을 입히다**

  지도가 완성되자, '오라클'은 각 연결고리에 확률 값을 부여했다. 과거 유사 프로젝트 데이터를 통해 '공공 투자가 100억 증가하면, 상가 임대료가 2년 내 20% 이상 오를 확률은 60%'와 같은 객관적 확률을 학습했다. 데이터가 없는 '미래동 주민들의 공동체 결속력' 같은 변수는 주민 설문조사와 전문가 평가를 통해 '높음', '중간', '낮음' 상태의 확률을 주관적으로 부여했다. 객관적 데이터와 주관적 직관이 결합된 하이브리드 모델이 탄생한 것이다.

■ 3단계: 미래를 향한 'What-if' 질문을 던지다

이제 '오라클'은 강력한 시뮬레이터가 되었다.

① 팀이 첫 번째 질문을 던졌다. "현재 상태에서, 5년 내 '심각한 젠트리피케이션'이 발생할 최종 확률은?"

- '오라클'은 네트워크 전체의 확률을 순식간에 계산했다. "결과: 72%. 위험 수준입니다."

② 팀은 리스크 관리 전략을 테스트했다. "만약 우리가 '상생 협약 기반의 임대료 안정화 정책'을 도입한다면?"

- 해당 정책 노드를 '시행(True)' 상태로 바꾸자, 네트워크의 확률 값들이 연쇄적으로 변했다. "결과: 젠트리피케이션 발생 확률이 28%로 감소합니다."

③ 다른 시나리오도 시험했다. "만약 '주민참여 예산이 30% 삭감'된다면?"

- '오라클'은 '주민 갈등' 노드의 확률이 급증하고, 이 영향으로 최종적인 '사업 중단' 리스크가 15%에서 35%로 치솟는다고 경고했다.

3) **결과 및 시사점**: '오라클'은 도시재생의 리스크 관리를 '감'에 의존하는 예술에서 '확률'에 기반하는 과학으로 바꾸었다. 프로젝트팀은 '오라클'의 시뮬레이션 결과를 토대로, 젠트리피케이션 방지 정책을 핵심 과제로 채택하고 주민참여 예산은 반드시 지켜야 할 최우선 순위로 설정했다. 베이지안 네트워크는 불확실한 미래를 항해하는 도시재생 프로젝트에 가장 신뢰할 수 있는 나침반이자, 복잡한 이해관계 속에서 모두가 합의할 수 있는 객관적 근거를 제시하는 최고의 소통 도구가 된 것이다.

## 4. 일반 근린지역 다목적 최적화 알고리즘(Multi-Objective Optimization Algorithm) 기반 재생사업 우선순위 결정방법과 가상사례

### 4.1. 다목적 최적화 알고리즘 기반 재생사업 우선순위 결정방법 비교

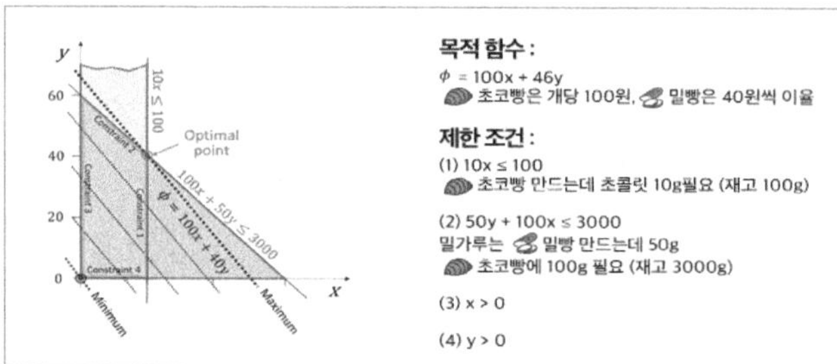


쉽게 알아보는 공학이야기 15 – 최적화 [https://news.samsungdisplay.com]

다목적 최적화 알고리즘(Multi-Objective Optimization Algorithm)은 한정된 예산 하에서 경제적 효과, 사회적 형평성, 환경적 지속가능성 등 서로 상충하는 여러 목표를 동시에 고려하여, 도시재생 사업 포트폴리오의 최적 조합을 찾아내는 고차원적 의사결정 지원 도구이다. 이는 어느 하나의 목표를 위해 다른 가치를 희생하는 것이 아닌, 모든 목표를 최대한 만족시키는 '최적의 균형점'들을 과학적으로 제시하여 합리적이고 투명한 정책 결정을 가능하게 한다.

| 우선순위를 결정하는 최적화 알고리즘 | 상충하는 목표들 간의 최적 균형해 집합 도출 |
|---|---|
| 분석방법 및 기술 | 유전 알고리즘 기반 (NSGA-II: Non-dominated Sorting Genetic Algorithm II) |
| 역할 | 생물의 진화 과정(선택, 교배, 돌연변이)을 모방하여, 여러 세대를 거치며 주어진 다수의 목표를 가장 잘 만족시키는 해(Solution)들을 점진적으로 개선하고 최종적인 최적해 집합(파레토 최적선)을 찾아낸다. |

| | |
|---|---|
| 장점 | 복잡하고 비 선형적인 문제에서 전역 최적해(Global Optimum)를 효과적으로 탐색한다. 다양한 대안을 동시에 제공하여 의사결정의 유연성을 높인다. |
| 단점 | 계산 과정이 복잡하고 많은 연산 시간을 필요로 한다. |
| AI 분석 도구 | - Python (DEAP, Pymoo)<br>- MATLAB (Global Optimization Toolbox) |
| 도시재생 활용예시 | 20개의 잠재적 도시재생 프로젝트 목록과 100억 원의 예산이 주어졌을 때, '노후 주택 개선 효과'와 '사회적 약자 수혜도'를 동시에 최대로 하는 프로젝트 조합들을 여러 개 찾아 제시한다. |

| 우선순위를 결정하는 최적화 알고리즘 | 최적해 집합의 다양성과 수렴성 동시 확보 |
|---|---|
| 분석방법 및 기술 | 진화 알고리즘 기반 (SPEA2: Strength Pareto Evolutionary Algorithm 2) |
| 역할 | 각 해(Solution)가 다른 해들을 얼마나 지배하는지를 나타내는 '강도(Strength)' 개념을 도입하여, 최종적으로 도출되는 최적해 집합이 특정 영역에 치우치지 않고 넓고 고르게 분포하도록 유도한다. |
| 장점 | 최종적으로 제시되는 대안들의 다양성이 높아, 의사결정자가 폭넓은 선택지를 검토할 수 있다. |
| 단점 | 알고리즘의 파라미터 설정이 성능에 큰 영향을 미쳐 전문가의 조정이 필요하다. |
| AI 분석 도구 | - Python (Platypus, Pymoo)<br>- R |
| 도시재생 활용예시 | 사업 우선순위 결정 시, 경제적 타당성에만 치우친 해(解)뿐만 아니라, 환경적 가치를 극대화하는 해, 사회적 형평성을 극대화하는 해 등 다양한 성격의 최적 대안들을 균형 있게 제시한다. |

| 우선순위를 결정하는 최적화 알고리즘 | 목표 공간 내 최적해 신속 탐색 |
|---|---|
| 분석방법 및 기술 | 입자 군집 최적화 기반 (MOPSO: Multi-Objective Particle Swarm Optimization) |
| 역할 | 새 떼나 물고기 떼의 움직임을 모방한 '입자(Particle)'들이 서로의 정보를 공유하며 가장 좋은 지점(최적해)을 협력적으로 찾아 나가는 방식으로, 다수의 목표 공간을 효율적으로 탐색한다. |
| 장점 | 다른 진화 알고리즘에 비해 구조가 단순하고 수렴 속도가 빠르다. |

| 단점 | 지역 최적해(Local Optimum)에 빠질 위험이 상대적으로 높다. |
|---|---|
| AI 분석 도구 | - Python (PySwarms)<br>- MATLAB |
| 도시재생 활용예시 | 도시재생 계획 수립 초기 단계에서, 제한된 시간 내에 다양한 목표를 만족시키는 우선순위 조합의 경향성을 신속하게 파악하고 분석의 방향을 설정하는 데 활용된다. |

## 4.2. 가상사례: AI '이퀄리브리엄(EQUILIBRIUM)'이 찾아낸 상생의 황금비율

1) **현안 과제:** 10개의 낙후된 동을 품고 있는 '상생구'. 구청은 도시재생을 위한 500억 원의 예산을 확보했지만, 이 예산으로는 최대 3~4개 동만 집중적으로 지원할 수 있었다. 어디를 먼저 선택해야 할까?

   - A동: 노후 건물이 가장 많아 물리적 개선이 시급하지만, 인구는 가장 적다.
   - B동: 독거노인 인구가 밀집하여 복지 시설 확충이 절실하다.
   - C동: 상권 활성화 잠재력이 가장 높지만, 젠트리피케이션 위험도 가장 크다.

   구청장의 책상 위에서 각 동의 이해관계가 첨예하게 충돌했다. 어떤 결정을 내려도 비판을 피하기 어려운, 그야말로 '정치적 딜레마'였다.

2) **다목적 최적화 기반 의사결정 지원 시스템 가동:** 이때, 다목적 최적화 기반 의사결정 지원 시스템 '이퀄리브리엄(EQUILIBRIUM)'이 가동되었다. '이퀄리브리엄'은 정답이 아닌, 현명한 선택지들을 보여주는 인공지능 조율자였다.

■ **1단계: 상충하는 목표를 정의하다**

먼저, 구청과 주민 대표단은 세 가지 핵심 목표를 정의했다.

- 물리적 환경 개선 (효율성): 노후 건축물 개선 총량 최대화
- 사회적 약자 지원 (형평성): 저소득층 및 노년층 수혜 인구 최대화
- 경제적 파급 효과 (성장성): 신규 일자리 창출 효과 최대화

■ **2단계: 가능한 미래들의 메뉴판을 만들다**

10개 동의 프로젝트 데이터(비용, 각 목표별 예상 효과 등)를 입력받은 '이퀼리브리엄'은 유전 알고리즘을 통해 수백만 번의 시뮬레이션을 시작했다. 예산 500억 원 내에서 가능한 모든 프로젝트 조합을 만들고, 세대교배를 통해 더 나은 조합으로 진화시켜 나갔다.

그 결과, '이퀼리브리엄'은 단 하나의 정답이 아닌, 수십 개의 '파레토 최적해(Pareto Optimal Solutions)' 집합을 도출했다. 이는 "다른 목표의 희생 없이는 어떤 하나의 목표도 더 개선할 수 없는" 최적의 균형점들의 집합, 즉 '미래의 메뉴판'이었다.

■ **3단계: 트레이드오프(Trade-off)를 시각화하다**

이 메뉴판은 구청장과 주민들 앞에 3차원 그래프로 펼쳐졌다.

- 알파(α) 조합: 효율성과 성장성은 최고점이지만, 형평성은 최저점. (A동과 C동에 집중 투자하는 방안)
- 베타(β) 조합: 형평성은 압도적으로 높지만, 다른 두 목표는 평균 이하. (B동에 '올인'하는 방안)
- 감마(γ) 조합: 어떤 목표에서도 1등은 아니지만, 세 목표 모두에서 상위권을 기록한 최적의 균형점. (B동에 복지 시설을, A동에 주거 환경 개선을, C동에는 소상공인 지원 사업을 조합하는 방안)

3) **결과 및 시사점:** 그래프는 선택에 따른 득과 실, 즉 트레이드오프를 투명하게 보여주었다. 더 이상 막연한 주장으로 다툴 필요가 없었다. 의사결정자들은 데이터를 보며 어떤 가치를 우선할지 토론했고, 주민 공청회에서 이 '미래의 메뉴판'을 함께 보며 숙의한 끝에, 가장 균형 잡힌 '감마(γ) 조합'을 최종적으로 선택했다.

'이퀄리브리엄'은 갈등을 해결하는 AI 중재자였다. 복잡하고 감정적인 우선순위 문제를, 모두가 이해할 수 있는 데이터 기반의 선택지로 바꾸어 놓았다. 다목적 최적화 알고리즘은 이처럼 도시재생의 가장 어려운 숙제인 '자원의 배분' 문제를 가장 공평하고 합리적인 방식으로 풀어나가는 환상적인 전략을 제시하는 것이다.

# 제 10 장

# 주거지지원형 재생사업의 딥러닝(Deep Learning) 예측 모델

## 1. 주거지지원형 재생사업의 주택 가격 변동 예측을 위한 다층 신경망 모델과 가상사례

### 1.1. 주거지지원형 재생사업 주택가격 예측을 위한 다층 신경망 모델

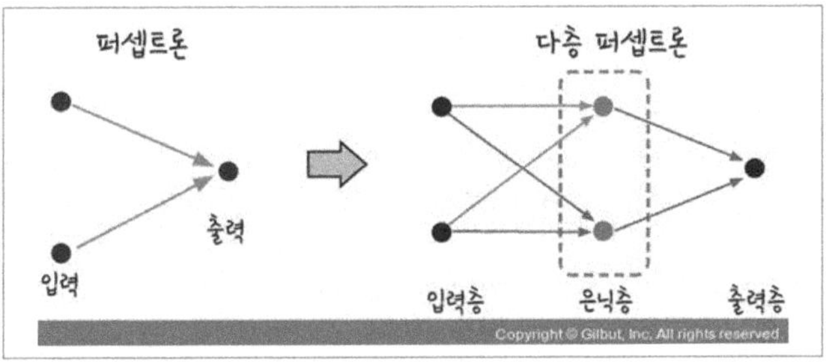


Chapter 4. 신경망과 딥러닝 [https://blog.ex-em.com]

다층 신경망(Multi-layer Neural Network), 즉 딥러닝 모델은 주거지지원형 도시재생 사업처럼 미묘하고 복합적인 요인들이 주택 가격에 미치는 비선형적(non-linear) 영향을 정밀하게 예측하는 데 최적화된 AI 기술이다.

이는 전통적인 통계 모델로는 포착하기 어려운 도시의 숨겨진 가치 변화 패턴을 학습하여, 사업의 경제적 효과를 과학적으로 검증하고 젠트리피케이션과 같은 부작용을 관리하는 고차원적인 분석을 가능하게 한다.

| 다층 신경망 모델 | 정형 데이터 기반의 복합적 가격 요인 학습 |
|---|---|
| 분석방법 및 기술 | 심층 신경망 (DNN, Deep Neural Network) |
| 역할 | 주택의 면적, 층수, 건축연도, 지하철과의 거리, 공시지가 등 수치로 표현되는 수십 개의 변수들을 다수의 은닉층(Hidden Layer)을 통해 결합하며 변수 간의 복잡한 상호작용을 학습하고 가격을 예측한다. |
| 장점 | 전통적 회귀분석으로는 파악하기 어려운 변수 간의 비선형적 관계를 효과적으로 모델링한다. |
| 단점 | 예측 과정이 '블랙박스'처럼 불투명하여 특정 변수의 영향력을 직관적으로 해석하기 어렵다. |
| AI 분석 도구 | - Python (TensorFlow, Keras, PyTorch) |
| 도시재생 활용예시 | 집수리 지원, 주차장 확충 등 개별 사업 요소들이 결합되었을 때 주택 가격에 미치는 '시너지 효과'를 종합적으로 예측하는 데 활용된다. |

| 다층 신경망 모델 | 물리적 환경의 질적 가치 정량화 |
|---|---|
| 분석방법 및 기술 | 합성곱 신경망 (CNN, Convolutional Neural Network) |
| 역할 | 스트리트 뷰 이미지나 항공사진을 학습하여 '골목길의 쾌적성', '건물 외관의 노후도', '조망의 개방감' 등 정량화하기 어려운 도시 경관의 질적 특성을 이미지 패턴으로 인식하고 가격 예측의 중요 변수로 활용한다. |
| 장점 | 객관적 수치로 표현되지 않는 도시의 '분위기'나 '매력'과 같은 잠재적 가치를 분석에 포함시킬 수 있다. |
| 단점 | 방대한 양의 이미지 데이터와 고성능 GPU 등 많은 컴퓨팅 자원을 필요로 한다. |
| AI 분석 도구 | - Python (TensorFlow, PyTorch) |
| 도시재생 활용예시 | 골목길 포장, 담장 허물기, 소공원 조성 등 주거 환경 개선 사업이 시각적 쾌적성 점수를 얼마나 높이고, 이것이 최종적으로 주택 가격에 어떻게 반영되는지를 분석한다. |

| 다층 신경망 모델 | 시장의 동태적 변화 및 추세 분석 |
|---|---|
| 분석방법 및 기술 | 순환 신경망 (RNN/LSTM, Recurrent Neural Network) |
| 역할 | 과거 10년간의 주택 가격 변동, 인구 유입/유출, 금리 변화 등 시간의 흐름에 따라 변화하는 시계열(Time-series) 데이터의 패턴을 학습하여 미래의 가격 추세를 예측한다. |
| 장점 | 장점: 부동산 시장의 주기적 변동이나 특정 정책 발표 이후의 시차를 둔 가격 반응 등 동태적 특성을 모델에 반영한다. |
| 단점 | 장기적인 추세 예측의 정확도는 예측 기간이 길어질수록 감소하는 경향이 있다. |
| AI 분석 도구 | - Python (TensorFlow, Keras) - Prophet |
| 도시재생 활용예시 | 소규모 주거환경 개선 사업 발표 이후, 가격이 급등하는 것이 아니라 3년에 걸쳐 완만하게 상승하는 건강한 추세를 보일 것인지, 아니면 투기 수요로 인한 이상 급등 패턴을 보일 것인지를 시뮬레이션 한다. |

### 1.2. 가상사례: AI '뉴로-밸류(NEURO-VALUE)'가 읽어낸 정든동의 숨겨진 가치

1) **현안 과제:** 오래된 다세대 주택과 단독주택이 옹기종기 모여 있는 '정든동'. 재개발 대신 낡은 집을 고치고, 좁은 골목길을 정비하며, 작은 커뮤니티 시설을 만드는 '주거지지원형 도시재생' 사업이 추진되었다. 주민들의 기대감도 높았지만, "과연 이런 소소한 변화가 집값에 얼마나 영향을 줄까?"라는 의구심과 "괜히 동네만 들썩여 투기꾼만 몰리는 것 아닐까?"라는 불안감이 공존했다.

2) **하이브리드 딥러닝 모델 적용:** 도시계획가와 도시설계가들은 이 미묘한 질문에 답하기 위해, 인간의 뇌신경망을 모방한 하이브리드 딥러닝 모델 '뉴로-밸류(NEURO-VALUE)'를 개발했다. '뉴로-밸류'는 도시의 가치를 다각적으로 이해하는 인공지능 감정평가사였다.

■ 1단계: 도시를 다각적으로 인지하는 '인공두뇌'

'뉴로-밸류'는 세 개의 다른 신경망이 결합된 '인공두뇌'를 가지고 있었다.

- DNN 두뇌: 건축물대장, 실거래가, 학군, 교통 등 숫자로 된 모든 정형 데이터를 분석하며 가격의 기본 골격을 파악했다.
- CNN 두뇌: 정든동의 모든 골목길을 촬영한 스트리트 뷰 이미지를 학습했다. 깨진 보도블록, 낡은 담벼락, 어지러운 전선들을 '마이너스 자산'으로, 잘 가꿔진 화단이나 깨끗한 벽화는 '플러스 자산'으로 인식하며 동네의 시각적 품질을 점수 화했다.
- RNN 두뇌: 지난 15년간의 가격 변동, 전입/전출 인구 데이터, 주변 지역의 개발 계획 등을 분석하며 정든동만이 가진 고유한 시장의 '맥박'과 흐름을 학습했다.

■ 2단계: 미묘한 가치의 언어를 배우다

전국의 유사한 사업 데이터를 학습한 '뉴로-밸류'는 놀라운 통찰력을 보여주었다. 전통적 모델이라면 놓쳤을 패턴들이었다. 예를 들어, 정든동처럼 공동체 의식이 강한 동네에서는 '막다른 골목길'을 정비했을 때, 그 골목을 공유하는 모든 주택의 가격이 일반 도로변 주택보다 1.5배 더 오르는 '공동체 프리미엄' 효과가 있음을 발견했다. 또한, 단순히 집을 예쁘게 고치는 것보다, 단열 성능을 높이고 노인을 위한 안전 손잡이를 설치하는 '생활 밀착형 개선'이 단기적 가격 상승은 적지만, 장기적으로는 동네의 안정성을 높여 가격 하락을 방어하는 효과가 더 크다는 사실을 학습했다.

■ 3단계: 초고해상도 '미래 가격 지도'를 그리다

3) **동네 전체의 '5개년 가격 변동 예측 지도'를 3D로 시각화:** 계획팀이 정든동의 최종 사업 계획("노후주택 80채 수리 지원, 골목길 5곳 포장, 쌈지공원 2개소 조성")을 입력하자, '뉴로-밸류'는 단 하나의 예측 값이 아닌, 동네 전체의 '5개년 가격 변동 예측 지도'를 3D로 시각 화했다.
   (1) 수리가 지원된 주택들은 5년간 평균 8%의 점진적 가격 상승이 예측되었다.
   (2) 더 중요한 것은, 수리되지 않은 인접 주택들도 평균 4%의 가격이 동반 상승하는 '긍정적 외부효과(spillover effect)'가 뚜렷하게 나타났다.
   (3) 무엇보다, 가격 상승이 투기적 급등이 아닌, 5년에 걸쳐 완만하게 이루어지는 '건강한 상승'으로 예측되어, 젠트리피케이션의 위험이 낮음을 시사했다.

4) **결과 및 시사점:** 이 예측 지도는 사업의 강력한 무기가 되었다. 시 정부는 주민들에게 "이 사업은 특정 집주인만이 아닌, 우리 동네 모두에게 이익이 됩니다"라는 객관적 증거를 보여주며 주민 동의를 쉽게 이끌어낼 수 있었다. 또한, 만약 특정 구역의 실제 가격이 '뉴로-밸류'의 예측보다 훨씬 빠르게 오른다면, 이를 '투기 이상 징후'로 즉시 감지하고 대응할 수 있는 조기 경보 시스템까지 갖추게 되었다.

   '뉴로-밸류'는 주택 가격이라는 차가운 숫자를 넘어, 동네가 가진 관계의 가치, 경관의 가치, 시간의 가치를 읽어냈다. 다층 신경망이라는 가장 진보한 AI 기술이, 가장 인간적이고 점진적인 방식의 도시재생이 가진 진정한 힘을 과학적으로 증명해낸 환상적인 순간이었다.

# 2. 이미지 분석 기반 주거환경 질 자동 평가 시스템과 가상 사례

## 2.1. 이미지 분석 기반 주거환경 질 자동 평가 시스템

하늘에서 본 도시의 비밀: AI가 해석하는 위성 이미지
[https://blog-ko.superb-ai.com]

AI 알고리즘을 활용한 이미지 분석 기술은 도시의 물리적 환경을 인간의 눈처럼, 혹은 그 이상으로 정밀하고 객관적으로 평가하는 자동화 시스템을 구현한다. 이는 도시재생 사업에서 주거환경의 질을 과학적으로 진단하고, 개선 효과를 정량적으로 측정하여 데이터에 기반한 효과적인 환경 디자인 전략을 수립하는 혁신적인 길을 열어준다.

| 주거환경의 질 자동 평가 기법 | 환경 구성요소의 목록화 및 계량화 |
|---|---|
| 분석방법 및 기술 | 객체 탐지(Object Detection: YOLO, SSD 등) |
| 역할 | 이미지 속에서 특정 객체(예: 쓰레기, 파손된 시설물, 벤치, 가로수, CCTV 등)의 위치와 개수를 정확하게 식별하고 목록을 만든다. |
| 장점 | 긍정적/부정적 환경 요소의 분포 현황을 정량 데이터로 신속하게 파악할 수 있다. |
| 단점 | 객체 간의 관계나 전체적인 맥락(분위기)을 파악하기는 어렵다. |
| AI 분석 도구 | - Python(TensorFlow, PyTorch, OpenCV)<br>- YOLO, Faster R-CNN |

| 도시재생 활용예시 | 동네 전체의 불법 투기 쓰레기 분포 현황 지도를 자동으로 생성하여, 상습 투기 지역에 CCTV나 스마트 경고판을 우선적으로 설치한다. |
|---|---|

| 주거환경의 질 자동 평가 기법 | 공간의 물리적 구성 비율 산출 |
|---|---|
| 분석방법 및 기술 | 의미론적 분할(Semantic Segmentation: U-Net, DeepLab 등) |
| 역할 | 이미지의 모든 픽셀을 하늘, 건물, 도로, 보도, 녹지 등 의미 있는 카테고리로 분할하여, 각 요소가 차지하는 면적과 비율을 계산한다. |
| 장점 | 녹지율, 보도폭 비율, 하늘 조망률(개방감) 등 환경의 질과 관련된 중요한 지표를 자동으로 산출한다. |
| 단점 | 고품질의 픽셀 단위 라벨링 데이터가 대량으로 필요하며, 계산 비용이 높다. |
| AI 분석 도구 | - Python(TensorFlow, PyTorch)<br>- U-Net, Mask R-CNN |
| 도시재생 활용예시 | 모든 보행로의 녹시율(Green View Index)을 계산하여, 녹지가 부족한 '회색 골목'을 찾아내고 이곳을 가로수 식재 및 벽면 녹화 사업의 우선 대상지로 선정한다. |

| 주거환경의 질 자동 평가 기법 | 인간의 주관적, 정성적 인식 모사 |
|---|---|
| 분석방법 및 기술 | 이미지 분류 및 특성 분석(Image Classification/Attribute Recognition) |
| 역할 | '안전하다', '활기차다', '지저분하다', '아름답다' 등 인간이 느끼는 주관적인 인상을 AI가 이미지를 보고 종합적으로 판단하여 분류하거나 점수화한다. |
| 장점 | 데이터로는 설명하기 어려운 도시 공간의 '분위기'나 '인상'과 같은 정성적 품질을 평가할 수 있다. |
| 단점 | AI의 판단 기준이 학습 데이터의 편향을 따를 수 있으며, 결과의 해석이 어려울 수 있다. |
| AI 분석 도구 | - Python(Keras, PyTorch)<br>- VGG, ResNet, Siamese Networks |
| 도시재생 활용예시 | 주민들이 '불안하게 느낀다'고 평가한 장소들의 시각적 공통점(예: 어두운 조명, 막다른 골목, 높은 담장)을 AI가 학습하여, 유사한 특징을 가진 다른 범죄 취약 예상 지역을 자동으로 찾아낸다. |

## 2.2. 가상사례: AI '비스타(VISTA)'가 밝혀낸 안심동의 보이지 않는 불안감

서울 도심의 스트리트 뷰 [https://kr.123rf.com]

1) **현안 과제:** 서류상으로 '안심동'은 살기 좋은 동네였다. 범죄율은 낮았고, 인근에 큰 공원도 있었다. 하지만 주민들은 늘 "밤길이 무섭다", "동네가 왠지 스산하다"고 말했다. 실제 동네를 떠나는 사람들도 늘어만 갔다.

2) **도시 경관을 인간처럼 보고 느끼는 AI 도입:** 데이터와 현실의 괴리에 빠진 도시재생 센터는 원인을 찾기 위해, 도시 경관을 인간처럼 보고 느끼는 AI '비스타(VISTA: Visual Intelligence for Spatial Transformation & Assessment)'를 도입했다.

■ **1단계: 도시의 모든 풍경을 디지털 눈으로 담다**

'비스타'는 먼저 수십만 장에 달하는 안심동의 스트리트 뷰 이미지를 스캔했다. '비스타'의 눈은 단순한 카메라가 아니었다. 도시의 건강 상태를 진단하는 정밀 진단 장비였다.

■ **2단계: 3단계에 걸친 입체적 시각 진단**

'비스타'는 세 가지 다른 방식으로 안심동의 풍경을 분석했다.

• 객체 탐지 - '쇠퇴의 작은 증거들': '비스타'는 동네 전체에서

깨진 보도블록 2,317개, 낡아서 녹슨 대문 842개, 무단으로 방치된 폐가구 114개의 위치를 정확히 지도 위에 표시했다. 심각한 범죄는 없었지만, 이런 사소한 '무질서의 신호(Signs of Disorder)'들이 동네 전체에 만연해 있음을 보여주었다.

- 의미론적 분할 - '단절된 녹색 섬': '비스타'는 안심동의 녹시율(GVI)을 계산했다. 놀랍게도, 큰 공원 자체를 제외하면 주거지 골목길의 녹시율은 서울시 평균의 30%에 불과했다. 주민들은 공원이라는 '녹색 섬'에 고립되어 있었고, 그곳까지 가는 길은 온통 회색의 벽과 아스팔트 뿐이었다.
- 인식 분석 - '마음속의 불안 지도': '비스타'의 하이라이트는 '주관적 안전 인식' 분석이었다. 수백만 장의 이미지를 '안전함'과 '불안함'으로 학습한 '비스타'는 안심동의 모든 길에 대해 '인식 안전 점수'를 매겼다. 그 결과, 실제 범죄 발생지와 상관없이 '좁고 어두운 골목', '시야를 가리는 높은 담장', '관리가 안 된 공터' 주변이 주민들에게 가장 큰 심리적 불안감을 주는 '불안 핫스팟'으로 나타났다.

■ 3단계: 데이터 기반의 '시각 처방전'을 발행하다

3) **시각 처방전 제시:** 진단을 마친 '비스타'는 안심동을 위한 구체적인 '시각 처방전'을 제시했다.

"안심동의 문제는 대규모 시설 부족이 아니라, 주민들의 '심리적 안정감'을 훼손하는 시각적 요소들의 총합입니다. 따라서 다음의 조치가 시급합니다."

- '무질서 신호 제거': 객체 탐지로 발견된 파손 시설물과 폐기물을 즉시 처리하는 '마이크로 환경 정비' 사업을 시행할 것.

- '녹색 길 연결': 녹시율이 낮은 주거지와 공원을 잇는 주요 보행로에 '띠 녹지'와 '스마트 가로등'을 집중 설치하여 '안전한 녹색 통로'를 확보할 것.
- '불안 핫스팟 개선': '인식 안전 점수'가 낮은 지역의 높은 담장을 허물거나 투시형 담장으로 교체하고, 커뮤니티 감시용 소형 CCTV를 설치하는 CPTED(범죄예방디자인)를 적용할 것.

4) **결과 및 시사점:** '비스타'의 분석은 서류 너머에 숨어있던 안심동의 진짜 문제를 수면 위로 끌어올렸다. AI의 디지털 눈은 통계가 놓치고 있던 주민들의 '마음'을 읽어냈고, 도시재생의 방향을 대규모 토목공사에서 주민들의 일상을 바꾸는 섬세한 '공간 치료'로 전환시켰다. 이는 AI가 어떻게 도시의 보이지 않는 병을 진단하고, 모두가 안심하고 살 수 있는 환경을 만드는 과학적 처방을 내리는지를 보여주는 환상적인 증거이다.

## 3. 주거지지원형 재생사업에서 생성형 AI를 활용한 스마트 주거환경 설계방법과 가상사례

### 3.1. 생성형 AI를 활용한 스마트 주거환경 설계 방법

생성형 AI(Generative AI)는 텍스트, 스케치, 기존 이미지 등 간단한 입력만으로 무수히 많은 디자인 시안과 3D 모델을 자동으로 생성하는 혁신적인 기술이다. 주거지지원형 도시재생 사업에서 이는 전문가의 전유물이었던 건축 설계를 주민 참여적인 '공동 창작'의 영역으로 확장 시키고, 개인의 라이프스타일에 최적화된 맞춤형 주거 환경을 대규모로 구현하는 환상적인 설계 혁신을 가능하게 한다.

| 주거환경 디자인을 생성하는 AI | 주민의 아이디어와 감성을 시각화 |
|---|---|
| 분석방법 및 기술 | 텍스트-투-이미지 생성(Text-to-Image Generation) |
| 역할 | 주민이 "햇살이 잘 드는, 나무 느낌의 아늑한 거실"과 같이 원하는 공간의 느낌을 텍스트로 입력하면, 확산 모델(Diffusion Model) 기반 AI가 이를 해석하여 수 초 만에 여러 장의 고품질 콘셉트 이미지를 생성한다. |
| 장점 | 비전문가인 주민도 자신의 아이디어를 쉽게 시각화하고 설계 과정에 적극적으로 참여할 수 있다. |
| 단점 | 생성된 이미지가 실제 건축 법규나 구조적 제약을 반영하지는 못하는 아이디어 스케치 단계에 머무른다. |
| AI 분석 도구 | - Midjourney, DALL-E 3<br>- Stable Diffusion |
| 도시재생 활용예시 | 주민 워크숍에서 나온 다양한 의견들을 즉석에서 이미지로 생성하여 보여줌으로써, 추상적인 논의를 구체적인 시각적 결과물로 전환하고 원활한 소통을 돕는다. |

| 주거환경 디자인을 생성하는 AI | 기존 건물의 외관 디자인 대안 탐색 |
|---|---|
| 분석방법 및 기술 | 이미지 스타일 변환(Image Style Transfer: GANs 등) |
| 역할 | 낡은 주택의 현재 사진에 '한옥 스타일', '모던 스타일', '프로방스 스타일' 등 특정 디자인 스타일 이미지를 적용하여, 리모델링 후의 다양한 외관 디자인 시안을 자동으로 생성한다. |
| 장점 | 적은 노력으로 수십 가지의 창의적인 파사드(Facade) 디자인 대안을 탐색할 수 있다. |
| 단점 | 원본 건물의 구조를 무시한 비현실적인 결과물이 생성될 수 있어 후속 검토가 필수적이다. |
| AI 분석 도구 | - RunwayML, Artbreeder<br>- CycleGAN, StyleGAN |
| 도시재생 활용예시 | 낡은 다세대 주택 단지의 외관 개선 사업 시, 여러 가지 디자인 스타일을 적용한 시뮬레이션 이미지를 주민들에게 제시하고 투표를 통해 최종 디자인을 결정한다. |

| 주거환경 디자인을 생성하는 AI | 제약 조건 하에서 최적의 공간 레이아웃 도출 |
|---|---|
| 분석방법 및 기술 | 생성적 디자인(Generative Design) |
| 역할 | "채광 최대화", "수납공간 확보", "공사비 3천만 원 이내" 등 설계 목표와 제약 조건을 입력하면, 유전 알고리즘 등이 수천 개의 설계안을 생성하고 진화시키는 과정을 통해 최적의 평면도나 공간 구성을 제안한다. |
| 장점 | 인간 설계자가 미처 생각하지 못한 최적의 효율적인 공간 활용 방안을 도출할 수 있다. |
| 단점 | 정확한 목표와 제약 조건을 설정하는 초기 단계가 복잡하고 중요하다. |
| AI 분석 도구 | - Autodesk Dreamcatcher<br>- Rhino/Grasshopper 플러그인 |
| 도시재생 활용예시 | 좁고 비효율적인 구조의 낡은 주택 내부를 리모델링할 때, 주어진 예산 안에서 거주자의 요구사항(재택근무 공간, 아이 놀이 공간 등)을 모두 만족시키는 최적의 평면도 3~4가지를 자동으로 생성한다. |

### 3.2. 가상사례: 나의 AI 건축가, '아키드림(ARCHI-DREAM)'과 함께 지은 꿈의 집

1) 현안 과제: 오래되고 획일적인 구조의 주택들이 밀집한 '소망빌라 단지'. 이곳에 사는 김 할머니의 유일한 낙은 작은 화초를 가꾸는 것이지만, 집은 어둡고 좁아 손주들이 오면 앉을 자리도 마땅치 않았다. 마침 정부의 집수리 지원 사업 대상지로 선정되었지만, 건축가를 고용할 여력도, 복잡한 도면을 이해할 자신도 없었다.

2) AI 건축 설계 플랫폼 도입: 그때, 동네에 AI 건축 설계 플랫폼 '아키드림(ARCHI-DREAM)'이 보급되었다. '아키드림'은 주민 모두에게 개인 건축가를 선물하는 인공지능 시스템이었다.

■ 1단계: 말로 시작하는 설계, AI와의 대화

김 할머니는 태블릿을 켜고 '아키드림'과 대화를 시작했다. "할머니, 어떤 집을 꿈꾸세요?" AI의 질문에 할머니는 소박한 꿈을 이야기했다. "우리 집이 환했으면 좋겠어. 화초 키울 공간도 많고, 손주 녀석들 편히 놀 수 있게." 그리고는 평소 스크랩해 둔 잡지의 예쁜 카페 사진 몇 장을 보여주었다.

- 2단계: 꿈을 그리는 AI, 단 10초의 마법

할머니의 말이 끝나기 무섭게, '아키드림'의 화면에 놀라운 그림들이 나타났다. "할머니의 말씀을 바탕으로, 이런 거실은 어떠세요?" 화면에는 '햇살 가득한 통 창과 실내 정원, 아이들 눈높이에 맞춘 수납장이 있는 거실'의 콘셉트 이미지 여러 장이 펼쳐졌다. 텍스트-투-이미지 AI가 할머니의 꿈을 현실보다 더 현실 같은 이미지로 그려낸 것이다. 할머니는 처음으로 자신의 집이 이렇게 바뀔 수 있다는 가능성을 눈으로 보게 되었다.

- 3단계: 최적의 해답을 찾는 AI, 수천 번의 시뮬레이션

할머니가 마음에 드는 스타일을 선택하자, 이번에는 '아키드림'의 생성적 디자인 엔진이 작동했다. AI는 할머니 댁의 정확한 실측 도면, 정해진 공사 예산, 그리고 "채광 극대화", "실내 정원 면적 2평 이상 확보", "손주 2명의 놀이 공간"이라는 목표를 입력 받았다.

곧이어 AI는 수천, 수만 개의 서로 다른 평면도를 가상으로 생성하고 없애기를 반복했다. 벽을 옮겨보고, 창문의 크기를 조절하며, 가구를 재배치하는 등 최적의 조합을 찾기 위한 수억 번의 계산이 순식간에 이루어졌다.

- 4단계: 선택을 돕는 AI, 친절한 가상현실

3) **최종 대안을 3D 가상현실(VR)로 제시:** 마침내 '아키드림'이 할머니에게 세 가지 최종 대안을 3D 가상현실(VR)로 제시했다.

- **A안:** 거실을 최대로 넓혀 개방감을 극대화한 안.
- **B안:** 거실은 조금 줄지만, 할머니의 꿈이었던 유리 온실 형태의 아름다운 실내 정원을 만드는 안.
- **C안:** 구조 변경은 최소화하되, 가구 배치와 수납공간의 혁신으로 예산의 60%만으로 쾌적함을 크게 높인 실속 안.

4) **각각의 장단점을 체험한 후, B안을 선택:** 할머니는 VR 기기를 쓰고 마치 새로 지어진 집에 들어가 본 것처럼 각각의 장단점을 체험한 후, 망설임 없이 B안을 선택했다. '아키드림'은 즉시 시공에 필요한 기본 설계도와 자재 명세서까지 자동으로 생성했다.

5) **결과 및 시사점:** '아키드림'은 복잡하고 값비쌌던 건축 설계의 문턱을 완전히 허물었다. 생성형 AI는 주민 한 명 한 명의 목소리에 귀 기울이는 '만 명의 AI 건축가'가 되어, 낡은 동네를 세상에 단 하나뿐인 맞춤형 주거 공간들의 합창으로 바꾸어 놓았다. 이는 기술이 어떻게 모든 사람의 꿈을 현실로 만드는 가장 따뜻하고 창의적인 도구가 될 수 있는지를 보여주는 환상적인 혁신의 증거이다.

## 4. 오토인코더를 활용한 주거지지원형 재생사업의 주거 만족도 잠재 요인 탐지방법과 가상사례

### 4.1. 오토인코더를 활용한 주거 만족도 잠재 요인 탐지 방법

오토인코더(Autoencoder)는 고차원의 복잡한 데이터 속에 숨겨진 핵심 특징, 즉 '잠재 요인(Latent Factor)'을 스스로 학습하여 추출해내는 비지도 학습(Unsupervised Learning) 방식의 인공신경망이다.

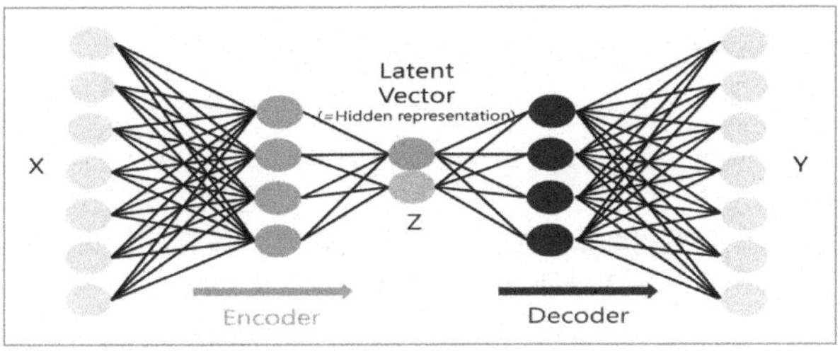


[딥러닝] 오토인코더: 네이버 블로그

도시재생 사업에서 이는 주민 만족도 설문조사의 표면적인 답변 너머에 있는, 주민들 스스로도 인지하지 못하는 만족과 불만족의 근본적인 원인을 발견하게 함으로써, 보다 본질적이고 효과적인 사업 전략을 수립하도록 돕는 심층적인 데이터 분석 기법이다.

| 오토인코더 활용 기법 | 만족도 데이터의 핵심 특징 추출 및 차원 축소 |
|---|---|
| 분석방법 및 기술 | 표준 오토인코더(Standard Autoencoder) |
| 역할 | 수십 개의 설문 문항으로 구성된 고차원 데이터를 인코더(Encoder)를 통해 저차원의 잠재 공간(Latent Space)으로 압축하고, 다시 디코더(Decoder)로 원본 데이터를 복원하는 과정을 학습한다. 이 과정에서 데이터의 가장 중요한 특징만이 잠재 공간에 남게 된다. |
| 장점 | 복잡한 설문 데이터의 본질적인 구조를 파악하고, 유사한 만족도 패턴을 가진 주민들을 그룹화할 수 있다. |
| 단점 | 잠재 요인이 정확히 무엇을 의미하는지 해석하는 데 추가적인 분석과 전문성이 필요하다. |
| AI 분석 도구 | - Python(TensorFlow, Keras, PyTorch) |
| 도시재생 활용예시 | 수십 개 문항의 만족도 조사 결과를 2~3개의 핵심 잠재 요인(예: '커뮤니티 교류 만족', '물리적 환경 쾌적성')으로 압축하고, 각 주민이 어떤 요인에 더 민감하게 반응하는지 분석한다. |

| 오토인코더 활용 기법 | 다양한 주민 선호 스펙트럼의 이해와 생성 |
|---|---|
| 분석방법 및 기술 | 변이형 오토인코더(VAE, Variational Autoencoder) |
| 역할 | 데이터를 압축할 뿐만 아니라, 잠재 공간의 확률 분포를 학습하여 기존에 없던 새로운 가상의 데이터(가상 주민 응답)를 생성할 수 있다. |
| 장점 | '가장 만족도가 높을 가상 주민' 또는 '가장 불만족할 가상 주민'의 특성을 시뮬레이션 하여 주민 만족도의 전체 스펙트럼을 이해할 수 있다. |
| 단점 | 표준 오토인코더보다 구조가 복잡하고 학습이 불안정할 수 있다. |
| AI 분석 도구 | - Python(TensorFlow, Keras, PyTorch) |
| 도시재생 활용예시 | VAE가 생성한 가상의 주민 프로필들을 분석하여, "우리 동네에 만약 이런 특성을 가진 주민이 이사 온다면, 만족도가 매우 낮을 것이다"라는 식의 잠재적 불만족 그룹을 사전에 예측한다. |

| 오토인코더 활용 기법 | 데이터 노이즈 속에서 가장 강건한 만족 요인 식별 |
|---|---|
| 분석방법 및 기술 | 잡음 제거 오토인코더(Denoising Autoencoder) |
| 역할 | 원본 데이터에 의도적으로 노이즈(잡음)를 추가한 후, AI가 노이즈가 없는 원본 데이터를 복원하도록 학습시킨다. 이 과정을 통해 데이터의 사소한 오류를 넘어 가장 중요하고 안정적인 특징을 추출하게 된다. |
| 장점 | 응답자의 무응답, 오기입 등 불완전한 설문 데이터 속에서도 핵심적인 만족/불만족 요인을 안정적으로 추출해낸다. |
| 단점 | 적절한 노이즈를 추가하는 과정에 대한 실험과 노하우가 필요하다. |
| AI 분석 도구 | - Python(TensorFlow, Keras, PyTorch) |
| 도시재생 활용예시 | 주민들의 일관성 없는 응답이나 이상치 데이터를 걸러내고, 날씨나 기분 등 일시적 요인에 흔들리지 않는 가장 본질적인 주거 만족의 핵심 동인(Key Driver)을 찾아낸다. |

### 4.2. 가상사례: AI '마인드-스케이프(MIND-SCAPE)'가 파헤친 보람동의 마음 지도

1) **현안 과제:** 주거지지원형 재생사업을 성공적으로 마친 '보람동'. 새로 지어진 커뮤니티 센터는 늘 활기찼고, 깨끗해진 골목길은 주민들의 칭찬이 자자했다. 사업 후 만족도 조사 결과도 전반적으로 높았다. 하지만 담당자들은 고개를 갸웃했다. 분명 상당수의 주민들이 여전히 "뭔가 아쉽다"며 낮은 점수를 줬기 때문이다. 공원도, 주차장도, 시설도 모두 만족한다면서 왜 그들은 행복하지 않은 걸까?

2) **비지도학습 AI 도입:** 표면적인 설문 분석에 한계를 느낀 연구팀은 비지도학습 AI '마인드-스케이프(MIND-SCAPE)'를 통해 주민들의 마음속 깊은 곳을 들여다보기로 했다.

- **1단계: 마음의 데이터를 AI에게 먹이다**

  '마인드-스케이프'는 100개가 넘는 문항으로 이루어진 방대한 설문 데이터와 주민들의 인구통계 정보, 커뮤니티 프로그램 참여 기록 등을 학습했다. AI에게는 누가 만족했고 누가 불만족했는지 알려주지 않았다. 오직 이 복잡한 데이터를 가장 효율적으로 압축하고 표현하는 법을 스스로 배우게 했다.

- **2단계: 숨겨진 마음의 지도를 펼치다**

  오토인코더가 주민들의 모든 응답을 단 2개의 잠재 변수로 압축하여 2차원 '잠재 공간'에 시각화하자, 놀라운 광경이 펼쳐졌다. 주민들은 무작위로 흩어져 있지 않고, 마치 섬처럼 명확한 몇 개의 군집(Cluster)을 이루고 있었다. 이는 보람동에 서로 다른 '만족의 논리'를 가진 '숨겨진 부족'들이 살고 있음을 의미했다.

- **3단계: 잠재된 부족들의 목소리를 해석하다**

3) **연구팀은 각 군집의 정체 분석**: 연구팀은 각 군집의 정체를 파헤치기 시작했다.

- **A 군집(아침 산책 부족)**: 높은 만족도를 보인 이들은 주로 노년층이었다. 놀랍게도 이들은 새로 생긴 커뮤니티 센터에는 별 관심이 없었다. AI가 밝혀낸 이들의 핵심 만족 요인은 '아침 시간대 골목길의 청결 상태'와 '보행로의 안전성'이었다. 이들의 행복은 '상쾌한 아침 일과'에 달려 있었던 것이다.
- **B 군집(저녁 귀가 부족)**: 불만족 그룹의 핵심은 젊은 직장인들이었다. 이들의 잠재적 불만 요인은 '야간 조명의 밝기'와 '늦은 시간 이용 가능한 편의시설의 부재'였다. 사업 계획 당시 전혀 고려되지 않았던 '피곤한 퇴근길의 경험'이 이들의 만족도를 결정하고 있었다.
- **C 군집(주말 육아 부족)**: 아이를 둔 30~40대 부모들인 이 군집의 만족도는 '작은 놀이터의 활용성'과 '유모차를 끌고 가기 좋은 카페의 유무'와 깊은 관련이 있었다. 이들의 만족은 '주말의 여유로운 가족 활동'과 연결되어 있었다.

4) **결과 및 시사점**: '마인드-스케이프'는 보람동의 '주거 만족'이 단일한 개념이 아니라, 여러 '만족 라이프스타일'의 집합체임을 명백히 보여주었다. 도시재생 사업은 '아침 산책 부족'에게는 성공했지만, '저녁 귀가 부족'에게는 실패했던 것이다.

이 심층적인 통찰은 즉시 2단계 소규모 개선 사업으로 이어졌다. 퇴근길 동선의 가로등을 더 밝은 LED로 교체하고, 24시간 편의점 유치를 위한 인센티브를 제공하는 등, 각 부족의 잠재된 욕구를 정확히 겨냥한 '핀셋' 처방이 내려졌다.

오토인코더는 도시를 위한 심리 분석가였다. 설문지의 숫자 뒤에 숨어있던 주민들의 잠재의식을 수면 위로 끌어올렸고, 도시재생이 '시설 공급'이라는 단순한 차원을 넘어, 주민들의 다양한 '삶의 경험'을 디자인하는 섬세한 과정이어야 함을 증명했다. 이는 AI가 어떻게 도시의 가장 깊은 목소리를 듣는지를 보여주는 환상적인 사례이다.

## 5. 주거지지원형 재생사업의 주거지 재생과 에너지·환경·스마트홈 융합방법과 가상사례

### 5.1. 주거지 재생과 에너지·환경·스마트홈 융합 방법

[AI가 그리는 초연결 미래] '스마트홈을 넘어 스마트 시티로' [https://www.metroseoul.co.kr]

AI 알고리즘은 노후 주택의 물리적 개선을 넘어, 에너지 효율, 친환경 기술, 스마트홈 서비스를 완벽하게 융합시키는 차세대 주거지지원형 재생사업의 '중앙관제 시스템' 역할을 수행한다.

이는 개별 기술의 단순한 집합이 아닌, 데이터 기반의 최적화를 통해 주택을 스스로 환경에 반응하고 에너지를 관리하는 지능형 생태계로 진화 시켜, 지속가능하고 쾌적한 미래 주거 환경을 실현하는 핵심 전략이다.

| 에너지, 환경, 스마트 홈 기술을 융합하기 위한 AI 활용 방법 | 에너지 효율 극대화를 위한 최적 설계 |
|---|---|
| 분석방법 및 기술 | AI 기반 건물 에너지 모델링(BEM) 최적화 |
| 역할 | 단열재 두께, 창호 종류, 태양광 패널 각도 등 수백 가지 설계 변수를 조합하여 수만 번의 에너지 성능 시뮬레이션을 수행하고, 주어진 예산 내에서 에너지 효율을 최대로 높이는 최적의 리모델링 설계 조합을 유전 알고리즘 등으로 찾아낸다. |
| 장점 | 인간 설계자의 경험에 의존하지 않고, 데이터에 기반한 최적의 제로에너지 주택 설계가 가능하다. |
| 단점 | 정확한 시뮬레이션을 위해 상세한 건물 정보와 기후 데이터가 필요하다. |
| AI 분석 도구 | - EnergyPlus, OpenStudio<br>- Python(Pymoo, DEAP) |
| 도시재생 활용예시 | 낡은 단독주택 리모델링 시, AI가 해당 주택의 향과 구조를 분석하여 "남쪽 창은 3중 유리로, 북쪽 벽체 단열재는 15cm 두께로" 시공하는 것이 에너지 효율을 70% 향상시키는 최적의 조합임을 제시한다. |

| 에너지, 환경, 스마트 홈 기술을 융합하기 위한 AI 활용 방법 | 쾌적하고 건강한 실내 환경 자동 조성 |
|---|---|
| 분석방법 및 기술 | IoT 센서 데이터 기반 환경 예측 및 제어 |
| 역할 | 실내의 온도, 습도, 미세먼지, CO2 농도를 IoT 센서로 실시간 측정하고, AI(RNN 등)가 변화 패턴을 학습하여 창문, 공기청정기, 냉난방기를 사람이 개입하기 전에 자동으로 제어하여 항상 최적의 실내 환경을 유지한다. |
| 장점 | 실시간 데이터 반응으로 거주자의 건강과 쾌적성을 극대화하고, 불필요한 에너지 낭비를 막는다. |
| 단점 | 다수의 IoT 센서 설치 및 유지 비용이 발생하며, 사생활 데이터 보호 문제가 중요하다. |
| AI 분석 도구 | - Python(TensorFlow, Keras)<br>- AWS/Google IoT 플랫폼 |
| 도시재생 활용예시 | AI가 외부 미세먼지 농도와 실내 공기 질 데이터를 분석하여, 최적의 시간에 최소한의 에너지로 환기 시스템을 자동으로 가동시킨다. |

| 에너지, 환경, 스마트 홈 기술을 융합하기 위한 AI 활용 방법 | 주민의 생활패턴에 최적화된 에너지 소비 |
|---|---|
| 분석방법 및 기술 | 강화학습 기반 주택 에너지 관리 시스템(HEMS) |
| 역할 | AI 에이전트가 해당 주택의 에너지 사용 패턴(전기차 충전 시간, 가전제품 사용 등)과 실시간 전기 요금, 태양광 발전량 등을 학습하여, 에너지 비용을 최소화하는 최적의 가전제품 작동 스케줄을 스스로 찾아내고 실행한다. |
| 장점 | 사용자의 생활에 불편을 주지 않으면서 전기요금을 자동으로 절감하는 고도로 개인화된 에너지 관리가 가능하다. |
| 단점 | 최적의 행동 패턴을 학습하는 데 초기 수개월의 학습 시간이 필요하다. |
| AI 분석 도구 | - Python(TensorFlow, PyTorch)<br>- OpenAI Gym |
| 도시재생 활용예시 | AI가 전기요금이 저렴한 심야 시간에 맞춰 자동으로 식기세척기를 작동시키고, 낮 동안 태양광으로 생산한 전기를 저장했다가 저녁 피크타임에 사용함으로써 월 전기요금을 20% 절감한다. |

| 에너지, 환경, 스마트 홈 기술을 융합하기 위한 AI 활용 방법 | 마을 단위의 에너지 자립 및 회복탄력성 확보 |
|---|---|
| 분석방법 및 기술 | AI 기반 마이크로그리드(Microgrid) 운영 |
| 역할 | 개별 주택의 태양광 발전, 에너지저장장치(ESS), 전기차 배터리 등을 하나의 가상 발전소처럼 통합하여, AI가 마을 전체의 에너지 생산량과 소비량을 예측하고 잉여 전력을 이웃과 거래하거나 외부 전력망에 판매하는 등 최적으로 제어한다. |
| 장점 | 에너지 자립을 통해 정전 등 재난 상황에서도 안정적인 에너지 공급이 가능하며, 새로운 에너지 프로슈머 사업 모델을 창출한다. |
| 단점 | 초기 인프라 구축 비용이 높고, 복잡한 전력 거래 시스템 설계가 필요하다. |
| AI 분석 도구 | - Python(Pandas, Scikit-learn)<br>- 강화학습 라이브러리 |
| 도시재생 활용예시 | AI 관제 시스템이 일기예보를 분석하여 3일 뒤 폭염을 예측하고, 마을의 잉여 전력을 판매하는 대신 공동 ESS에 저장해 두었다가, 폭염 당일 에어컨 사용량이 급증할 때 안정적으로 공급한다. |

### 5.2. 가상사례: AI '넥서스(NEXUS)'가 지휘하는 미래형 주거지, '에너지움'

지역정보화 [http://klidwz.or.kr]

1) **현안 과제:** 1980년대에 지어져 단열에 취약하고 에너지 비용이 많이 들던 낡은 주택가 '에너지움 마을'. 이곳에서 단순한 집수리를 넘어, 마을 전체를 살아있는 유기체처럼 만드는 혁신적인 주거지지원형 재생사업이 시작되었다.

2) **주택, 에너지, 환경, 스마트홈을 하나로 엮는 통합 AI 플랫폼 도입:** 프로젝트의 두뇌는 주택, 에너지, 환경, 스마트홈을 하나로 엮는 통합 AI 플랫폼 '넥서스(NEXUS)'였다.

   - **1단계: AI의 눈으로 주택을 정밀 진단하다**

     사업에 참여한 박 씨의 집에 드론이 날아올랐다. 드론의 열화상 카메라는 눈에 보이지 않는 벽체의 균열과 낡은 창문 틈으로 새어 나가는 열을 붉은색으로 시각 화했다. '넥서스'는 이 데이터와 과거 에너지 사용량, 박 씨 가족의 생활 패턴을 종합하여 박 씨의 집만을 위한 '디지털 트윈'을 생성했다.

■ 2단계: 최적의 그린 리모델링을 설계하다

'넥서스'의 AI 설계 모듈은 박 씨의 예산 안에서 수만 가지 리모델링 조합을 시뮬레이션 했다. 그리고 최종적으로 "북측 창호는 3중 유리로 교체하고, 지붕에는 30도 각도로 5kW급 태양광 패널을 설치하며, 외벽에 15cm 두께의 단열재를 보강하는 것"이 난방비를 65% 절감하는 최적의 조합임을 찾아냈다. 이는 인간 건축가의 경험을 뛰어넘는, 완벽한 데이터 기반의 맞춤 설계였다.

■ 3단계: 스스로 학습하고 절약하는 AI 비서 '지니'

리모델링 후, 박 씨의 집에는 AI 에너지 비서 '지니(HEMS)'가 입주했다. 강화학습 기반의 '지니'는 가족의 생활 습관을 스스로 학습했다. 박 씨가 퇴근하기 30분 전, '지니'는 낮 동안 태양광으로 충전해 둔 가정용 배터리의 전기를 이용해 거실을 그가 가장 좋아하는 23℃로 미리 맞춰 놓았다. 전기요금이 비싼 저녁 시간대 대신, 날씨 데이터를 분석해 내일 비가 올 것을 예측하고 오늘 밤 가장 저렴한 전기로 세탁기를 돌렸다.

■ 4단계: 우리 마을이 하나의 발전소가 되다

'넥서스'의 진정한 힘은 마을 단위에서 발휘되었다. 에너지움의 모든 주택은 AI가 운영하는 '마이크로그리드'로 연결되었다. 화창한 주말, 마을 전체의 태양광 발전량이 소비량을 초과하자, '넥서스'는 잉여 전력을 단순히 한전에 팔지 않았다. 이틀 뒤 태풍 예보를 확인한 '넥서스'는 잉여 전력을 마을 공동 에너지저장장치(ESS)에 비축하는 결정을 내렸다.

예보대로 태풍이 몰아쳐 인근 지역이 모두 정전되었을 때, 에너지움 마을은 빛을 잃지 않았다. '넥서스'의 지휘 아래, 마을은 외부 전력망과 독립적으로 에너지를 주고받으며 평소와 다름없는 생활을 이어갔다.

3) **결과 및 시사점:** '넥서스'는 낡은 물리적 공간과 지능형 디지털 기술의 완벽한 융합을 지휘하는 오케스트라의 지휘자였다. 에너지움 마을의 주거지재생사업은 주민들에게 단지 깨끗한 집이 아닌, 스스로 에너지를 생산하고 절약하며 재난에도 강한, 지속가능하고 스마트한 미래의 라이프스타일을 선물했다. 이는 AI가 어떻게 도시재생을 통해 낡은 도시의 구조 위에 새로운 시대의 신경망을 구축하는지를 보여주는 환상적인 현실이다.

제 11 장

# 우리 동네 살리기 사업의 AI 기반 주민참여 플랫폼

## 1. 우리 동네 살리기 사업에서 모바일 앱 기반 실시간 주민 의견 수렴 방법과 가상사례

### 1.1. 모바일 앱 기반 실시간 주민 의견 수렴 방법

AI 알고리즘이 탑재된 모바일 앱은 시공간의 제약 없이 주민들의 생생한 의견을 실시간으로 수렴하고, 방대한 텍스트와 이미지 데이터를 자동으로 분석하여 도시재생 사업의 민주성, 참여성, 효율성을 극대화하는 혁신적인 소통 플랫폼이다.

이는 소수의 목소리가 아닌, 공동체 전체의 집단지성을 사업 계획에 직접 반영하는 '디지털 직접 민주주의'를 도시재생 영역에서 구현하는 핵심 기술이 된다.

| 모바일 앱 기반 주민 의견 수렴 방법 | 문제 발생 위치 및 현장 의견의 시각화 |
|---|---|
| 분석방법 및 기술 | 지오태깅 기반 사진/텍스트 제보 |
| 역할 | 주민이 스마트폰으로 동네의 문제점(예: 불법 쓰레기, 파손된 시설)이나 개선 아이디어를 사진 찍어 전송하면, GPS 정보가 포함된 의견이 지도 위에 자동으로 표시되고 누적된다. |
| 장점 | 문제 발생 지역을 직관적으로 파악할 수 있으며, 현장감 있는 생생한 의견 수집이 가능하다. |

| | |
|---|---|
| 단점 | 개인의 주관적인 의견이 많아 전체적인 맥락 파악을 위한 추가 분석이 필요하다. |
| AI 분석 도구 | - 모바일 OS (GPS, 카메라 API)<br>- GIS 시각화 도구 |
| 도시재생 활용예시 | 주민들이 제보한 '보도블록 파손' 사진 데이터를 분석하여, 파손이 가장 빈번하게 발생하는 '문제 구간'을 찾아내고 해당 구간의 보행 환경을 우선적으로 정비한다. |

| 모바일 앱 기반 주민 의견 수렴 방법 | 주민 참여율 제고 및 신속한 의사결정 |
|---|---|
| 분석방법 및 기술 | 게임화(Gamification)된 설문/투표 |
| 역할 | 정책 투표, 아이디어 제안 등의 활동에 참여할 때마다 포인트나 배지를 부여하는 등 게임 요소를 도입하여 주민들의 흥미와 지속적인 참여를 유도한다. |
| 장점 | 딱딱한 정책 결정 과정을 재미있는 활동으로 전환시켜, 특히 젊은 층의 참여를 효과적으로 이끌어낸다. |
| 단점 | 중요한 사안이 가볍게 다뤄질 수 있으며, 과도한 경쟁을 유발할 수 있다. |
| AI 분석 도구 | - 사용자 행동 분석 툴<br>- A/B 테스팅 플랫폼 |
| 도시재생 활용예시 | 새로 조성될 커뮤니티 공간의 명칭을 공모하고, 주민들이 앱을 통해 '좋아요'를 누르거나 포인트를 사용하여 투표하게 함으로써 가장 인기 있는 명칭을 민주적으로 선정한다. |

| 모바일 앱 기반 주민 의견 수렴 방법 | 비정형 의견 데이터의 자동 분석 및 요약 |
|---|---|
| 분석방법 및 기술 | AI 기반 텍스트 마이닝 및 감성 분석 |
| 역할 | 주민들이 자유롭게 남긴 수백, 수천 개의 텍스트 의견을 자연어 처리(NLP) 기술로 분석하여, 핵심 키워드를 추출하고 '긍정', '부정', '중립' 등 의견의 감성 톤을 자동으로 분류 및 통계화한다. |
| 장점 | 방대한 양의 주관적 의견을 객관적 데이터로 전환하여, 주민들의 핵심 요구사항과 잠재적 갈등 요인을 신속하게 파악한다. |
| 단점 | 문맥이나 반어법 등 복잡한 뉘앙스를 오해할 가능성이 있다. |
| AI 분석 도구 | - Python (KoNLPy, Scikit-learn)<br>- Google/AWS 자연어 처리 API |

| | |
|---|---|
| 도시재생 활용예시 | 주민 게시판의 모든 글을 분석한 결과 '어린이', '안전', '교통사고'라는 키워드가 함께 자주 언급되는 것을 발견하고, 어린이보호구역 내 안전시설 강화 사업을 최우선 과제로 추진한다. |

| | |
|---|---|
| 모바일 앱 기반 주민 의견 수렴 방법 | 설계안의 현실적 체험 및 피드백 수렴 |
| 분석방법 및 기술 | 증강현실(AR) 기반 디자인 시뮬레이션 |
| 역할 | 주민이 스마트폰 카메라로 실제 동네 공간을 비추면, 그 위에 새로운 시설물(벤치, 가로수 등)이나 변경된 건물 디자인이 3D 모델로 겹쳐 보이게 하여, 사업 후의 모습을 가상으로 체험하고 의견을 남기게 한다. |
| 장점 | 도면이나 조감도보다 훨씬 현실감 있는 체험을 통해, 주민들의 깊이 있는 이해와 구체적인 피드백을 유도할 수 있다. |
| 단점 | AR 콘텐츠 제작 및 앱 개발에 높은 기술력과 비용이 요구된다. |
| AI 분석 도구 | - ARCore(Android), ARKit(iOS)<br>- Unity, Unreal Engine |
| 도시재생 활용예시 | 동네 공터에 설치할 3가지 종류의 벤치 디자인을 AR로 미리 배치해보고, 주민들이 직접 앉아보는 시늉을 하며 가장 편하고 주변 경관과 어울리는 디자인을 선택하게 한다. |

## 1.2. 가상사례: 우리 동네 AI 이장님, '소통이'가 만든 기적

1) **현안 과제:** 주민과 상인, 노년층과 청년층의 이해관계가 얽혀 있던 '소통동'. 이곳의 도시재생 사업은 시작부터 삐걱거렸다. 주민설명회는 참석률이 저조했고, 몇몇 사람의 고성만 오갈 뿐이었다. 모두가 동네를 사랑했지만, 서로의 마음을 들을 방법이 없었다.

2) **AI 기반 주민참여 앱 도입:** 그때, 마을에 AI 기반 주민참여 앱 '소통이'가 등장했다. '소통이'는 단순한 앱이 아닌, 24시간 잠들지 않는 '우리 동네 디지털 이장님'이었다.

■ 1단계: 동네의 속마음이 지도로 그려지다

'소통이'가 출시되자, 주민들의 스마트폰이 '민원 해결사'가 되었다.

한 학부모는 유모차를 가로막는 불법 주차 차량 사진을 찍어 #유모차_지옥 태그와 함께 올렸다. 한 카페 사장님은 주말에 차 없는 거리를 만들자는 아이디어를 #상권_활성화 태그와 함께 제안했다.

AI는 수백 개의 제보를 실시간으로 분석하여 '소통동 공감 지도'를 그리기 시작했다. 지도 위에는 #유모차_지옥 태그가 유치원 근처에 집중적으로 찍혔고, 상점가에는 #상권_활성화 아이콘이 반짝였다. AI의 감성 분석 결과 '주차' 관련 의견은 90%가 '부정적'이었고, '마을 축제'에 대한 의견은 95%가 '긍정적'이었다. 주민들의 보이지 않던 속마음이 데이터로 명확하게 드러나는 순간이었다.

■ 2단계: 도시계획이 게임처럼 즐거워지다

방치되어 있던 작은 공터의 활용 방안을 정하기 위해, '소통이'는 '공터의 주인을 찾아라!'라는 퀘스트를 시작했다. 주민들은 앱에서 '꽃밭 가꾸기'와 '작은 쉼터 만들기' 중 하나에 투표하고(10포인트), 직접 찍은 다른 나라의 멋진 공터 사진을 아이디어로 올리며(50포인트) 점수를 쌓았다. 가장 높은 점수를 얻은 주민에게는 '명예 동네 건축가'라는 배지가 수여되었다. 평생 주민설명회에 와본 적 없던 대학생들까지 게임에 참여하며 아이디어를 쏟아냈다.

■ 3단계: 미래를 먼저 걸어보다, AR과의 만남

주민 투표로 '작은 쉼터'안이 채택되자, 세부 디자인을 정할 차례가 왔다. '소통이'는 증강현실(AR) 기능을 선보였다. 주민들은 공터에 가서 스마트폰을 비췄다. 그러자 화면 속 실제 공터 위에, 마치 그곳에 이미 지어진 것처럼 3D 디자인 시안들이 나타났다. 주민들은 가상의 벤치 주변을 걸어보고, 나무 그늘이 어디까지 생기는지 확인하며 "A안은 너무 예쁘지만, 유모차가 지나가기엔 좁네요. B안이 좋겠어요!"와 같이 놀랍도록 구체적인 피드백을 남겼다.

3) **결과 및 시사점:** '소통이'는 소통동의 도시재생을 완전히 바꾸어 놓았다. 주민 참여는 더 이상 의무나 갈등이 아닌, 즐거운 일상이자 놀이가 되었다. AI가 분석한 수천 개의 데이터는 행정기관에게 그 어떤 보고서보다 정확한 민심의 나침반이 되었다. 최종적으로 완성된 소통동의 도시재생 계획은 위원회나 용역사의 책상에서 나온 것이 아니라, 수백 장의 사진, 수천 번의 투표, 수만 개의 댓글이라는 주민들의 집단지성으로 짜인 살아있는 결과물이었다. '소통이'는 AI 기술이 어떻게 공동체의 잠자는 목소리를 깨우고, 도시의 미래를 함께 만들어가는 가장 강력하고 환상적인 도구가 되는지를 증명했다.

## 2. 감정분석(Sentiment Analysis) AI를 활용한 주민 만족도 모니터링 기법과 가상사례

### 2.1. 감정분석 AI를 활용한 주민 만족도 모니터링 기법

감정분석 AI는 소셜 미디어, 지역 커뮤니티 게시판 등 온라인 공간에 흩어져 있는 주민들의 비정형 텍스트 데이터에 담긴 미묘한 감정과 여론을 실시간으로 포착하고 분석하는 기술이다. 이는 정기적인 설문조사의 한계를 넘어, 도시재생 사업의 전 과정에 걸쳐 주민들의 만족도를 상시 모니터링하고 잠재된 갈등 요인을 조기에 발견하여 선제적으로 대응하는 '민심의 동맥경화'를 막는 혁신적인 모니터링 기법이다.

| 주민 만족도 모니터링 기법 | 여론의 긍정/부정 경향성 신속 파악 |
|---|---|
| 분석방법 및 기술 | 사전(Lexicon) 기반 감정 분석 |
| 역할 | '행복', '최고'와 같은 긍정 단어와 '불편', '최악' 등 부정 단어에 점수를 매긴 감정 사전을 구축하고, 텍스트에 이 단어들이 얼마나 포함되었는지를 계산하여 전체적인 긍정/부정 점수를 매긴다. |
| 장점 | 분석 속도가 매우 빠르고 구현이 간단하여, 실시간 여론 동향을 빠르게 파악하는 데 유용하다. |
| 단점 | 신조어나 문맥 속 반어법, 중의적 표현을 이해하지 못해 정확도가 떨어진다. |
| AI 분석 도구 | - Python (Scikit-learn)<br>- 감정 극성 사전 |
| 도시재생 활용예시 | 도시재생 사업 발표 직후, 관련 뉴스 댓글과 SNS 게시물을 분석하여 주민들의 전반적인 기대감(긍정)과 우려(부정)의 비율을 일 단위로 추적한다. |

| 주민 만족도 모니터링 기법 | 문맥을 고려한 감정 분류 정확도 향상 |
|---|---|
| 분석방법 및 기술 | 기계학습(Machine Learning) 기반 분류 |
| 역할 | '긍정', '부정'으로 라벨링된 대량의 텍스트 데이터를 AI(SVM, Naive Bayes 등)에 학습시켜, 문장의 패턴을 기반으로 새로운 문장의 감정을 보다 정확하게 분류하는 모델을 만든다. |
| 장점 | 사전 방식보다 문맥을 더 잘 이해하여 분류 정확도가 높다. |
| 단점 | 양질의 학습용 데이터셋을 구축하는 데 많은 시간과 노력이 필요하다. |
| AI 분석 도구 | - Python (Scikit-learn, Mecab, KoNLPy) |
| 도시재생 활용예시 | "공원이 생겨서 좋긴 한데, 공사 소음 때문에 너무 힘들다"와 같은 복합적인 문장에서 최종적인 감정 톤이 긍정인지 부정인지 종합적으로 판단한다. |

| 주민 만족도 모니터링 기법 | 인간 수준의 미묘한 뉘앙스 이해 |
|---|---|
| 분석방법 및 기술 | 딥러닝(Deep Learning) 기반 분석 (BERT 등) |

| 역할 | 인간의 언어처럼 문장의 전체적인 맥락과 단어 간의 관계를 이해하는 최신 딥러닝 언어 모델(KoBERT 등)을 사용하여, 복잡하고 미묘한 감정의 뉘앙스까지 높은 정확도로 포착한다. |
|---|---|
| 장점 | 현존하는 기법 중 가장 높은 정확도를 보이며, 비꼬는 말투나 복잡한 문장 구조도 잘 이해한다. |
| 단점 | 모델이 매우 무겁고, 학습과 분석에 고성능 컴퓨팅 자원이 필요하다. |
| AI 분석 도구 | - Python (TensorFlow, PyTorch)<br>- Hugging Face, KoBERT |
| 도시재생 활용예시 | "우리 동네를 이렇게 '멋지게' 망쳐놓으셨네요"와 같은 반어법 문장을 '부정' 감정으로 정확하게 분류하여 숨겨진 주민 불만을 놓치지 않는다. |

| 주민 만족도 모니터링 기법 | 무엇에 대한 만족/불만인지 구체적 원인 분석 |
|---|---|
| 분석방법 및 기술 | 속성 기반 감정 분석 (ABSA, Aspect-Based Sentiment Analysis) |
| 역할 | 문장 속에서 특정 대상(속성)을 먼저 식별한 후, 그 대상에 대한 감정만을 추출한다. (예: "주차는 불편한데, 공원은 만족스럽다" → 주차(부정), 공원(긍정)) |
| 장점 | 만족과 불만의 구체적인 원인을 정확히 짚어낼 수 있어, 가장 실용적이고 정책적 활용도가 높다. |
| 단점 | 구현 난이도가 매우 높고, 사전에 분석할 속성을 정의해야 하는 경우도 있다. |
| AI 분석 도구 | - 딥러닝 기반 맞춤형 모델 개발<br>- Python 라이브러리 조합 |
| 도시재생 활용예시 | 주민 의견을 분석하여, 도시재생 사업의 '디자인'과 '콘텐츠'에 대해서는 만족도가 높지만, '운영 시간'과 '접근성'에 대해서는 불만이 높다는 점을 구체적으로 파악하고 운영 계획을 수정한다. |

## 2.2. 가상사례: AI '이심전심'이 들려주는 새빛마을의 실시간 마음 소리

1) **현안 과제:** 1년간의 긴 공사가 예정된 '새빛마을' 도시재생 사업 현장. 사업팀은 분기별 주민설명회와 만족도 조사를 계획했지만, 하루가 다르게 변하는 현장에서 주민들의 마음을 읽기란 역부족이었다. 공사 초기, 작은 소음 문제로 인한 불만이 온라인 커뮤니티에서

조용히 들끓기 시작했지만, 사업팀은 몇 달 뒤 설문조사 결과를 받아보고 나서야 사태의 심각성을 깨닫게 될 터였다.

2) **실시간 민심 분석 AI 대시보드 도입:** 그때, 실시간 민심 분석 AI 대시보드 '이심전심(I-sim-jeon-sim)'이 가동되었다. '이심전심'은 새빛마을의 온라인 공간을 24시간 모니터링하며 주민들의 마음 소리를 듣는 디지털 귀였다.

- **1단계: 디지털 세상의 민심을 수집하다**

  '이심전심'은 새빛마을의 지역 온라인 카페, #새빛마을 해시태그가 달린 SNS 게시물, 관련 뉴스 기사의 댓글 등을 익명으로 수집하기 시작했다. 이 모든 날것의 데이터는 AI의 분석 엔진으로 흘러 들어갔다.

- **2단계: 실시간 감정 기상도를 그리다**

  사업팀의 사무실 한편에 설치된 대시보드에는 '새빛마을 주민 감정 지수'가 실시간으로 표시되었다. 사업 초기, 지수는 '기대감', '새 출발' 등의 키워드와 함께 100점 만점에 75점으로 매우 긍정적이었다. 하지만 공사가 시작된 지 한 달 만에, 대시보드에 경고등이 켜졌다. 감정 지수가 40점까지 곤두박질친 것이다.

- **3단계: '왜' 불만인지 심층 분석하다**

  깜짝 놀란 담당자가 화면을 클릭하자, '이심전심'의 속성 기반 감정 분석(ABSA) 결과가 펼쳐졌다. 주민들이 '왜' 화가 났는지 한눈에 보이는 분석이었다.

  (1) '사업의 최종 목표' 관련 감정: 긍정 85%

  (2) '새로 생길 공원' 관련 감정: 긍정 90%

  (3) '현재 공사 과정' 관련 감정: 부정 95%

문제는 사업의 방향이 아니라 '과정'에 있었다. AI는 '공사 과정'과 관련된 부정 감정의 핵심 키워드로 '소음', '먼지', '아침'을 추출해냈다. 부정적인 의견이 폭증하는 시간대가 아침 7시에서 9시 사이라는 패턴까지 발견했다. 주민들은 이른 아침 공사 소음에 끔찍한 스트레스를 받고 있었던 것이다.

- 4단계: 데이터 기반의 신속한 처방과 피드백

이 구체적인 데이터를 확보한 사업팀은 즉시 행동에 나섰다. 시공사와 협의하여 공사 시작 시간을 오전 9시로 늦추고, 방음벽을 보강했다. 그리고 이 조치 내용을 즉시 지역 온라인 카페에 공지했다.

며칠 뒤, '이심전심' 대시보드에 놀라운 변화가 나타났다. '공사 과정'에 대한 부정 감정 비율이 급격히 줄어들기 시작했고, 전체 감정 지수도 65점 수준으로 회복되었다. 사업팀은 자신들의 조치가 주민들의 마음에 닿았다는 사실을 데이터로 확인할 수 있었다.

3) **결과 및 시사점:** '이심전심'은 도시재생 사업의 신경계 역할을 했다. 주민들의 고통을 실시간으로 감지하고, 그 원인을 정확히 진단하며, 해결책의 효과까지 측정하는 완벽한 피드백 루프를 만든 것이다. 감정분석 AI는 이처럼 도시재생이라는 거칠고 긴 여정에서 주민들의 마음을 세심하게 살피고 공감하며 함께 나아가는, 가장 똑똑하고 따뜻한 동반자가 될 수 있음을 증명했다.

# 3. AI 추천 시스템을 통한 개인 맞춤형 동네 개선 아이디어 제공방법과 가상사례

## 3.1. AI 추천 시스템을 통한 개인 맞춤형 동네 개선 아이디어 제공 방법

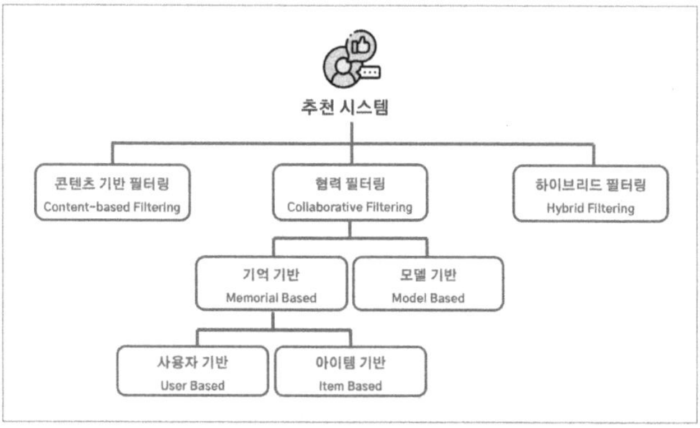


추천시스템 - 인코덤, 생물정보 전문위키 [https://incodom.kr]

AI 추천 시스템은 주민 개개인의 관심사, 가치관, 과거 활동 이력 등을 분석하여, 도시재생 사업에 대한 맞춤형 참여 방법과 개선 아이디어를 선제적으로 제안하는 기술이다.

이는 '모두를 위한' 획일적인 참여 방식에서 벗어나 '당신만을 위한' 개인화된 참여 기회를 제공함으로써, 수동적인 주민을 우리 동네의 미래를 함께 만드는 능동적인 '프로슈머(Prosumer)'로 변화시키는 가장 진보한 주민참여 촉진 전략이다.

| 추천 AI 시스템 | 개인의 과거 선호도 기반 아이디어 추천 |
|---|---|
| 분석방법 및 기술 | 콘텐츠 기반 필터링 (Content-based Filtering) |
| 역할 | 사용자가 과거에 '좋아요'를 눌렀거나 참여했던 아이템(예: '공원' 관련)의 특성을 분석하여, 그와 유사한 특성을 가진 새로운 아이템(예: '텃밭 가꾸기')을 추천한다. |

| | |
|---|---|
| 장점 | 사용자의 명확한 관심 분야에 대해 깊이 있는 추천이 가능하며, 다른 사용자의 데이터가 필요 없다. |
| 단점 | 사용자가 기존에 관심 없던 새로운 분야의 아이디어를 발견하기 어렵고, '필터 버블'에 갇힐 수 있다. |
| AI 분석 도구 | - Python (Scikit-learn, Pandas) |
| 도시재생 활용예시 | 과거 '어린이 놀이터 개선' 아이디어에 긍정적 반응을 보인 주민에게, 새로 제안된 '어린이 대상 코딩 교실' 프로그램을 우선적으로 추천하여 보여준다. |

| 추천 AI 시스템 | 유사한 성향의 이웃들 선택을 기반으로 추천 |
|---|---|
| 분석방법 및 기술 | 협업 필터링 (Collaborative Filtering) |
| 역할 | '나와 비슷한 생각을 가진 다른 주민들이 좋아했던 아이디어는 나도 좋아할 것이다'라는 가정 하에, 수많은 주민들의 평가 패턴을 분석하여 아이디어를 추천한다. |
| 장점 | 내가 미처 몰랐던 새로운 분야의 좋은 아이디어를 발견할(Serendipity) 가능성이 높다. |
| 단점 | 신규 사용자나 새로운 아이디어처럼 데이터가 부족한 경우 추천이 어려운 '콜드 스타트' 문제가 있다. |
| AI 분석 도구 | - Python (Surprise, LightFM)<br>- TensorFlow Recommenders |
| 도시재생 활용예시 | 30대 학부모 그룹이 공통적으로 '안전한 통학로 만들기' 프로젝트를 지지하는 패턴을 발견하고, 아직 해당 프로젝트에 반응하지 않은 다른 30대 학부모에게 이 프로젝트를 추천한다. |

| 추천 AI 시스템 | 정확도와 다양성을 모두 잡는 최적 추천 |
|---|---|
| 분석방법 및 기술 | 하이브리드 필터링 (Hybrid Filtering) |
| 역할 | 콘텐츠 기반 필터링과 협업 필터링의 장점을 결합한 방식으로, 두 방식의 결과를 조합하거나 상황에 따라 다른 방식을 적용하여 콜드 스타트 문제를 해결하고 추천의 정확성과 다양성을 극대화한다. |
| 장점 | 각 방식의 단점을 서로 보완하여 가장 안정적이고 높은 성능의 추천을 제공한다. |
| 단점 | 시스템의 구조가 복잡해지고, 개발 및 유지보수가 어렵다. |

| AI 분석 도구 | - 위에 언급된 라이브러리들의 조합<br>- 딥러닝 기반 모델 (Neural Collaborative Filtering) |
|---|---|
| 도시재생 활용예시 | 신규 가입자에게는 우선 인기 있는(협업 필터링) 프로젝트들을 보여주다가, 활동 데이터가 쌓이면 점차 개인의 관심사(콘텐츠 기반)에 맞는 아이디어를 더 많이 추천하는 식으로 전환한다. |

## 3.2. 가상사례: AI 아이디어 큐레이터, '우리동네+'가 숨은 영웅들을 깨우다

1) **현안 과제:** 다양한 사람들이 모여 살지만 서로 교류는 없던 '이음동'. 도시재생지원센터는 주민들의 아이디어를 모으기 위해 노력했지만, 게시판에는 늘 "주차장을 만들어주세요", "공원을 만들어주세요" 같은 원론적인 이야기만 올라왔다. 동네에는 뛰어난 재능을 가진 숨은 전문가들이 많았지만, 그들의 창의력은 도시재생과 연결되지 못한 채 잠들어 있었다.

2) **AI 아이디어 추천 앱 등장:** AI 아이디어 추천 앱 '우리동네+'를 주민들에게 선보였다. 이 앱은 단순한 게시판이 아닌, 주민 각자를 위한 '개인 맞춤형 아이디어 큐레이터'였다.

- **1단계: 당신의 마음을 읽는 첫 만남**
  그래픽 디자이너인 이 씨가 '우리동네+'에 처음 가입했다. 앱은 "어떤 분야에 관심 있으세요? (① 문화예술 ② 환경보호 ③ 육아보육 ④생활체육)"이라고 물었다. 이 씨는 '문화예술'과 '환경보호'를 선택했다. AI는 이 씨의 프로필과 함께, 과거 그녀가 주민센터의 '골목길 정원 가꾸기' SNS 게시물에 '좋아요'를 눌렀던 기록까지 조용히 학습했다.
- **2단계: 당신 만을 위한 아이디어 피드**

이 씨가 마주한 앱의 첫 화면은 다른 주민들과 달랐다. 그녀만을 위한 '맞춤 아이디어 피드'였다.

- (콘텐츠 기반 추천): 그녀가 '문화예술'에 관심 있고 '정원'을 좋아한다는 것을 아는 AI는 "방치된 옹벽을 주민들의 타일 아트로 채우는 '모자이크 정원' 프로젝트"를 가장 먼저 보여주었다.
- (협업 필터링 추천): 그녀와 비슷한 연령대의 다른 1인 가구 주민들이 최근 '주말에 열리는 소규모 플리마켓' 아이디어를 지지하고 있다는 사실을 파악한 AI는 "당신의 이웃들이 이 아이디어에 관심을 보이고 있어요!"라는 메시지와 함께 해당 아이디어를 추천했다.

■ 3단계: 생각지 못한 영감의 순간

스크롤을 내리던 이 씨는 전혀 생각지 못했던 아이디어 하나를 발견했다. "QR코드로 만나는 이음동의 숨겨진 역사 이야기길 만들기". 하이브리드 추천 엔진이 '문화예술'이라는 그녀의 관심사와, 그녀와 비슷한 프로필의 사용자들이 선호하는 'IT 기술 활용'이라는 요소를 결합하여 제안한 것이었다. "재미있겠다!" 이 씨는 '참여하고 싶어요' 버튼을 눌렀다.

■ 4단계: 아이디어가 사람을 연결하다

바로 그때, '우리동네+'가 마법을 부렸다. "알려드립니다! 3블록 건너에 사는 역사 전문가 김 선생님과, 웹 개발이 가능한 박 선생님도 이 아이디어에 관심을 보였습니다. 지금 바로 '역사 이야기길' 프로젝트팀을 만들어보시겠어요?"

추천 시스템은 아이디어 추천을 넘어, 그 아이디어를 실현시킬 '사람'을 추천하기 시작한 것이다.

3) 결과 및 시사점: 이 씨는 앱을 통해 구성된 프로젝트팀에 자신의 디자인 재능을 기부하여 멋진 QR코드 안내판을 만들었고, '역사 이야기길'은 이음동의 새로운 명물이 되었다. 수동적인 주민이었던 그녀는 AI 추천 시스템을 통해 자신도 몰랐던 동네에 대한 애정을 발견하고, 이웃과 연결되며, 동네의 문화를 가꾸는 핵심적인 기획자로 거듭났다.

'우리동네+'는 단순한 의견 수렴 도구가 아니었다. 주민 각자의 관심사를 증폭시키고, 같은 꿈을 꾸는 이웃을 연결하며, 잠자고 있던 창의성을 깨우는 '커뮤니티 매치메이킹 플랫폼'이었다. AI는 이처럼 도시재생의 가장 중요한 자원인 '사람'의 마음을 움직여, 환상적인 상상력을 현실로 만드는 가장 강력한 조력자가 될 수 있음을 보여준다.

## 4. 증강현실과 AI의 결합을 통한 참여형 계획 수립 방법과 가상사례

### 4.1. 증강현실(AR)과 AI 결합을 통한 참여형 계획 수립 방법

증강현실(AR)과 인공지능(AI)의 융합은 도시재생 계획 수립 과정을 2차원 도면과 딱딱한 공청회에서 벗어나, 주민들이 실제 공간 위에서 미래의 모습을 직접 보고 만지며 함께 만들어가는 직관적이고 몰입적인 '공동창작(Co-Creation)'의 장으로 바꾸는 궁극의 기술이다.

이는 복잡한 계획 정보를 누구나 쉽게 이해하게 하고, AI의 실시간 분석을 통해 아이디어의 실현 가능성을 즉각적으로 검증함으로써 계획의 민주성과 전문성을 동시에 달성하는 환상적인 혁신을 이끌어낸다.

| AR/AI 융합 기술 | AI 생성 대안의 현실 기반 시각화 |
|---|---|
| 분석방법 및 기술 | AI 생성 디자인의 AR 시각화 |
| 역할 | 생성형 AI가 도출한 여러 디자인 대안(공원, 건물 파사드 등)을 AR 기술을 통해 실제 대상 공간에 3D 모델로 구현하여, 주민들이 스마트폰이나 AR 글래스로 여러 대안을 현실 공간 속에서 직접 비교·체험하게 한다. |
| 장점 | 추상적인 디자인 시안을 현실 공간에 즉시 시각화하여 주민들의 이해도를 획기적으로 높이고, 구체적인 피드백을 유도한다. |
| 단점 | 시각화에 그칠 뿐, 디자인안의 환경적 영향까지 보여주지는 못한다. |
| AI 분석 도구 | - 생성형 AI (Midjourney 등)<br>- ARCore, ARKit - Unity, Unreal Engine |
| 도시재생 활용예시 | 텅 비어 있는 공터에 스마트폰을 비추면, AI가 제안한 세 가지 다른 스타일의 커뮤니티 정원 디자인이 눈앞에 AR로 펼쳐지고, 주민들은 걸어 다니며 가장 마음에 드는 디자인에 투표한다. |

| AR/AI 융합 기술 | 설계 변경에 따른 환경 영향 실시간 예측 |
|---|---|
| 분석방법 및 기술 | AI 기반 AR 환경 시뮬레이션 |
| 역할 | 주민이 AR 환경에서 가상의 건물이나 나무를 배치하면, AI 시뮬레이션 엔진이 해당 배치가 주변 일조권, 조망권, 바람길, 소음 전파 등에 미치는 영향을 실시간으로 계산하여 AR 화면 위에 시각적으로 보여준다. |
| 장점 | 주민들의 아이디어가 가져올 환경적 결과를 즉시 확인할 수 있어, 책임감 있고 지속가능한 계획 수립이 가능하다. |
| 단점 | 실시간 시뮬레이션은 매우 높은 컴퓨팅 파워를 요구하며, 모델의 정확도가 중요하다. |
| AI 분석 도구 | - CFD, 일조 시뮬레이션 S/W<br>- AI 기반 대리 모델(Surrogate Model)<br>- TensorFlow, PyTorch |
| 도시재생 활용예시 | AR로 가상의 10층 건물을 배치하자, AI가 즉시 주변 저층 주택가에 드리워질 그림자를 시뮬레이션하여 보여줌으로써, 일조권 침해 문제를 사전에 방지한다. |

| AR/AI 융합 기술 | 주민 주도의 실시간 협력 디자인 |
|---|---|
| 분석방법 및 기술 | AI 피드백 기반 AR 인터랙티브 계획 |
| 역할 | 여러 명의 주민이 동시에 AR 환경에 접속하여 가상의 시설물(벤치, 가로등 등)을 함께 배치하고 수정하는 협업 작업을 진행하면, AI가 그 과정에서 예산 초과, 법규 위반, 기능적 문제 등을 실시간으로 감지하고 경고 또는 대안을 제시한다. |
| 장점 | 주민들이 단순한 평가자를 넘어, 계획 과정에 직접 참여하는 능동적인 설계자가 되는 경험을 제공한다. |
| 단점 | 다수 사용자의 동시 편집 기술과 갈등 조정 메커니즘이 복잡하다. |
| AI 분석 도구 | - 실시간 데이터 동기화 기술<br>- AI 기반 규칙 엔진(Rule Engine) - Unity, Unreal Engine |
| 도시재생 활용예시 | 주민들이 AR로 골목길에 가상 벤치를 놓자, AI가 "해당 위치는 소방차 진입로 확보 규정에 위배됩니다. 2미터 옆 위치를 추천합니다."와 같은 실시간 피드백을 제공한다. |

| AR/AI 융합 기술 | 현장 정보 기반의 맥락적 계획 지원 |
|---|---|
| 분석방법 및 기술 | AI 객체인식 기반 AR 정보 오버레이 |
| 역할 | 스마트폰 카메라로 실제 공간의 특정 사물(예: 낡은 건물, 보호수)을 비추면, AI가 이를 인식하고 관련 데이터(건축 연도, 안전 등급, 수종 정보, 관련 법규 등)를 AR 형태로 화면 위에 바로 띄워준다. |
| 장점 | 현장에서 즉시 필요한 정보를 얻을 수 있어, 보다 현실적이고 맥락에 맞는 계획 아이디어를 도출할 수 있다. |
| 단점 | 정확한 객체 인식을 위해 방대한 양의 사전 학습 데이터가 필요하다. |
| AI 분석 도구 | - 컴퓨터 비전 라이브러리 (OpenCV)<br>- 객체 탐지 모델 (YOLO 등) - TensorFlow, PyTorch |
| 도시재생 활용예시 | 낡은 담벼락을 AR로 비추자, AI가 "안전진단 D등급, 철거 후 녹지화 권장 구역"이라는 정보를 화면에 보여주며, 주민들의 철거 논의를 자연스럽게 유도한다. |

### 4.2. 가상사례: 현실에 미래를 그리는 마법의 도구, AI '캔버스(CANVAS)'

커널웨이 수변공원, 인천 [https://itour.incheon.go.kr]

1) **현안 과제:** 오랫동안 버려진 창고와 텅 빈 공터로 가득한 '수변동'의 삭막한 부둣가. 시 정부는 이곳을 활기찬 수변 공원으로 만들고 싶었지만, 주민들에게 2D 도면과 조감도는 그저 알 수 없는 그림일 뿐이었다. 미래에 대한 상상이 없으니, 참여도 없었다.

2) **AR과 AI가 결합된 공동 설계 플랫폼 도입:** 절망에 빠진 도시계획팀은 마지막 카드를 꺼내 들었다. 바로 AR과 AI가 결합된 공동 설계 플랫폼, '캔버스(CANVAS: Collaborative Augmented Neighborhood Visualization & Simulation)'였다.

   - 1단계: 텅 빈 현실이 캔버스가 되다

     주민들은 '디지털 플래닝 데이'에 초대되었다. 그들의 손에는 도면 대신 '캔버스' 앱이 설치된 태블릿이 들려 있었다. 주민들은 황량한 부둣가를 걸으며, 텅 빈 현실 위에 자신들의 꿈을 직접 그리기 시작했다.

■ 2단계: 시공간을 초월한 공동 작업

한 무리의 주민들이 낡은 광장에 모였다. 한 명이 태블릿으로 AR 화면 속 광장 중앙에 멋진 분수를 끌어다 놓자, 다른 사람의 태블릿 화면에도 분수가 동시에 나타났다. 또 다른 주민은 가상의 벤치를 놓고, 아이들은 신이 나서 가상의 나무를 심었다. 그들은 현실 공간 속에서 함께 미래의 청사진을 조립하고 있었다.

■ 3단계: 실시간으로 조언하는 AI 설계 비서

바로 그때, '캔버스'의 AI가 마법을 부리기 시작했다.

주민들이 심은 가상의 나무를 선택하자, 화면에 시간 슬라이더가 나타났다. 주민들은 슬라이더를 움직여 10년, 20년 후 나무 그늘이 어떻게 변하는지를 시뮬레이션해보고 최적의 수종을 선택했다. 공연을 위한 작은 무대를 설치하자, AI의 소음 분석 엔진이 즉시 소리가 주변 주택가에 미치는 범위를 색깔로 표시해주었다. 주민들은 AI의 조언에 따라 주택가 반대편으로 무대 방향을 돌렸다. 카페를 놓으려 하자, AI는 "해당 위치는 상수도 연결에 추가 비용 5천만 원이 예상됩니다."라며 실시간 견적을 알려주었다.

■ 4단계: 발로 하는 투표, 가장 공정한 결정

여러 그룹이 각자 자신들만의 광장 디자인을 완성했다. 이제 모든 주민들은 광장을 걸으며 '캔버스' 앱으로 각 팀의 디자인을 AR로 불러올 수 있었다. A팀의 활기찬 디자인과 B팀의 고요한 디자인을 현실 공간에서 직접 체험한 후, 가장 마음에 드는 미래에 자신의 위치를 기반으로 '한 표'를 던졌다. AI는 이 모든 과정을 투명하게 기록했다.

3) 결과 및 시사점: '캔버스'는 참여형 계획의 패러다임을 바꿨다. 딱딱한 회의를 몰입감 넘치는 '도시 만들기 게임'으로 진화시켰다. 증강현실은 주민들에게 상상력의 날개를 달아주었고, 인공지능은 그 상상력이 현실에 안전하게 착륙하도록 돕는 파일럿이 되어주었다. 최종적으로 채택된 수변공원 계획은 시장이나 건축가의 책상에서 나온 것이 아니었다. 수십 명의 주민들이 AR 속에서 함께 땀 흘리고 토론하며, AI의 과학적 조언을 받아 빚어낸 살아있는 공동의 작품이었다.

## 5. 생성형 AI를 통한 주민참여형 공공디자인 방법과 가상사례

### 5.1. 생성형 AI를 통한 주민참여형 공공디자인 방법

이제 우리는 인공지능(AI), 특히 생성형 AI라는 강력한 도구를 손에 쥐게 되었다. 생성형 AI는 단순히 데이터를 분석하고 예측하는 것을 넘어, 인간의 창의성을 보조하고 확장하며, 때로는 뛰어넘는 새로운 아이디어를 시각화하고 구체화하는 능력을 갖추고 있다.

여기서는 AI 알고리즘, 그 중에서도 생성형 AI가 어떻게 도시재생의 패러다임을 바꾸고, 특히 주민참여형 공공디자인의 혁신을 이끌어낼 수 있는지 그 구체적인 방법과 환상적인 가능성을 탐색하고자 한다. AI는 차가운 기술이 아니라, 주민들의 꿈과 희망을 도시 공간에 그려내는 따뜻한 붓이 될 수 있을 것이다.

| 구분 | 텍스트-이미지 변환 기반 아이디어 생성 | AI 스타일 변환 활용 도시경관 시뮬레이션 | 생성형 AI 기반 데이터 분석 및 시각화 |
|---|---|---|---|
| 목표 | 주민 누구나 디자인 과정에 쉽게 참여하도록 장벽을 낮추고, 잠재된 창의적 아이디어를 신속하게 발굴하고 시각화하는 것이다. | 특정 공간에 다양한 디자인 스타일(친환경, 전통, 미래형 등)을 가상으로 적용하여, 변화 후의 모습을 직관적으로 비교하고 공감대를 형성하는 것이다. | 주민들의 다양한 의견(텍스트, 음성 등)을 AI가 분석하여 핵심 키워드, 긍정/부정 감성, 주요 요구사항 등을 도출하고 이를 시각 화하여 데이터 기반 의사결정을 지원하는 것이다. |
| 분석방법 및 기술 | 확산 모델 (Diffusion Models): 텍스트 프롬프트의 의미를 이해하고, 그에 맞는 고품질 이미지를 생성하는 기술이다. (DALL-E, Midjourney 등) | 생성적 적대 신경망(GAN): 원본 이미지의 구조는 유지한 채, 지정된 스타일 이미지의 질감과 색채를 적용하여 새로운 이미지를 생성하는 기술이다. (StyleGAN, CycleGAN 등) | 자연어 처리 (NLP) 및 LLM: 주민들의 비정형 텍스트 데이터를 분석하여 주제를 분류하고 감성을 분석하며, 핵심 내용을 요약하는 기술이다. (GPT-4, BERT 등) |
| 역할 | 주민: 자신의 희망, 아이디어, 추억을 담은 문장을 AI에 입력한다. AI: 문장을 해석하여 무한한 디자인 시안을 생성한다. 전문가: AI가 생성한 시안을 현실적으로 다듬고 구체화한다. | 주민: 제안된 디자인 스타일 중 선호하는 안을 선택하거나, 직접 촬영한 사진에 스타일을 적용해 본다. AI: 선택된 스타일을 기존 도시경관 사진에 적용하여 시뮬레이션 결과를 제공한다. 전문가: 시뮬레이션 결과를 바탕으로 기술적, 법적 타당성을 검토한다. | 주민: 온라인 플랫폼, 현장 워크숍 등에서 자유롭게 의견을 제출한다. AI: 수집된 데이터를 분석하여 핵심의견을 담은 워드 클라우드, 감성 지도, 관계도 등을 생성한다. 전문가: AI의 분석 결과를 해석하고, 이를 계획의 우선순위 설정에 활용한다. |
| 장점 | 전문가가 아니어도 참여 가능, 창의적 영감 제공, 빠른 아이디어 구체화 | 직관적인 결과 확인, 신속한 대안 비교, 주민 설득 및 합의 도출 용이 | 대규모 정성 데이터의 신속·객관적 분석, 숨겨진 주민 요구 발굴, 투명한 의사결정 과정 제시 |
| 단점 | 비현실적 결과물 생성 가능성, 결과물의 저작권 문제, 프롬프트 작성 능력에 따른 편차 | 피상적인 스타일에만 집중할 우려, 높은 컴퓨팅 자원 요구 | AI의 편향된 해석 가능성, 데이터 수집 과정에서의 개인정보 문제 |
| AI 분석 도구 | Midjourney, Stable Diffusion, DALL-E 3 | RunwayML, PromeAI, 커스텀 Python/TensorFlow 모델 | GPT-4 (API 활용), Tableau, CLOVA (Summary) |

| 도시재생 활용 예시 | 노후화된 골목길 담벼락에 그려질 벽화 디자인을 주민들의 '동네 이야기' 텍스트로 생성하고, 그중 투표를 통해 최종 디자인을 선정한다. | 낡은 상가 건물의 리모델링 방향을 정하기 위해 '한옥 스타일', '미디어 파사드 스타일', '수직정원 스타일'을 AI로 시뮬레이션하여 상인들에게 제시하고 의견을 수렴한다. | 도시재생 공청회에서 나온 수백 개의 주민 의견을 AI로 분석하여 '주차 공간 부족', '아이들 놀이터 안전', '쓰레기 문제'가 가장 시급한 과제임을 시각적 리포트로 생성하여 공유한다. |
|---|---|---|---|

## 5.2. 가상사례: 회색빛 '회서동'에 색을 입힌 AI 디자이너, '공감AI'

1) **현안 과제:** 서울의 한 켠에 자리한 회서동. 이름처럼 잿빛 시멘트 건물과 낡은 상가들이 뒤엉켜 활기를 잃어가던 동네였다. 여러 차례 도시재생 사업이 논의되었지만, 주민들의 무관심과 전문가들의 탁상공론 속에서 번번이 무산되곤 했다. 주민들에게 '도시재생'은 내 삶과는 무관한, 그저 세금을 낭비하는 일처럼 여겨졌다.

2) **주민들의 마음속 풍경을 AI로 그려내는 알고리즘 적용:** 이곳에 도시공학을 연구하는 K교수 연구팀이 새로운 프로젝트를 들고 찾아왔다. 프로젝트의 이름은 '회서동 공감 AI 프로젝트'. 주민들의 마음속 풍경을 AI로 그려내 현실로 만들겠다는 야심 찬 계획이었다.

첫 워크숍 날, 회의실에 모인 주민들의 표정은 시큰둥했다. K교수는 복잡한 설계 도면 대신, 커다란 스크린에 간단한 채팅 창 하나를 띄웠다.

"어르신, 50년 전 회서동 시장은 어떤 모습이었나요? 그때의 기억을 편하게 말씀해주세요."

마지못해 마이크를 잡은 한 노신사가 "그땐 말이야, 해질녘이면 가게마다 내건 등불이 골목을 환하게 밝혔고, 아이들 웃음소리가 끊이질 않았지. 사람 사는 정이 있었어."라고 말했다. K교수는 이 문장을 그대로 AI 프롬프트에 입력했다.

3) Prompt: 해질녘, 오래된 시장 골목길, 가게마다 따뜻한 색의 등불이 걸려있고, 아이들이 웃으며 뛰어다닌다. 정겨운 한국의 옛날 모습, 유화 스타일

잠시 후, 스크린에는 모두의 탄성을 자아내는 그림 한 장이 나타났다. 노신사의 기억보다 더 아련하고 따뜻한 색감의 시장 골목 풍경이었다. 그림을 본 노신사의 눈시울이 붉어졌다. "그래, 바로 이랬어. 내가 잊고 살았던 우리 동네 모습이야."

그 순간, 회의실의 공기가 바뀌었다. 너도나도 자신의 기억과 희망을 이야기하기 시작했다. "우리 아이가 마음껏 뛸 수 있게, 삭막한 공터가 꽃밭이 되었으면 좋겠어요.", "밤길이 너무 어두워요. 별빛처럼 반짝이는 가로등이 있었으면 해요."

4) 주민들의 이야기는 수백 개의 프롬프트가 되어 '공감 AI'에 입력: 주민들의 이야기는 수백 개의 프롬프트가 되어 '공감 AI'에 입력되었다. AI는 때로는 동화 같은, 때로는 지극히 현실적인 수천 장의 디자인 이미지를 쏟아냈다. 연구팀은 이 이미지들을 단순히 나열하는 데 그치지 않았다. 스타일 변환 AI를 이용해, 주민들이 찍은 현재 회서동의 칙칙한 골목 사진에 '꽃밭' 스타일과 '별빛 조명' 스타일을 즉석에서 적용해 보여주었다. 눈앞에서 마법처럼 변하는 동네 모습에 주민들은 완전히 매료되었다.

5) 대화와 온라인으로 수집된 의견들은 자연어 처리 AI에 의해 분석: 또한, 워크숍에서 쏟아진 모든 대화와 온라인으로 수집된 의견들은 자연어 처리 AI에 의해 분석되었다. AI는 '안전', '녹지', '공동체', '활기'라는 네 가지 핵심 키워드를 추출하고, 주민들의 감성 데이터를

분석해 '기대감'과 '향수'가 가장 높은 긍정 감성임을 보여주는 시각화 리포트를 생성했다.

이 데이터와 이미지들은 더 이상 참고자료가 아니었다. 그것은 주민들의 염원이 담긴, 그 자체로 살아있는 설계도였다. 건축가와 디자이너들은 이 AI의 창작물을 기반으로 주민들과 함께 실제 설계안을 다듬어 나갔다. AI가 생성한 벤치 디자인, 노인이 제안한 쉼터의 위치, 아이 엄마가 원했던 놀이터의 색감이 계획에 고스란히 반영되었다.

6) 결과 및 시사점: 몇 년 후, 회서동은 몰라보게 달라졌다. 노신사의 기억 속 등불은 은은한 빛의 LED 조명으로 골목을 밝히고, 삭막했던 공터는 아이들의 웃음소리가 가득한 'AI 상상정원'이 되었다. 이곳은 단순한 재개발 지역이 아니었다. 주민들의 꿈과 AI의 기술이 만나 빚어낸, 세상에 하나 뿐인 공동체의 걸작이 된 것이다. 회서동 프로젝트는 AI가 도시의 물리적 공간뿐만 아니라, 그곳에 사는 사람들의 마음과 관계까지 재생시킬 수 있음을 보여준 혁신적인 사례로 기록될 것이다.

## 6. 딥 러닝을 활용한 지역 커뮤니티 네트워크(Community Network)를 분석방법과 가상사례

### 6.1. 딥 러닝을 활용한 지역 커뮤니티 네트워크 분석 방법: 보이지 않는 도시의 혈맥을 찾아서

도시는 건물과 도로의 집합체일 뿐만 아니라, 그 안을 흐르는 사람들의 관계와 소통, 즉 '커뮤니티 네트워크'라는 보이지 않는 혈관으로 살아 숨 쉬는 유기체이다. 성공적인 도시재생은 낡은 건물을 부수고 새로 짓는 것을 넘어, 끊어지고 약해진 도시의 혈맥, 즉 공동체를 되살리는 데서 출발한다. 과거에는 이러한 사회적 관계를 파악하기 위해 많은 시간과 비용이 드는 설문조사나 인터뷰에 의존해야만 했다.

하지만 이제 딥 러닝 기술은 우리가 도시를 이해하는 방식을 근본적으로 바꾸고 있다. 딥 러닝은 복잡하게 얽힌 데이터 속에서 인간의 눈으로는 발견하기 어려운 패턴과 관계를 찾아내는 강력한 현미경과 같다. 이 기술을 통해 우리는 지역 커뮤니티의 구조를 정밀하게 분석하고, 여론을 주도하는 핵심 인물을 찾아내며, 공동체의 숨겨진 갈등이나 단절된 지점을 진단할 수 있다.

| 구분 | 그래프 신경망(GNN) 기반 커뮤니티 탐지 | 임베딩 기술 기반 핵심 인물(Influencer) 식별 | 자연어 처리(NLP) 기반 여론 및 관계 분석 |
|---|---|---|---|
| 목표 | 주민 간의 상호작용 데이터를 분석하여, 표면적으로 드러나지 않는 소모임, 동아리, 갈등 집단 등 숨겨진 커뮤니티 구조를 객관적으로 식별하는 것이다. | 커뮤니티 내에서 정보가 확산되고 여론이 형성되는 과정에 가장 큰 영향을 미치는 '오피니언 리더' 또는 '정보 허브' 역할을 하는 핵심 인물을 찾아내는 것이다. | 온라인 커뮤니티 게시글, 민원 데이터 등의 텍스트를 분석하여 주민들의 주요 관심사와 이슈에 대한 긍정·부정 감성을 파악하고, 관계의 질적 특성을 심층적으로 이해하는 것이다. |
| 분석방법 및 기술 | 그래프 신경망 (GNN): 주민을 노드(Node), 관계를 엣지(Edge)로 하는 소셜 그래프를 구성하고, GNN 알고리즘을 통해 노드 간의 연결 패턴과 구조적 유사성을 학습하여 최적의 커뮤니티 클러스터로 군집화하는 기술이다. | Node2Vec, Word-2Vec: 네트워크상의 각 주민(노드)을 고차원 벡터 공간에 '임베딩'하는 기술이다. 네트워크 내에서 비슷한 역할을 하는 인물들이 벡터 공간에서 가깝게 위치하게 되며, 이를 통해 중심성, 영향력 등을 정량적으로 계산한다. | BERT, GPT 등 대규모 언어 모델(LLM): 대량의 텍스트 데이터에 나타난 단어와 문맥을 학습하여 특정 주제에 대한 감성(긍정/부정/중립)을 분석하고, 핵심 키워드를 추출하며, 인물 간의 관계(협력, 갈등 등)를 추론하는 기술이다. |

| | | | |
|---|---|---|---|
| 역할 | AI: 복잡한 소셜 그래프 데이터로부터 최적의 커뮤니티 경계를 탐지하고 시각화한다. 전문가: AI가 식별한 그룹의 특성을 해석하고, 그룹 간 단절 또는 연결의 원인을 분석한다. | AI: 각 주민의 네트워크상 위치와 역할을 벡터로 변환하고, 영향력 점수를 산출한다. 전문가: 산출된 점수를 바탕으로 핵심 인물을 정의하고, 이들을 통한 정보 확산 전략을 수립한다. | AI: 비정형 텍스트 데이터를 자동으로 분석하여 여론 동향과 핵심 이슈를 요약·보고한다. 전문가: AI의 분석 결과를 바탕으로 주민들의 요구사항 우선순위를 정하고, 잠재적 갈등 요소를 사전에 관리한다. |
| 장점 | 인간의 직관을 넘어선 객관적 그룹 분류, 복잡한 관계망의 시각화를 통한 직관적 이해 | 단순 연결 수가 아닌 실제 영향력 기반의 핵심 인물 식별, 효율적인 정보 전달 경로 예측 | 대규모 비정형 데이터의 신속한 분석, 주민들의 솔직한 의견과 감성 파악에 용이 |
| 단점 | 관계 데이터 수집의 어려움, 개인정보보호 문제 발생 가능성 | 분석 결과의 해석이 비전문가에게는 어려울 수 있음 | 아이러니, 비유 등 미묘한 언어 뉘앙스 파악의 한계, 데이터 편향성 문제 |
| AI 분석 도구 | PyTorch Geometric, Deep Graph Library (DGL) | Gensim, GraphVite | Hugging Face Transformers, TensorFlow, Scikit-learn |
| 도시재생 활용 예시 | 특정 재개발 이슈에 대해 찬성 그룹과 반대 그룹이 어떻게 나뉘어 있으며, 두 그룹을 연결하는 '교량' 역할을 하는 주민은 누구인지 GNN으로 식별하여 갈등 중재에 활용한다. | 도시재생 사업 설명회 참여율이 저조할 때, AI가 찾아낸 지역 내 핵심 인물(상인회장, 부녀회장, 청년 리더 등)을 먼저 설득하여 정보가 주민 전체에 효과적으로 퍼져나가게 한다. | 지역 온라인 카페의 게시글을 1년간 분석하여 '주차난'과 '층간소음'에 대한 불만이 지속적으로 증가하고 있음을 파악하고, 이를 해결하기 위한 주민 공청회를 우선적으로 개최한다. |

## 6.2. 가상사례: 유리상자 속 도시 '유리동', AI로 이웃을 되찾다

1) **현안 과제:** 수도권 신도시 '유리동'. 이름처럼 풍요롭고 모든 것이 갖춰진 도시였다. 최신식 아파트, 쾌적한 공원, 편리한 상업시설까지, 물리적 환경은 완벽에 가까웠다. 그러나 유리동 주민들은 언제나 '외로운 섬'이었다. 높은 주거 만족도와는 별개로 '이웃과 교류가 없다', '공동체 소속감을 느끼지 못한다'는 응답이 다른 지역에 비해 월등히 높았다.

시에서는 거액을 들여 주민 축제를 열고 커뮤니티 센터를 지었지만, 참여율은 언제나 저조했다. 유리동은 마치 보이지 않는 유리벽으로 각 집이 차단된 거대한 유리상자 같았다.

2) **딥 러닝을 활용한 커뮤니티 네트워크 분석기법 도입:** 이 문제를 해결하기 위해 부임한 도시사회학 박사 출신의 김 주무관은 기존의 방식으로는 해법을 찾을 수 없다고 판단했다. 그는 도시재생의 목표를 '물리적 개선'이 아닌 '사회적 연결망 복원'으로 설정하고, 딥 러닝을 활용한 '유리동 소셜 네트워크 X-ray 프로젝트'를 제안한다.
   프로젝트팀은 개인정보를 철저히 비식별화하는 조건으로 주민들의 동의를 얻어, 지난 1년간의 공공시설(도서관, 스포츠센터 등) 이용 기록, 지역화폐 사용 데이터, 그리고 주민들이 가장 활발하게 활동하는 온라인 '유리동 맘카페'의 텍스트 데이터를 수집했다.

3) **그래프 신경망(GNN)을 통해 주민들의 교류패턴 분석:** 첫 번째 분석은 "그래프 신경망(GNN)"을 통해 주민들의 실제 활동 반경과 교류패턴을 분석하는 것이었다. 분석 결과는 충격적이었다. 유리동은 하나의 공동체가 아니라, '초등학생 자녀를 둔 3040세대 클러스터', '은퇴 후 전원생활을 즐기는 60대 클러스터', '1인 가구 중심의 오피스텔 클러스터'라는 3개의 거대한 섬으로 완벽히 분리되어 있었다. 이들은 같은 상가, 같은 공원을 이용하지만, 이용하는 시간대와 선호하는 가게가 달라 서로 마주칠 일이 거의 없었던 것이다. 물리적 거리는 가까웠지만 사회적 거리는 태평양보다 멀었다.

4) **임베딩 기술로 이 단절된 섬들을 연결하는 시스템 구축:** 두 번째로, Node2Vec 임베딩 기술로 이 단절된 섬들을 연결할 잠재적 '브릿지

인플루언서(Bridge Influencer)'를 탐색했다. AI는 수만 명의 주민 데이터 속에서 의외의 인물들을 지목했다. 바로 '유기농 빵집 사장님'과 '초등학교 앞 문방구 할아버지'였다. 빵집은 세대와 상관없이 모두가 애용하는 몇 안 되는 공간이었고, 문방구 할아버지는 수십 년간 아이들과 학부모들의 대소사를 꿰뚫고 있는 동네의 숨은 정보 허브였던 것이다.

5) **BERT 모델이 맘카페의 게시글 수만 건을 분석:** 마지막으로 BERT 모델이 맘카페의 게시글 수만 건을 분석했다. 주민들의 주된 감정은 분노나 불만이 아닌 '무관심'과 '소외감'이었다. 가장 많이 언급된 단어는 '학원', '부동산'이었지만, 그 이면에는 '같이 산책할 친구가 있었으면', '주말에 아이와 뭘 해야 할지 막막해요'와 같은 관계에 대한 갈증이 숨어있었다.

   김 주무관과 팀원들은 이 AI 분석 결과를 바탕으로 완전히 새로운 처방을 내놓았다. 시 전체를 대상으로 한 거대 축제 대신, AI가 찾아낸 '브릿지 인플루언서'들을 중심으로 한 '마이크로 커뮤니티 활성화' 전략을 펼친 것이다. 시는 유기농 빵집 사장님과 협력해 '세대 공감 베이킹 클래스'를 열고, 문방구 할아버지의 이야기를 담은 '우리 동네 이야기 지도' 만들기 워크숍을 지원했다. 맘카페에서 발굴된 '산책 친구 찾기', '주말 공동 육아' 등의 소모임에는 활동비를 지원했다.

6) **결과와 시사점:** 결과는 놀라웠다. 작은 모임들은 서로의 유리벽을 허무는 시작점이 되었다. 베이킹 클래스에서 만난 30대 엄마와 60대 할머니가 친구가 되고, 이야기 지도 만들기에 참여한 아이들이

다른 아파트 단지 친구들을 사귀기 시작했다. 6개월 후, 다시 GNN 분석을 실행하자 이전에는 텅 비어 있던 섬과 섬 사이에 수많은 새로운 연결선(Edge)들이 촘촘하게 생겨난 것이 확인되었다.

유리동 프로젝트는 딥 러닝이 도시의 차가운 데이터를 분석하는 도구를 넘어, 사람들 사이의 온기를 찾아내고 연결을 복원하는 '따뜻한 기술'이 될 수 있음을 증명했다. AI는 공동체를 만들어주지 않지만, 주민들이 스스로 공동체를 만들어 갈 수 있는 가장 정확한 지도를 제공해 준 것이다. 이는 도시재생이 기술과 인간의 감성이 어떻게 만나야 하는지에 대한 깊은 통찰을 던져주는 사례가 될 것이다.

## 7. 블록체인(Blockchain) 기반 투명한 사업 진행 상황 공유 플랫폼과 가상사례

### 7.1. 신뢰를 프로그래밍하는 도시, 블록체인

도시재생 사업의 성공은 주민들의 '신뢰'라는 사회적 자본 위에 세워진다. 그러나 대규모 예산이 투입되고 여러 이해관계가 얽히는 과정에서 사업의 투명성이 저해되고, 이는 종종 주민들의 불신과 갈등을 낳는 원인이

부산, 블록체인 생태계 키운다 | 한국경제

되어왔다. '과연 우리의 세금이 올바르게 쓰이고 있는가?', '우리의 의견이 제대로 반영되고 있는가?'라는 근본적인 물음에 답하지 못한다면, 아무리 훌륭한 청사진이라도 사상누각에 불과하다.

이제 우리는 블록체인(Blockchain) 기술을 통해 이러한 신뢰의 위기를 해결할 새로운 가능성을 마주하게 되었다. 블록체인은 특정 중앙기관의 통제 없이, 참여자 모두가 데이터를 공동으로 기록하고 관리하는 '공공거래 장부' 기술이다. 한 번 기록된 데이터는 위조나 변조가 거의 불가능하며, 모든 참여자에게 투명하게 공유된다는 특징을 가진다.

이를 도시재생에 적용한다는 것은, 사업의 모든 과정을 주민들의 눈앞에 실시간으로 펼쳐 보이는 것과 같다. 다음 장에서는 블록체인 기술이 어떻게 도시재생의 투명성을 확보하고 주민 주권을 실현하는 구체적인 플랫폼으로 작동하는지 살펴볼 것이다.

| 구분 | 분산원장(DLT) 기반 예산 집행 추적 시스템 | 스마트 계약(Smart Contract) 기반 공정 자동화 | DAO(탈중앙화 자율조직) 기반 주민 직접 의사결정 |
|---|---|---|---|
| 목표 | 도시재생 사업에 투입되는 모든 예산의 흐름(수입, 지출, 계약 등)을 블록체인에 실시간으로 기록하고, 모든 이해관계자에게 투명하게 공개하여 부정과 비리를 원천적으로 차단하는 것이다. | 사업 협약, 계약 조건, 대금 지급 등을 미리 설정된 규칙에 따라 자동으로 이행하는 스마트 계약을 도입하여, 행정 절차를 간소화하고 분쟁 소지를 없애며 공정한 사업 이행을 보장하는 것이다. | 주민들에게 블록체인 기반의 투표권(토큰)을 부여하여, 사업의 주요 의사결정 과정에 직접 참여하고 그 결과를 투명하게 검증할 수 있는 직접 민주주의적 거버넌스를 구축하는 것이다. |
| 분석방법 및 기술 | 분산원장기술(DLT): 중앙 서버 없이 네트워크 참여자들이 공동으로 거래 정보를 검증·기록·보관하여 데이터의 무결성과 투명성을 담보하는 기술이다. | 스마트 계약(Smart Contract): 사전에 합의된 계약 조건을 코드 형태로 블록체인에 저장하고, 조건이 충족되면 계약 내용이 자동으로 실행되게 하는 프로그램이다. | DAO(Decentralized Autonomous Organization): 특정 주체 없이 스마트 계약으로 짜인 규칙에 따라 운영되는 조직이다. 거버넌스 토큰을 통해 조직의 의사결정에 참여한다. |

| | | | |
|---|---|---|---|
| 역할 | 주민/시민단체: 공개된 원장을 통해 예산이 계획대로 집행되는지 실시간으로 감시한다. 행정기관: 예산 집행 내역을 블록체인에 기록한다. 블록체인: 기록된 데이터의 위·변조를 방지하는 신뢰의 인프라 역할을 한다. | 주민/행정기관/시공사: 계약 조건을 함께 정의한다. 스마트 계약: 정의된 조건(예: 공정률 80% 달성)이 충족되면 자동으로 대금을 지급하는 등 계약을 이행한다.<br>IoT/드론: 공정률 같은 객관적 데이터를 계약 이행의 조건으로 제공한다. | 주민: 고유의 디지털 토큰을 통해 사업 제안, 찬반 투표 등 주요 안건에 대한 의결권을 행사한다.<br>스마트 계약: 투표 결과에 따라 예산 배정 변경 등 후속 조치를 자동으로 집행한다.<br>전문가/행정가: 주민들이 합리적 결정을 내릴 수 있도록 전문 정보를 제공하는 조력자 역할을 한다. |
| 장점 | 재정 투명성 극대화, 비리·부패 방지, 감사 비용 절감, 주민 신뢰도 향상 | 신속하고 공정한 계약 이행, 행정 비용 감소, 이해관계자 간 분쟁 최소화 | 주민참여 및 주인의식 고취, 민주적이고 투명한 의사결정, 공동체 활성화 |
| 단점 | 모든 내역 공개로 인한 프라이버시 문제, 블록체인 종류에 따른 처리 속도 한계 | 한번 배포된 계약 코드는 수정이 어려움, 예외 상황에 대한 유연한 대처 곤란 | 참여자들의 높은 디지털 리터러시 요구, 토큰 소유에 따른 부의 편중 문제 |
| AI 분석 도구 | AI 이상거래 탐지 시스템: 블록체인에 기록된 방대한 거래 데이터 패턴을 학습하여, 비정상적이거나 부패가 의심되는 지출(예: 심야 시간대 거액 이체)을 자동으로 식별하고 경고한다. | AI 기반 현실세계 데이터 분석(Oracle): 드론이 촬영한 공사 현장 이미지를 AI가 분석하여 공정률을 자동으로 계산하고, 이를 스마트 계약의 이행 조건 데이터로 전송한다. | AI 기반 제안서 분석 및 시뮬레이션: 주민이 제출한 제안서의 예상 비용, 기대 효과, 실현 가능성을 AI가 분석하여 제공함으로써, 보다 합리적인 투표가 이루어지도록 돕는다. |
| 도시재생 활용 예시 | 주민 A 씨가 스마트폰으로 동네 공원 벤치의 QR코드를 스캔하자, 벤치의 가격, 납품업체, 대금 지급일 등 예산 집행의 전 과정이 블록체인 장부를 통해 투명하게 확인된다. | A건설사와의 공원 조성 계약을 스마트 계약으로 체결한다. 시가 사업비 전액을 계약에 예치하면, 1단계(부지 정리) 완료 시 30%, 2단계(시설물 설치) 완료 시 40%가 자동으로 지급된다. | 노후된 주민센터의 활용 방안을 놓고 '북카페', '청소년 쉼터', '노인 건강센터' 안이 주민 DAO에 상정된다. 주민들은 각자 지급받은 동네 토큰으로 투표하고, 최다 득표안이 자동 채택된다. |

## 7.2. 가상사례: 불신의 도시 '신뢰동', 블록체인으로 신뢰를 쌓아 올리다

1) **현안 과제:** 한때는 대한민국 산업화를 이끌었지만, 지금은 잿빛 공장 굴뚝만 남은 도시 '신뢰동'. 이곳의 주민들에게 '도시재생'은 헛된 희망이자 불신의 동의어였다. 과거 몇 차례의 재개발 사업은 번번이 비리와 부실공사 논란으로 얼룩졌고, 주민들의 마음에는 깊은 상처와 냉소만이 남았다.

   그러던 어느 날, 시청의 젊은 도시계획가 박 서기관이 새로운 도시재생 프로젝트를 들고 신뢰동을 찾았다. 주민설명회장은 시작부터 싸늘했다. 한 노년의 주민이 일어서서 외쳤다. "이번엔 또 얼마나 해먹을 작정이오? 우린 이제 아무것도 믿지 않소!"

2) **신뢰체인이란 블록체인 도입:** 박 서기관은 화려한 조감도 대신, '신뢰체인(Shin-rwe Chain)'이라는 이름의 투박한 웹사이트를 스크린에 띄웠다.

   > **"어르신들의 불신이 당연합니다. 그래서 이번엔 약속 대신 시스템을 보여드리고자 합니다. 신뢰체인은 우리 사업의 모든 돈의 흐름과 의사결정을 단 1원, 단 1표의 오차도 없이 기록하고, 여기 계신 모든 분이 24시간 감시할 수 있는 블록체인 시스템입니다."**

   처음에는 반신반의하던 주민들도 시스템의 작동 방식을 보고 점차 술렁이기 시작했다.

   첫째, 500억 원의 사업 예산 전체가 블록체인에 '디지털 자산'으로 예치되었다. 주민들은 자신의 스마트폰으로 '신뢰체인'에 접속해, 예산이 어디서 어디로 흘러가는지 실시간으로 확인할 수 있었다.

마치 우리 집 가계부를 들여다보듯 말이다. 어느 날 밤, 시스템에 내장된 AI 이상거래 탐지 시스템이 갓 설립된 유령회사로 1억 원이 이체되려는 정황을 포착해 자동으로 거래를 동결시키고 감사팀에 경고를 보냈다. 이 사건이 주민들에게 알려지면서, '신뢰체인'에 대한 믿음이 싹트기 시작했다.

둘째, 모든 계약은 '스마트 계약'으로 체결되었다. 동네 담벼락을 보수하는 작은 공사부터 커뮤니티 센터를 짓는 대형 공사까지, 모든 대금 지급은 자동으로 이루어졌다. 시공사는 드론으로 촬영한 공사 진척도 영상을 블록체인에 제출하고, AI 이미지 분석 시스템이 이를 판독하여 사전에 약속된 공정률에 도달했다고 판단하면, 사람의 개입 없이 즉시 다음 단계의 공사비가 시공사의 계좌로 이체되었다. 더 이상 담당 공무원에게 아쉬운 소리를 할 필요도, 대금 지급이 늦어질 걱정도 없었다.

가장 혁신적인 변화는 '신뢰동 DAO'의 출범이었다. 신뢰동의 모든 세대는 '신뢰토큰' 1개씩을 부여 받았다. 이 토큰은 단순한 기념품이 아니라, 동네의 미래를 결정하는 주권이었다. 방치된 폐공장의 활용 방안을 두고 DAO에서 열띤 토론이 벌어졌다. '청년 창업 허브' 안과 '주민 체육 시설' 안이 맞섰다. 각 제안자는 AI 시뮬레이터의 도움을 받아 예상 유동 인구, 경제적 파급 효과 등을 분석한 보고서를 함께 제출했다. 며칠 후, 블록체인상에서 진행된 전체 주민 투표 결과, 근소한 차이로 '청년 창업 허브' 안이 최종 결정되었다. 결과는 블록체인에 영원히 기록되었고, 누구도 이의를 제기하지 않았다.

3) **결과 및 시사점:** 신뢰동 도시재생 사업은 놀랍도록 순조롭게, 그리고 단 한 건의 비리 의혹 없이 마무리되었다. 하지만 진짜 기적은

눈에 보이는 건물이 아니었다. 폐허 같던 도시에는 새로운 활기가 넘쳤고, 서로를 의심하던 주민들은 DAO를 통해 함께 토론하고 결정하며 진정한 이웃이 되어갔다. 블록체인은 단순한 기술이 아니었다. 그것은 불신으로 가득 찼던 도시에 '투명성'이라는 기둥을 세우고, '공정함'이라는 벽돌을 쌓아, 주민들 스스로 '신뢰'라는 집을 짓게 만든 설계도였던 것이다. 신뢰동은 기술이 어떻게 공동체의 무너진 신뢰를 다시 프로그래밍할 수 있는지를 보여주는 살아있는 증거가 되었다.

# 참고문헌

## 제1부: AI와 한국 도시재생의 만남

### 제1장: 도시재생의 새로운 패러다임: AI 알고리즘의 도입


1. Ahn, J. (2020). A Critical Review on the Urban Regeneration Policies in South Korea. Journal of the Korean Urban Geographical Society.
2. Batty, M. (2018). Inventing Future Cities. MIT Press.
3. Calzada, I., & Cowie, P. (2017). Big data and urban regeneration: A case study of the 'Smarter Cardiff' programme. Journal of Urban Regeneration and Renewal.
4. Goodfellow, I., Bengio, Y., & Courville, A. (2016). Deep Learning. MIT Press.
5. Kwon, H. (2019). The Evolution of Urban Regeneration Policy in South Korea: A Historical Institutionalist Approach. Urban Policy and Research.
6. Lee, S., & Yigitcanlar, T. (2021). Smart city strategies: A review and a framework for a more people-centric approach. Cities.


### 제2장: AI 기반 도시재생의 이론적 토대


1. Allam, Z., & Dhunny, Z. A. (2019). On big data, artificial intelligence and smart cities. Cities.
2. Bibri, S. E., & Krogstie, J. (2017). Smart sustainable cities of the future: An extensive interdisciplinary literature review. Sustainable Cities and Society.
3. Caragliu, A., Del Bo, C., & Nijkamp, P. (2011). Smart cities in Europe. Journal of Urban Technology.
4. Kitchin, R. (2014). The real-time city? Big data and smart urbanism. GeoJournal.

5. Yigitcanlar, T., & Lee, S. H. (2022). Artificial intelligence in urban planning and design: A systematic literature review and future research agenda. Journal of Urban Design.
6. Zheng, Y., et al. (2014). Urban computing: concepts, methodologies, and applications. ACM Transactions on Intelligent Systems and Technology.

## 제2부: 경제기반형 도시재생: AI로 그리는 산업·교통 허브의 미래

### 제3장: 경제기반형 도시재생을 위한 AI 데이터 수집과 데이터베이스 구축

1. D'Amico, G., et al. (2020). Satellite and drone data for urban regeneration: A review. Remote Sensing.
2. Gao, T., et al. (2019). Understanding urban dynamics via passive mobile phone data: A case study of Shanghai. Environment and Planning B: Urban Analytics and City Science.
3. Liu, Y., et al. (2017). Uncovering the structure of industrial clusters from enterprise spatiotemporal data. International Journal of Geographical Information Science.
4. Ma, X., et al. (2018). A framework for real-time collection and analysis of urban data with IoT. IEEE Internet of Things Journal.
5. Shen, Y., & Karimi, K. (2016). Urban function and configuration: A framework for understanding the spatial organization of cities. Journal of Urban Management.
6. Zhan, X., et al. (2020). A database for urban economic indicators and real estate transactions. Data in Brief.

### 제4장: 산업단지형 도시재생의 머신 러닝 적용 전략

1. Bishop, C. M. (2006). Pattern Recognition and Machine Learning. Springer.
2. Breiman, L. (2001). Random Forests. Machine Learning.
3. Cortes, C., & Vapnik, V. (1995). Support-vector networks. Machine Learning.
4. Ester, M., et al. (1996). A density-based algorithm for discovering clusters in large spatial databases with noise. Proceedings of the Second International Conference on Knowledge Discovery and Data Mining.

5. Hastie, T., Tibshirani, R., & Friedman, J. (2009). The Elements of Statistical Learning: Data Mining, Inference, and Prediction. Springer.
6. Krizhevsky, A., Sutskever, I., & Hinton, G. E. (2012). ImageNet classification with deep convolutional neural networks. Advances in neural information processing systems.

### 제5장: 항만 및 역세권형 도시재생의 딥러닝 모델 개발

1. Cui, Z., et al. (2019). Deep learning for pedestrian detection in train station environments. IEEE Transactions on Intelligent Transportation Systems.
2. Hochreiter, S., & Schmidhuber, J. (1997). Long short-term memory. Neural Computation.
3. LeCun, Y., Bengio, Y., & Hinton, G. (2015). Deep learning. Nature.
4. Mnih, V., et al. (2015). Human-level control through deep reinforcement learning. Nature.
5. Rumelhart, D. E., Hinton, G. E., & Williams, R. J. (1986). Learning representations by back-propagating errors. Nature.
6. Silver, D., et al. (2016). Mastering the game of Go with deep neural networks and tree search. Nature.

## 제3부: 중심시가지형 도시재생: 상업·문화·지역 거버넌스의 혁신

### 제6장: 중심시가지형 도시재생 계획 수립의 AI 접근법

1. Anselin, L. (1995). Local Indicators of Spatial Association—LISA. Geographical Analysis.
2. Fotheringham, A. S., Brunsdon, C., & Charlton, M. (2002). Geographically Weighted Regression: The Analysis of Spatially Varying Relationships. John Wiley & Sons.
3. Glaeser, E. L., Kallal, H. D., Scheinkman, J. A., & Shleifer, A. (1992). Growth in cities. Journal of Political Economy.
4. Liu, X., et al. (2018). Uncovering the vibrant and social regions in a city using human mobility and social media. International Journal of Geographical Information Science.

5. Smith, N. (1996). The New Urban Frontier: Gentrification and the Revanchist City. Routledge.
6. Zou, Y., et al. (2020). Deep learning-based urban brand perception analysis using street view images. ISPRS International Journal of Geo-Information.

### 제7장: 중심시가지 상권 활성화를 위한 생성형 AI 활용

1. Brown, T. B., et al. (2020). Language models are few-shot learners. Advances in neural information processing systems.
2. Goodfellow, I., et al. (2014). Generative adversarial nets. Advances in neural information processing systems.
3. Isola, P., et al. (2017). Image-to-image translation with conditional adversarial networks. Proceedings of the IEEE conference on computer vision and pattern recognition.
4. Radford, A., Metz, L., & Chintala, S. (2015). Unsupervised representation learning with deep convolutional generative adversarial networks. arXiv preprint arXiv:1511.06434.
5. Sutskever, I., Vinyals, O., & Le, Q. V. (2014). Sequence to sequence learning with neural networks. Advances in neural information processing systems.
6. Vaswani, A., et al. (2017). Attention is all you need. Advances in neural information processing systems.

## 제4부: 근린재생형 도시재생: 생활·주거·공동체의 회복

### 제8장: 근린재생형 도시재생의 기초 데이터 분석

1. Freeman, L. C. (1979). Centrality in social networks: Conceptual clarification. Social Networks.
2. Ge, Y., et al. (2019). An object detection method for vacant houses using remote sensing images. Remote Sensing.
3. Gong, P., et al. (2019). Fine-scale mapping of urban land use and land cover with deep learning. Remote Sensing of Environment.
4. Li, X., et al. (2016). A new method for mapping the accessibility of urban services. Computers, Environment and Urban Systems.

5. Putnam, R. D. (2000). Bowling Alone: The Collapse and Revival of American Community. Simon & Schuster.
6. Sampson, R. J., Raudenbush, S. W., & Earls, F. (1997). Neighborhoods and violent crime: A multilevel study of collective efficacy. Science.

## 제9장: 일반근린형 재생사업의 머신 러닝 의사결정 지원

1. Deb, K., et al. (2002). A fast and elitist Multi-objective genetic algorithm: NSGA-II. IEEE transactions on evolutionary computation.
2. Friedman, J. H. (2001). Greedy function approximation: A gradient boosting machine. Annals of statistics.
3. Heckerman, D. (1998). A tutorial on learning with Bayesian networks. Microsoft Research.
4. Quinlan, J. R. (1986). Induction of decision trees. Machine learning.
5. Tversky, A., & Kahneman, D. (1974). Judgment under uncertainty: Heuristics and biases. Science.

## 제10장: 주거지지원형 재생사업의 딥러닝 예측 모델

1. Hinton, G. E., & Salakhutdinov, R. R. (2006). Reducing the dimensionality of data with neural networks. Science.
2. Kingma, D. P., & Welling, M. (2013). Auto-encoding variational bayes. arXiv preprint arXiv:1312.6114.
3. Simonyan, K., & Zisserman, A. (2014). Very deep convolutional networks for large-scale image recognition. arXiv preprint arXiv:1409.1556.
4. Szegedy, C., et al. (2015). Going deeper with convolutions. Proceedings of the IEEE conference on computer vision and pattern recognition.
5. Zhang, X., et al. (2018). A deep learning-based model for predicting housing prices. IEEE Access.

## 제11장: 우리 동네 살리기 사업의 AI 기반 주민참여 플랫폼

1. Anttiroiko, A. V. (2016). City-as-a-platform: The rise of participatory innovation platforms in Finnish cities. Transforming City Governments for Successful Smart Cities.

2. Nakamoto, S. (2008). Bitcoin: A peer-to-peer electronic cash system. Bitcoin.
3. Pang, B., & Lee, L. (2008). Opinion mining and sentiment analysis. Foundations and Trends® in Information Retrieval.
4. Ricci, F., Rokach, L., & Shapira, B. (2011). Introduction to recommender systems handbook. Recommender systems handbook.
5. Zhou, Z., et al. (2019). A survey on deep learning for community detection. IEEE Transactions on Knowledge and Data Engineering.

**【저자 약력】**

원제무

저자는 한양대 공대, 서울대 환경대학원, 미국 UCLA도시건축대학원을 졸업하고, MIT도시대학원에서 도시계획 및 교통계획 박사학위를 받았다.
저자는 귀국 후 KAIST 도시교통연구본부장, 서울연구원 선임연구위원, 서울시립대 도시공학과 교수 등을 거쳐 국토도시계획학회장과 한양대 도시대학원장을 역임했다.
현재는 한양대 도시대학원 명예교수로 재직하면서 연구와 강의를 해오고 있다.

AI가 빚어내는 도시재생사업 혁신 알고리즘

초판 인쇄 2025년 11월 15일
초판 발행 2025년 11월 20일

지은이 원제무
펴낸이 박노일

총괄기획 최준규
편 집 이상민

펴낸곳 피앤씨미디어
경기도 고양시 일산동구 강송로 153, 310-1501
등록 제396-2012-000203호
전 화 070)7550-3758 팩 스 02)6280-3758
홈페이지 www.pncmedia.co.kr 이메일 pnc@pncmedia.co.kr
ISBN 979-11-7401-054-4 93500



정 가 20,000원